G R A V I T A R E 万有引力

DAVID FOSTER WALLACE

[美] 大卫·福斯特·华莱士 著
胡凯衡 译

穿过一条街道的方法

无 穷 大 简 史

SPM 南方传媒 | 广东人民出版社
· 广州 ·

图书在版编目（CIP）数据

穿过一条街道的方法：无穷大简史 /（美）大卫·福斯特·华莱士著；胡凯衡译．—广州：广东人民出版社，2021.11（2022.12重印）
书名原文：Everything and More：A Compact History of Infinity
ISBN 978-7-218-14769-7

Ⅰ.①穿… Ⅱ.①大…②胡… Ⅲ.①集合—无限 Ⅳ.①O144

中国版本图书馆CIP数据核字（2020）第250462号

CHUANGUO YITIAO JIEDAO DE FANGFA：WUQIONGDA JIANSHI
穿过一条街道的方法：无穷大简史
［美］大卫·福斯特·华莱士 著 胡凯衡 译

出 版 人：肖风华

丛书策划：施 勇
项目统筹：陈 晔 皮亚军
责任编辑：陈 晔
责任校对：钱 丰
责任技编：吴彦斌 周星奎
封面设计：舆書工作室

出版发行：广东人民出版社
地 址：广州市越秀区大沙头四马路10号（邮政编码：510102）
电 话：（020）85716809（总编室）
传 真：（020）83289585
网 址：http://www.gdpph.com
印 刷：广州市岭美文化科技有限公司
开 本：889毫米×1194毫米 1/32
印 张：10.375 字 数：232千字
版 次：2021年11月第1版
印 次：2021年11月第1次印刷 2022年12月第4次印刷
著作权合同登记号：19-2020-085号
定 价：78.00元

如发现印装质量问题影响阅读，请与出版社（020-85716849）联系调换。
售书热线：（020）87716172

如果没有一个关于无穷大的相容的数学理论

就不会有无理数的理论

没有无理数的理论

就不会有任何形式的数学分析

最后，没有了数学分析

现在的数学的主要部分

包括几何和绝大部分的应用数学将不复存在

因而，数学家所面临的最重要的任务

似乎是构建一个无穷大的令人满意的理论

导　言

我在爱荷华州埃姆斯市（Ames）长大，小时候参加过当地的童子军团。军团的成年教导员几乎全部是爱荷华州立科技大学的教授。当我们不玩躲避球和学打丁香结的时候，他们设计了一个项目让我们完成。一名童子军的父亲是州立科技大学农业工程系的著名教授。他从系里实验室拿出一袋有相同基因的玉米种子，穿过校园，然后交给另一位童子军的父亲——埃姆斯实验室的一名物理学家。实验室是曼哈顿计划的一个分支。在橡树岭（Oak Ridge）被浓缩并用于制造第一颗原子弹的铀，是按照这个实验室制定的工序从矿石中提炼出来的。当世界上第一个原子堆在芝加哥大学的一个壁球馆里启动时，这位物理学家父亲也在场。他把种子带到埃姆斯实验室地下两层楼的一个闷热的房间里，把它放到一个机械臂上。机械臂将种子送到一堵淡黄色的厚厚的铅玻璃墙后面，放在某种放射性物质的附近。一段时间后，他取回被辐射的种子，并带到童子军的下一次聚会，分发给小孩子们。我非常清楚地记得，我手掌中的玉米粒被两种或三种不同颜色的油漆或墨水洗过。尽管没有向我们解释颜色代码（至少在我的注意力集中时），但是，我发现了科学方法的蛛丝马迹，猜想不同批次的玉米受到不同的辐射量。总之，我们被指示把这些种子带回家，种好并浇水。几周后，我们将把结果带到一个聚会上。会上会颁发两个奖项：一个是最高、最健康的玉米植株奖，另一个是最奇怪的突变玉米奖。事实上，我们最后得到的是两种东西：爱荷华的任何一个农民都会感到骄傲的玉米秆，以及大多数情况下非常美丽却认不出种属的植物。如果有人问我们，你认为其他城镇的童子军也会做类似的事情吗？绞尽一番脑汁之后，我们会说没有。当然，没有人这样问过。所以，我们懵懂的大脑把整个活动看作和玩接球一样的普通游戏，还想再来几次。

我这样开头是想让读者注意到美国中西部大学城（Midwestern American College Town，我简记为 MACT）的这种现象。这是读者自发领悟大卫·福斯特·华莱士文体风格的一把钥匙。1960 年，当我六个月大的时候，我和父母搬到了正宗的 MACT——伊利诺伊州的厄巴纳 - 香槟（Urbana-Champaign）大学城，它比一般的 MACT 要大一些，这样我父亲可以继续攻读他的博士学位。两年后，当华莱士六个月大时，他的一家人为了同一使命搬到了同一座大学城（他父亲是哲学家，我父亲是电气工程师）。我和他一直生活在同一座 MACT，直到 1966 年。之后，我们全家搬到了规模较小也更标准的埃姆斯 MACT。我从来没见过他，除非我们碰巧在某个厄巴纳 - 香槟的公园里一起玩过滑梯或秋千。后来，我们都去了马萨诸塞州接受高等教育，在不同的 MACT 停留了一段时间。我在爱荷华州的一个大学城，华莱士在伊利诺伊州的布卢明顿 - 诺默尔（Bloomington-Normal）。

核辐射玉米的轶事可能已经让大家完全明白了 MACT 文化。但是，由于华莱士和我从各方面来看好像都深受 MACT 学风的影响，还有一些细节值得用一种漫不经心的方式提一下。让我们继续。

经常在美国东、西海岸之间飞行的人们都熟悉一个地区，大致从俄亥俄州延伸到普拉特（Platte）。除了少量的不平坦地区外，整个区都被直角坐标式的道路网格覆盖。他们可能没有意识到这些道路之间的距离恰好是一英里。除非他们对19世纪的中西部的地图有兴趣，不然他们不可能知道，当这些道路网布置好时，每隔一个十字路口就会有一个学校。这样就保证中西部地区的孩子住的地方离他或她的学校不超过$\sqrt{2}$英里。中学的选址大概是根据一些不那么严格的计划，而大学一般一个州设两所。根据俄亥俄州以西各州一个不成文的惯例，每个州——以×州为例——设立一所“×大学”和一所“×州州立大学”。“×大学”从一开始就是一所综合性大学，而不是学院，通常包括吃香的艺术和科学院系、法学院和医学院。而“×州州立大学”最初是“×州州立学院”，直到20世纪下半叶才获得更令人敬畏的“大学”称号。它通常是在政府赠送的土地上建立的一个研究机构，注重实践，在对文科表现出某种尊重的同时，偏向农业、兽医和工程这些学科。

属于第三层次的是师范学校，是专门为那些道路网格交叉点上的学校培养教师的大专院校。同样的扩张注水压力使×州州立学院变成了×州州立大学。最终这些学校又升级为“某某方位的×大学”。这就是许多大学，比如北爱荷华大学、东伊利诺伊大学的来历。

这些大学通常位于2万到20万人口的小城市，分散在上中西部地区，形成了一个公立大学网络。学校之间的间隔开车大概要耗一箱汽油。正是因为它们的距离（恰好在招生范围的中间），它们无足轻重的学术地位，它们的务实，它们为周边地区提供娱乐的运动队（这些地区人口太少不足以支撑职业球队），这些大学逃脱了精英主义或象牙塔主义的责难和污名。这些责难通常是被电影里那些挥舞着火炬和刀叉的社会分子泼向沿海私立大学的。由于科学的政治化，这种情况在21世纪有可能已经改变。但是，对20世纪中后期的MACT来说，这种情况一点也不存在。那时大多数人对科学的态度是由抗生素、小儿麻痹症疫苗和登月火箭而不是现代社会关于进化和全球变暖的争论形成的。

根据选择性、学术声望等数字指标——相信我，这些指标正是管理者的指挥棒——这些学校落后于沿海享有盛誉的老牌私立学校（不是因为这些管理人员笨，而是因为他们的部分使命就是把全部的学术人才输送到这些出身尊贵的沿海大学）。加上中西部人习惯性的笨拙和自嘲——更不用说消极对抗的性格了——使得他们耿耿于怀，尬称自己为“中西部的哈佛大学”或其他什么所谓的名牌大学。然而，从更长远的角度看，没有沿海地区与中西部的政治交叠，这些州立大学的成就会更为显著，而且肯定更不寻常。因为那些新的公立大学在与历史悠久的私立大学的竞争中，不可能有如此出色的表现。而几个世纪以来，这些私立大学除了积累自己的捐赠并教育有权有势家庭中最聪明、最有可能接班的子嗣之外没做什么。

我在这里描述的是20世纪下半叶的一种情况。现在可能有所不同。但在那个年代，大学毕业生和老师像阿拉伯人寻找绿洲一样，快速穿过荒凉的土地，从一个MACT迁移到另一个MACT。所有的MACT，只要加点小的改动，看起来都一个样。只有学校的颜色和吉祥物确实有所不同。

地理隔离是形成MACT文化的关键。比如说，如果你在大波士顿地区有一个学术职位，你可以在类似于 MACT 的氛围中打发日子。但是，当你回到位于索格斯（Saugus）的别墅或奥尔斯顿－布莱顿（Allston-Brighton）的公寓，即使你赚的钱不比周围的人多，也能享受到一种高学位和崇高工作带来的荣誉感。有些人会对你有一定程度的尊重。即使在更大的系统中你是如此格格不入，那些人也不在意。然而，如果你在一个 MACT，则不会获得任何特殊性。

而且，我这里说的可都是教授。这些教授的孩子成长在一个其他孩子的父母都是博士的社区里。既然他们从一开始就没有这种特殊感，因此也不会失去他们归属于某种特殊阶层的感觉。

MACT 的某些特性可能对长期解决不了的社会问题来说是对症的。例如，只要环卫工的儿子或农民的女儿很聪明，他们最终就将与其他所有人一样受到同等对待。从当时被视为异常偏远地区（泰国、阿富汗、尼日利亚）来的研究生，看到自己的孩子完全毫无障碍地融入了中西部小镇社会，一起参加啤酒聚会，敲打朋友的房子，就好像他们的祖先是美国最早的移民一样，这些研究生对此感到惊讶，但并非总是高兴。

这篇导言的前提是，华莱士在本书中用的这种语言和质询方式，很可能会使得那些没有呼吸过埃姆斯、布卢明顿－诺默尔或厄巴纳－香槟城空气的人感觉非同寻常，并需要某种解释。这个前提可能马上就会成真。并且，由于缺乏这样的背景，许多华莱士的批评家陷入了一种常见的错误模式，即试图通过质疑某些立场或动机来解释他的风格和方法，然后变得不高兴，生气或感觉被他冒犯。这是 MACT 本地人不会犯的错误。他们认为这本书不过是一个聪明的孩子试图解释一些很酷的东西。

遗憾的是，我从未真正见过华莱士先生（除非在操场上偶然遇到）。但这并不意味着我没有资格为本书写一篇导言，毕竟写导言所必要的只是对所介绍的作品有一定了解。既然任何阅读本书的人都有资格介绍它，那么，我的策略就是完全基于我和华莱士共同的 MACT 背景，去推断华莱士和他的书的某些故事。这是大胆的猜测，但我敢肯定是正确的。这可以演绎到裹脚布一样又臭又长。但是，既然你读的只是一本小册子（华莱士语）的导言，那么，我就把我的核心观点实打实地告诉你，这不过是一种非常标准的、MACT 式的对知识神话来源的否认——至少是不以为然，就像古希腊普罗米修斯或者犹太教-基督教夏娃的故事宣扬的那样。

如果要使这篇导言更为庄重和老套，那么有必要将这两个神话重新描述和粉饰一遍。我鼓励任何不熟悉它们的人在继续之前谷歌一下这两个神话。它们只不过是吓唬人的、有警示性的传说，以防青铜时代的工人向他们的师傅提出无法解答的问题。说它们已不再有用是错误的，因为它们从一开始就没有用处。然而，在某种程度上，我们都吸收了它们。它们可以在修辞中使用，从而引出某些可预测的反应。不管怎么说，这些确保了拥有大量知识的人们的利益。你可能不这么认为，因为普罗米修斯神话表面上是对学术界的一种冲击。尽管不那么明显，但它给了科学家一个理由，摆出祭司般的样子，通过暗示其他国家的科学家可能不那么超脱的姿态，获得国防拨款。它为非科学家们提供了一把在科学家面前挥舞的刀叉。于是，科学家和非科学家最终达成一致，都接受了普罗米修斯神话作为一个现实中可通融的典故，也可称之为普罗米修斯共识。普罗米修斯共识是这样一种东西：如果你试图强制人们进行这种自省，没有人会承认相信它。但是，每一部科学的电影和电视节目以及很多书都在一遍又一遍地强调它。显然，它也是科学家所期望采取的公众态度的基础。

一旦入了普罗米修斯式的套，你只能采取两种立场：尊重它的规则，或者故意打破它们。你要么是个神父，要么是个坏孩子。是神父的话，假如你是学术火焰的守护者之一，并且愿意承认你的一些知识是危险的，那你可以从正确庄严和预示的声音片段中获得好处。是坏孩子的话，那普罗米修斯神话的负面影响已经基本上消失了，没人被逐出伊甸园，也没人被拴在岩石上任由秃鹫啄食自己的肝脏。确实，除了在阿富汗开办女子学校的人，或者偶尔与动物权益者发生冲突的生物医学研究者之外，今天的科学家应该受到抨击。但是，他们不再需要躲避刀叉。如果你是一个想要盗取普罗米修斯知识的人，也不用再冒太多的个人风险。并且，这种知识的危险程度不过是以一种顽皮的方式带来的很酷的感觉，就像一个少年想找到他爸爸枪柜的钥匙一样。

这些似乎都与受辐射的玉米种子无关。显然，给孩子这种东西不是神父行为。但是，当它们在童子军会上被发出去，或者当我们在 MACT 中以无数其他方式接触到神圣的知识时，我们从来没有抱着“我们正在侥幸逃脱某些事情——我们是不是很顽皮”的态度，而是“这里有一些有趣的、也许有用的知识，任何有教养的年轻人都想拥有”。

因此，普罗米修斯共识在 MACT 中并不多见。在我去了沿海地区之后，我犯了一连串的社交错误。比如，我不会用正确的头衔来称呼或介绍某个拥有博士头衔的人。在我长大的地方，我们根本不会这样做。因为这种“好男人甲”“好妻子乙”式的称呼会给《塞勒姆的女巫》（*The Crucible*）戏剧中的角色带来某种喜剧效果（在我们大学城，有一个博士学位的男人，坚持要别人称呼他的头衔，结果没有被学校雇用。其他人对他的看法可能会被礼貌地描述为困惑）。

上一段，我使用了有点俗丽的修辞手法来取笑喜欢炫耀学术头衔的人。非 MACT 环境的科学家可能会怒气冲冲，觉得受到一个可憎的、到处煽风点火的小人言语的羞辱。让我说得更准确点——这远比我想表达的复杂得多。哈佛、剑桥、博洛尼亚和伯克利大学这些名校的教授之间也是直呼其名的。

但是即便很艰难，我也想让读者注意到这一事实。即使在骑自行车上班、穿 T 恤和蓝色牛仔裤并避免使用头衔的学者中，也存在一定的规章制度、明晰的界限和必须尊重的等级。违反这些等级制度的人会发现自己受到疯狂报复。在这一点上，我感到自己的说法有着坚实的事实支撑，因为任何一个努力在学术殿堂里升级的人都至少有过某件糗事，诸如违反了规章制度而在全系大会上当众挨批，或者在给编辑的信或电邮中大骂一通。我告诉你——尽管这似乎不太可能——土生土长的 MACT 人在成长过程中不会敏锐地意识到这些规则，就像埃洛伊人（Eloi）从未意识到他们是莫洛克人（Morlock）的食物一样。[①] 正如我试图用辐照玉米的轶事来表明的那样，MACT 孕育了一种反普罗米修斯式的冷漠。这确实以一种错误的方式惹恼了一些人。本书的每一段都渗透着这种冷漠。

---

① 埃洛伊人与莫洛克人出自 H. G. 威尔斯的科幻小说《时间机器》。——编者注

这是一种预期，足够合理的预期——一个敢于写数学专业书的人必须取得某种积极的进展，否则就得闭嘴。偶尔例外的是评论性文章。这些文章总结了他人的结果，而自己没有提出新东西。但即便是评论文章，也需要以足够严格的标准来编写。对严谨的学生（比如说是某个领域的博士生）来说，应该严格到评论里每一句话都浅显易懂，不至于发表之后，发现一些内容需要修饰、重新编排，或者干脆彻底搞砸了。因此，如果一个人要按照学术出版的规则行事，那就写一本关于数学的严肃学术著作，进行一些重新编排和润色，像华莱士写这本书一样，这样的书看起来也不会令人愉快。

另一种让职业学者气得上蹿下跳的做法是：跨越不同子学科之间的界限（比如，历史学、地理区域学或编年学），将许多脉络聚集在一起，然后指出其中的共同主题。这个禁忌的真正原因最好留给人类学家和心理学家来解答。但我推断这是只有上了年龄的荣誉教授级别的人才有的特权。六十岁之前这样写书的人是傲慢鬼。这在学术界里，就像希腊神话里推石头的惩罚措施一样严重。

因此，学术出版道路的规则既严格又残酷。这就给聪明人所能写的东西施加了一些狭隘而又严格的限制，这些严格的限制使人们努力去找到其他出路。最好的出路似乎是写科幻小说。科幻小说家按惯例可以任由自己发挥，随时享有宫廷小丑一样的豁免权。的确，有许多勤奋的科学教授披上小丑的衣服，拿起笔，写了或多或少成功却生硬的科幻小说作品，以此来规避通俗化/简单化和大杂烩这两个严格的局限。

严肃的学者也可以写一些面向普通读者的书。但是，如果他在职业生涯中过早沉迷于此，也会被认为是一种傲慢的行为。

到目前为止，我们有两类针对非专业读者的真正的科学书籍：硬派科幻小说和真正的科学家写的科普书。还有第三类作品。它们的作者受过良好的教育，但在相关领域没有正式的文凭。这类作者沉浸在自己感兴趣的主题中，然后尽其所能去解释它。如果作者过多地讲述自己成长的故事，这些书就很容易变成某种自恋和自传式的东西。当然，这也不是一件坏事。虽然以这种方式解释听起来有些晦涩，但这类书有些还是很好的，因为作者不知道怎么理解主题实质的话，就会大谈特谈怎么学习它的故事。

第四类是科学史一类的作品。看似与第三类完全不同，某些方面又很相似。这些书通常采用叙述形式描写一个或多个科学家怎么捣鼓出东西。这类书中的主角，就是把第三类书中孜孜以求的作者替换成第一个捣鼓出东西的真正的科学家。

因此，如果列出这四类作品的具体例子，并做一些实际的文学批评的话，本导言也许更受人尊敬（当然会更长）。但是，如果一个人很费心地去读一位科幻小说家为华莱士这本无穷大的书写的序，那么，可能她/他的书架上这四种类型的书都有。还是老话说得好，留给读者自己去练习吧。不过，为了清楚起见，我将列举一些例子：

类型 1：格雷戈里·本福德（Gregory Benford）的任何小说

类型 2：史蒂芬·霍金的《时间简史》（*A Brief History of Time*）

类型 3：查尔斯·曼恩（Charles Mann）的《1491：前哥伦布时代美洲启示录》（*1491：New Revelations of the Americas Before Columbus*）

类型4：托马斯 · 莱文森（Thomas Levenson）的《爱因斯坦在柏林》（*Einstein in Berlin*）

很挑剔的学术界读者很快会对自己说："啊，这是其中之一！"然后，如果他们想批评这些书的话，就会按照不同类型书的对应规则进行批评。从这个意义上讲，写这四类书都是安全的。

本书很难在前文所述的定型了的维恩图中占据一个确定的位置。在详细讨论这个问题之前，我要先打个预防针。在维恩图上没有明确定位的书，很容易使人抓狂。因为这使得我们不清楚应该采用哪一套基本规则来解读和批评它。

第一眼看上去，华莱士可以说是一个科幻作家——写过《无尽的玩笑》（*Infinite Jest*），尽管他可能不会把自己归类为这样的人。当然，本书并不是科幻小说，甚至连小说都算不上。请原谅一些诋毁它的人。但事实上，在我们开始之前，华莱士就是某种难以明确分类的科幻小说家。小说家——根据定义，一群拿着五花八门、不正规证书的人——与学术圈格格不入。在学术圈里，证书就是一切。而且，面向非专业的读者写一本专业书籍，注定会受到两方面粗暴的评论：对专业人士来说，任何没有经过同行充分评审的著作都是个错误，并且将受到那些鸡蛋里挑骨头的人的非难；对普通读者来说，任何需要不寻常的努力才能阅读的材料，都会削弱该作品声称的大众化。因此，华莱士在写《无穷大简史》这类书时，让我们想起了那个士兵——他通过精心设局，在自己的位置上发动炮击，并赢得了荣誉。在这种情况下，华莱士突破无人地带，从两个方向发起炮击。

华莱士学的是模态逻辑（modal Logic）。如果你没见过这门学科，那么在外行看来，这和纯粹数学没有什么区别，尽管它比一般的数学抽象得多。虽然他没有继续攻读博士学位，也没谋求一个学术职位。但是，他能够研究这么深奥的一个领域，就已经清楚表明他具有扎实的科学/数学/逻辑专业基础。因而，在严格的数学批评家眼里，他也是够格的。我们进而想知道，本书到底是一本科学家写的严肃的专业书，还是大众读物。本书的编辑想要的肯定是后者，最终的出版物却更接近前者。这并不是说华莱士推动了数学上的实际进展。他并没有，也并未试图或声称有。但是，他把自己沉浸在写作材料中的方式，是这套丛书的编辑无法要求其他作者做到的。他把不同部分的文字提升到一个更高的专业水准，高于其他大众科普书。如果华莱士所在意的是读者一致的欣喜若狂的反应，那么，这也许不是最好的策略。但他显然根本不是这样的人。

用免疫学的话来说，本书中公式较多的章节使得它产生了某种抗原，激发了自然科学和数学评论家攻击的热情。这个比喻很贴切。因为免疫系统被激发后，会引发从轻度不适、烦躁、发炎，到淋巴细胞的全面攻击、器官排斥等一系列反应。

最后要说的一点是，本书的许多章节总是在第三类和第四类之间切换（参见上面的具体分类）。因为，有时候我们读到的是华莱士自叙怎么从戈里斯博士（Dr. Goris）那儿学数学，有时候又是关于戴德金、魏尔斯特拉斯、康托尔等数学家的生活和工作的科学史。

抛开这些琐碎的解读，我现在至少可以肯定地说，我真的喜欢这本书。当我读它的时候，书中极富特色的地方从没有让我觉得烦心、迷惑、焦虑或发怔。事实上，这是一位小说家写的书，是对高度专业的著述的浅度涉猎，其中的专业知识大部分都经过一种难以让数学家满意的方式进行了润色修饰（华莱士反反复复地提到这点），另外书中交替使用了自传素材和通俗的传记材料。因此，我对读者的建议是，阅读的时候不要想太多。如果你恰好是数学专业的，那么你可以认真参考一下数学文献中对本书的一些刻薄批评，也可以阅读同类主题的一些同行评论来加深自己对本书数学内容的理解。总之，在你能口头论述这个主题之前，你还需要读更多的东西。

说完这个劝告之后，我再提一条如何阅读本书的小建议，那就是放松，漫不经意（当然，是在阅读和享受它的时候）。这本书还有一个特点，就是生成了非常之多的、难以置信的评论语言。即华莱士在用高深词汇谈论如此新奇东西的同时，仍习惯采用非正式的俗语/俚语表达。这无疑是好的文字。本地方言一直是最有表现力的、天马行空的语言。和其他人相比，华莱士也可以写出更加激情澎湃的韵文。但他深知将它与非正式的日常英语相结合的价值——尽管他特别擅长，但要记住，他几乎是第一位这么做的伟大的英语作家。对于每一位带我们进入云端的弥尔顿来说，都有一个莎士比亚用大段大段的日常话语及时让我们回到地上（人文学科的评论家都有评论“后现代主义”话题的强迫症，有时还说得非常长。但是，大多数读者对这都不感兴趣）。

我猜测，那些想靠评论这本书来捞取学术声誉的人，对华莱士不愿意或完全拒绝给本书戴上学术的帽子（崇高的学术表达风格）会感到愤怒或困惑，那些企图在学术体系中飞黄腾达的人对那套学术语言趋之若鹜。而喜欢宫廷弄臣钟形帽的小说家对此却嗤之以鼻。学术圈一个明显的细节就是习惯在引用华莱士的文句时后面加上“原文如此”。只要你不是那种在自己的通信中引用他人的作品时习惯使用“原文如此”的人，您就应该能接受本书的写作风格。

前文所说的都是负面的。不是说通常意义上的所谓采用令人沮丧的语气，而是纯粹的技术意义上，使用了很多否定的谓语，比如：华莱士并未接受普罗米修斯的共识；本书不适于表示为维恩图上的那种圈圈；大多数读者并不对本书的某些批评感兴趣或觉得有用。现在我想以一些正面的东西来结尾（在通常的意义上和技术意义上）。华莱士的写作反映出一种可爱的态度：一种感人的信念——在很大程度上是有充分根据的——就是相信，只要通过辛勤的写作和对读者给予足够的尊重，就可以用语言来解释任何事情。虽然它可能也存在于其他时代和其他地方，但它一直是美国中西部大学城的风格。

作为对温和的过敏反应的一种辩解（多年来，在把华莱士的作品介绍给许多朋友时，我看到了一些这种反应），一些读者（常常是含糊而烦躁地）认为华莱士的文学风格中有一些狡黠或自作聪明的自信。无论如何，对我来说，这是一个无法自洽的结论。因为华莱士对他的著作充满了爱。而且他在论文《众多之一》（*E Unibus Pluram*）中明确反对将讽刺作为生活方式。为什么人们觉得看到了这些华莱士书中没有的东西？这与他出众的语言天赋和文字游戏在一些读者中制造了一种挥之不去的感觉有关。他们觉得这是一个他们没有理解的笑话，或者在某种程度上被一个机敏的无赖愚弄了。但华莱士并不是这样。

对我来说，本书更像是来自网格化的草原天堂的一场演讲。

那里，由草原小学和朴实无华的大学培养出来的宽容的人，坐在餐桌旁，吃着涂了黄油的甜玉米，喝着冰茶，并耐心地尝试解释宇宙中最隐秘的奥秘。他们坚信人类可以理解世界。而如果你理解到某些东西，就可以用语言来解释它。华丽的语言有用就用华丽的语言，朴实的话好就用朴实的话。但是不管怎样，你都可以通过语言媒介与他人接触并建立联系。将核辐射过的玉米粒分发给一群童子军，与用通俗的让人茅塞顿开的语言来解释深奥的东西是同样的行为。换一种方式说，“我和你分享这些，只是想让思想的火花在我们之间碰撞。我觉得这样很快乐”。如果你就是这样成长的，那么向任何人解释任何事情都是一种乐趣。解释难以理解的事情是一种挑战。而解释 19 世纪后期和 20 世纪初期层出不穷的一些理论（无穷、相对论、量子力学、希尔伯特问题、哥德尔证明），更像是攀登珠穆朗玛峰这样的挑战。

所以，在阅读本书时，我感受到的情感基调并不是聪明、语言的炫技，或狡黠，而是一种与活着的华莱士之间完全心灵沟通的渴望，或者是一种知道他年仅 46 岁便死于残酷而无法治愈的疾病时的心碎。他有能力解读各类话题，不管是崇高的还是平凡的。他的英年早逝使我们没有机会享受到更多的话语并因此受益。所以，我们必须满足于他留给我们的珍贵东西。鉴于他在本书中给我们带来的快乐和洞察，要是命运也像他对待读者那样眷顾他的话，他显然能带来更多。

尼尔·斯蒂芬森（Neal Stephenson）

目　录

写在前面

不幸的是，为了理解本文某些结构的特异性和正文中看起来像密码似的词，你不能跳过这个前言。那些像密码的词中出现最频繁的是粗体字“**IYI**”。这不是手发抖或者印刷错误，而是短句“如果你感兴趣”（if you're interested）的缩写。它在初稿中反反复复使用了很多次，并最终使得它从一个自然语言中的引导从句短语衍变为一个生造的抽象符号——**IYI**——现在特别用来为某段大块的文字标记分类。这种方法是很有好处并行之有效的。

本书是一部通俗的专业性著作。它的主题是一系列数学成就，非常抽象和专业，同时也深邃、优美、饶有趣味。本书的目的在于以一种生动和易于理解的方式向没有专业知识背景的读者探讨这些成就，使枯燥的数学变得优美，或者至少让读者明白有些人是如何发现数学是优美的。当然，这一切听起来都很好，但有一个障碍：专业性的东西表述到何种程度，才能不让读者迷失或者淹没在许多琐碎的定义和特别的解释中呢？更何况，极有可能一些读者比其他读者具有更强的专业背景知识，那么，讨论定在哪一种程度以便在初学者易于理解的同时也不至于使具有大学数学知识的读者感到乏味无趣呢？

2

在本书中，粗体的“**IYI**”表示这部分内容读者可以细读，也可以扫过或跳过，也就是说跳过的话也不会有很大的损失。本书一多半的脚注和几个不同的段落，甚至正文中的几个小节都是**IYI**。这些可选的内容有些是细枝末节或者历史的浮光掠影；[①]有些是定义或者解释，熟悉数学的人不需要浪费时间在这上面。大多数**IYI**水平的内容虽然针对那些具有很强专业背景，或者对数学有超乎寻常的兴趣，或者具有超强耐心，或三条都符合的人，但这些大段的**IYI**为被书中主要的讨论一带而过的东西提供了一个更详细的看法。

3

这本书中还有其他的缩略语。一些只是为了减少字数，另一些是专业写作的习惯做法。这是因为一些专业词汇具有特定的含义，没有同义词能代替。所以，在常规的行文中不得不反复使用相同的名词会让文章显得非常笨拙。这就意味着缩写是取得任何语体变化的唯一方法，特别是对某些高度专业性的有严格限定的名词。当然，这些不会给你造成真正的困难。本书的所有缩略语都有详细的上下文介绍，读者完全能搞清楚它们表示什么。不过，为了防止作者的错误或不必要的混淆，现在把主要的缩略语列在下面，以便需要时翻查参考：[②]

1 – 1C = 一一对应

A. C. = 选择公理

---

① **IYI**：这个注解是说明**IYI**符号的一个很好的例子。本书的作者是对数学和形式系统有浓厚兴趣的业余爱好者。除了一门之外，他对自己所学的每一门数学课程都不喜欢，表现得也不好。这门课程不是在大学学的，而是由一位能把抽象的东西讲得活泼、催人心动的少有的专家讲授的。当他在讲演时，你能感到他是在与你面对面交谈。本书中出色的部分是对他的一种苍白和善意的模仿。

② 本书尽最大可能保留了英文版中作者所使用的古怪的缩略语，在此对可能造成的阅读障碍深表歉意。——编辑注

A. S. T. = 公理化集合论

B. W. T. = 波尔查诺－魏尔斯特拉斯定理

C. H. = 连续统假设

D. P. = 对角线证明

E. V. T. = 极值定理

F. T. C. = 微积分基本定理

G. C. P. F. S. = 傅里叶级数的广义收敛问题

L. E. M. = 排中律

N. & L. = 牛顿和莱布尼茨

N. S. T. = 朴素集合论 4

O. O. M. = 一对多论证

P. I. = 归纳原理

P. T. = 毕达哥拉斯定理

U. A. P. = 无限制抽象原理

U. T. = 唯一性定理

V. C. = 恶性循环

V. I. R. = 恶性无穷倒退

V. N. B. = 冯・诺依曼－伯奈斯集合论公理化系统

V. S. P. = 弦振动问题

Z. F. S. = 策梅洛－弗伦克尔－斯科伦集合论公理化系统

Z. P. = 芝诺悖论

抽象的金字塔

1.1 “无穷大”的歌手

数学史学家常常有自己独到的见解。下面是一位20世纪30年代的数学史学家所说的一段精彩的开场白：

> 一个无可避免的结论就是：如果没有一个关于无穷大的相容的数学理论就不会有无理数的理论；没有无理数的理论就不会有任何形式的数学分析，即使是与我们现在相去甚远的数学分析。最后，没有了数学分析，现在的数学的主要部分，包括几何和绝大部分的应用数学，将不复存在。因而，数学家所面临的最重要的任务似乎是构建一个无穷大的令人满意的理论。康托尔尝试过，不久我们就会看到他的成功。

暂时把时髦的数学术语放在一边。最后一行提到的康托尔是格奥尔格·康托尔（Georg F. L. P. Cantor）教授，出生于1845年，是一位移居德国的富裕商人的儿子。他是公认的抽象集合论和超穷数学之父。一些历史学家喋喋不休地争论他是否是犹太人，但“康托尔”在拉丁语中只不过是歌手的意思。

康托尔是19世纪最重要的数学家，性格复杂多变，命途坎坷。他成年后大部分时间都是在精神病医院度过的。1918年，他死于哈雷（Halle）的一家疗养院。[①] 哥德尔（K. Gödel），20世纪最重要的数学家，也死于精神病。玻尔兹曼（L. Boltzmann），19世纪最重要的数学物理学家，自杀而死，如此等等。历史学家和

---

① **IYI**：Halle，从字面上看是莱比锡上游的一家盐矿，以作曲家亨德尔（G. F. Handel）的故乡出名。

庸俗的学者花了大把的时间研究康托尔的精神病问题，研究精神病是否以及如何与其关于无穷大的工作相联系。

在 1900 年巴黎举行的第二届国际数学家大会上，希尔伯特（D. Hilbert）教授，当时的世界头号数学家，把康托尔的超穷数誉为“数学天才的最杰出的产物”和“在纯智力领域人类能动性的最美成就之一”。

引用切斯特顿（G. K. Chesterton）的一段话：“诗人不会发疯，但国际象棋选手会；数学家、出纳员会发疯，但有创造力的艺术家很少会。我不是在攻击逻辑——我只是说这种危险不是在想象中，而确实存在于逻辑中。”还有从最新的康托尔通俗传记中摘录的一段胡吹的话：“19 世纪后半期，一位非凡的数学家在一家精神病医院里冥思苦想……他离他所寻求的答案越近，答案就好像跑得越远。最后它使他发疯了，就像他之前的数学家一样。”

伟大的数学家患有精神病的这些案例让现代流行作家和电影制作者产生了巨大的共鸣。这与作家和导演自己的偏见和接受能力有极大的关系，反过来又塑造出带有我们时代原型色彩的人物样板。不用说这些样板是随时代而变的。患精神病的数学家现在在某些方面似乎就是其他时代的游侠骑士、苦行的圣徒、受折磨的艺术家和发疯的科学家：某种普罗米修斯式的人物，付出个人的代价去奥林匹斯山给人类带来火种。至少在大多数的例子中，这都有些吹嘘过头。[1] 但康托尔比其他绝大多数人都更胜任这个样板。不管他的精神问题和症状是什么，更令人感兴趣的是他更

7

① **IYI**：虽然另外一种也是如此，但与此相反的数学家典型是书呆子式的有点分裂倾向的怪物。在今天的类型学中，这两种典型在一些重要的方面似乎在一较高低。

胜任的原因。①

仅仅知道康托尔的成就和能够欣赏它们是完全不同的。后者是本文的主要目的。欣赏它们时可以把超穷数学看成某种树一样的东西。这棵树根植于古希腊连续性和不可通约性的悖论中，它的分枝缠绕在数学基础之上的现代危机中——布劳威尔（L. E. J. Brouwer）、希尔伯特、罗素、弗雷格（F. L. G. Frege）、策梅洛（E. F. F. Zermelo）、哥德尔和科恩（P. J. Cohen）等。这棵树现在远比这些名字重要，是读者要记在心里的一种全局性的比喻。

1.2 五个橘子和五

8

切斯特顿上面的话有个地方是错误的，至少不精确。他想要指出的危险不是逻辑。逻辑只是一种方法，而方法不会使人们失常。切斯特顿真正想谈论的是逻辑的，也是数学的一个主要特征——抽象性和抽象概念。

弄清“抽象”的含义对我们是有帮助的。它也许是欣赏康托尔工作重要性和知识背景的最重要的一个词。从词源上看，词根来自拉丁文的形容词 abstractus（被抽取的）。这个词在 O. E. D（*The Oxford English Dictionary*，《牛津英语词典》）中有九个主要

---

① 在现代医学看来，非常清楚，康托尔患的是躁郁症。当时没有人知道这是什么病。而且，康托尔在事业上承受了超乎寻常的压力和失意，加重了时好时坏的病症。当然，这种解释没有“试图征服∞而被逼疯的天才”之类的八卦有趣。然而，事实是康托尔的工作及其背景是如此的吸引人，如此的美丽，根本不需要把这个可怜的人的生命说成像普罗米修斯那般。真正有讽刺意味的是把∞看作是某种禁区或通往精神错乱之路——这种看法非常古老，影响很大，笼罩了数学2000多年。但正是康托尔自己的工作颠覆了它。说∞使康托尔发疯就有点像哀悼圣乔治被龙杀死一样：它不仅错误，而且带侮辱性。

的定义。最适合的是4. a:“从物质、具体材料、实际或特定的例子中抽取或分离，与‘具体’的意义相反。”相关的释义还有4. b:“理想的，提炼出本质。”4. c:“深奥的。”

下面是一段引自博耶（Carl B. Boyer）的话，他在某种程度上是数学史中的吉本（E. Gibbon）①:“但到底什么是整数呢？在试图定义或者解释整数之前，每一个人都以为自己知道整数，比如‘3’，是什么。”如果和小学一二年级的数学老师谈论这个问题，我们会发现小孩实际上是如何学习整数概念的，并对我们很有帮助。比如说，数字“5”是什么？首先，他们会给5个东西，比如说橘子，某些他们能触摸或抓住的东西。老师要求他们数一数这些东西。然后，他们就产生5个橘子的印象。之后，5个橘子和数字“5”连在一起的印象使他们能将两者关联起来。最后，去掉橘子只剩下“5”的概念。这之后，孩子们就做些口语练习，开始脱离5个橘子谈论整数“5”本身。换句话说，大人有系统地糊弄或启发他们，把数字当成事物而不是事物的符号。接下来，他们学习算术，包括数字之间的基本关系运算（注意，这和我们学习语言的方式是并行的。我们很早就学了名词“5”的意思是整数5，并是它的符号标识。如此等等）。

9

有时候，有些小孩对老师所说的有些困扰。一些小孩明白名词“5”代表5，但他们还是想知道“5”是什么？5个橘子，5个硬币，5个点？这些小孩在增减橘子或硬币时毫无问题，然而在算术测验时表现很差。他们不会把5本身作为一个对象，因而经常退化到特殊教育数学。这种数学里，所有的东西都是根据实

---

① **IYI**：在数学史学方面和博耶难分伯仲的只有莫里斯·克莱因（M. Kline）教授。博耶和克莱因的主要著作分别是《数学史》（*A History of Mathematics*）和《古今数学思想》（*Mathematics Thought from Ancient to Modern Times*）。两本书的内容全面广泛，引人入胜，为本书大量引用。

际物体的群、集合来学习的，而不是作为从“特例中抽取出来”的数字。①

10 关键之处是：“抽象”的基本定义“从具体的特性，感性经验中剥离或超越”，和我们的目的有点关联。如果只从这个定义来看，“抽象”就是形而上学中的一个术语。实际上，“抽象”在所有数学理论中，隐含着某种形而上学的立场。数学中的抽象之父是毕达哥拉斯；正如纯粹哲学的抽象之父是柏拉图。

虽然 O. E. D 中的其他释义不是毫无关联的，但是现代数学是抽象的不只是因为它极其深奥晦涩，经常难以看完一页。“抽象”在数学上更本质的意义就是，抽象化某种东西意味着把它归结到最基本的层面，就像一篇文章或一部书的摘要一样。在这个意义上，它就意味着努力思考对大多数人来说无法努力思考的事物——因为这使他们发疯。

上面这些才只是热热身，抽象的问题还不仅如此。借用两段杰出人物的话，其一来自菲利克斯·克莱因（F. C. Klein）：“希腊人对数学真正概念的伟大贡献之一是清醒地认识到并强调：数学实体是抽象，是头脑中流动的概念，它们完全不同于物理对象或图像。”另一个来自索绪尔：“哲学家和逻辑学家所忘记的是，

11 从一个符号系统独立于它所指代的物体开始，它本身就发生了逻

---

① **IYI**：罗素在这点上说过一段关于高中数学的有趣的话（高中数学是算术之后抽象进行的一次大跳跃）：

> 在学习代数的一开始，即使是最聪明的孩子通常也发现许多困难。字母的用法是神秘的，好像除了故弄玄虚之外没有什么目的。如果老师没有揭示字母代表什么数字，学生一开始几乎不可能想到它代表某个特定的数。实际上，在代数学中，首先学到的就是思考普遍的真理，即不是仅对某个特定的事物才成立，而是对一组事物中的任意一个都成立的真理。理解和发现这类真理赋予人们掌握世界上实际的和可能的事物的知识的力量。并且处理普遍真理的能力也是数学教育所赋予的才能之一。

辑学家所无法估量的飞跃。”

大家都知道，抽象引发了各种各样令人头痛的问题。部分的危险在于如何使用名词：人们根据符号来想起名词的含义，名词代表事物——人、课桌、钢笔、李四、头、阿司匹林。当困惑于一个真正的名词是什么时，比如“谁是第一个”，或者《爱丽丝漫游仙境》中的那些家喻户晓的对话：“你能看见路上有什么东西?”“没有什么。”“多么好的视力啊！‘没有什么’看起来像什么?”这时就会产生一种特别的喜剧效果。虽然当名词是抽象名词，也就是一般的概念从特殊的例子中分离时，喜剧效果往往消失。许多这样的抽象名词来自动词词根，比如“运动”（motion）和“存在”（existence）。我们随时都在使用这样的单词。当我们试图弄清它们的准确含义时，麻烦就来了。这类似于博耶对整数的观点。“运动”和“存在”所真正表示的是什么呢？我们知道具体事物的存在，也知道它们有时在运动。但“运动”本身存在吗？以什么方式？抽象名词以什么方式存在？

当然，最后一个问题本身也是非常抽象的。现在你可能开始感到头痛了，对这类东西有种特别不舒服或不耐烦的情绪，比如“准确地说，存在是什么?”或“当我们谈论运动时，我们所指的确切含义是什么?”这种不舒服是非常有特色的，并且只存在于某一层次的抽象过程中——抽象有不同的层次，这有点像幂次或维数。例如，“人”指某一特定的人时是第一层次，“人类”指某一种类时是第二层次，而指“人性”时是第三层次。这个层次所谈论的是某种抽象标准，即使人之所以成为人的某种东西，如此等等。这种思考方式可能是危险的、奇怪的。请足够抽象地思考任何东西……我们肯定都有过这样的经历：思考一个单词，比如说“笔”，并反反复复对自己说这个单词，直到它不再有所指代。称呼某件东西为一支笔的奇怪之处开始缓慢地强加于我们的意

12

识，就像一个癫痫患者的先兆。

你可能知道，我们现在称为分析哲学的很多东西都是和第三层次，甚至第四层次相关的问题。比如，认识论中的“知识是什么”，形而上学中的“精神构造和现实世界物体的关系是什么”等等。[①] 哲学家和数学家花大量的时间抽象地思考，或思考抽象本身，或两者都思考，也许只有他们才真的容易得精神病。或者也许只是容易得精神病的人更倾向于思考这类问题。这是个鸡和蛋的问题。不过，有件事情是肯定的——这完全是个谜——人为什么天性好奇，对真理如饥似渴，尤其重要的是想知道。[②] 就“想知道”的受认可的意义来说，实际上有很多东西我们不想去知道。证据就是有许许多多基本的问题我们不愿意抽象地思考。

13 理论：抽象思考的恐惧和危险是为什么我们现在都喜欢保持忙忙碌碌，随时都在自我鼓舞的一个重要原因。抽象思维总是在安静地憩息时突然来袭。譬如，每天早晨起床后，你不会怀疑地板在支撑着你。突然有一天早晨，你在闹钟响之前醒了，突如其来没有理由地怀疑地板能否撑住你。你躺在床上思考这个问题，似乎至少在理论上地板的结构或它的分子组成上的某个裂缝会使它扭曲变形，甚至某些异常的量子流或其他什么东西会让你熔化并穿过地板，也就是说这在逻辑上好像是可能的。这不是说你真的害怕在你起床的那一刻地板会陷沉，我也并不关注你起床后的需求或义务，我只是想说明某些心境或思路是很抽象的。这只是一个例子。你躺在那里思考着是否真的认为自己对地板的信心是

---

① **IYI**：根据许多消息，康托尔不只是一位数学家——他有一个关于无穷大的真实的哲学体系。这个体系是神秘的、准宗教的，当然也是抽象的。有一次，康托尔想把他在哈雷大学的工作从数学系换到哲学系。这个要求被拒绝了。当然需要承认的是，这并不是他病情的稳定时期发生的事儿。

② **IYI**：这个令人痛苦的谜来源于亚里士多德。他在某些方面是我们整个故事的祸首——参见后面的第 2 章。

有理由的。最初的肯定回答在于这一事实：你在成千上万个早上起床后，每一次地板都是那么坚实地支撑着你。这和你坚信太阳每天升起，你的老婆知道你的名字，以及当你鼻子发痒时就要打喷嚏的道理一样。因为这些事情以前都反反复复地发生过。这里所涉及的原理是我们能预测这类我们只自动计数，而不作思考的现象的唯一方法。大部分的日常生活都是由这些现象组成的。没有这种基于过去经验的自信，我们都将精神错乱，或者至少不能正常生活，因为我们不得不停下来苦思每一件过去的小事情。事实就是：就我们所知，如果没有这种自信，生命就不可能。然而，问题依旧存在：这种自信是真的合理吗？还是只是图省事？这就是抽象思维，带着它特有的阶梯状上升曲线。你现在也要升高几个层次了，不能再仅仅思考地板和你的体重，也不能仅仅思考你一再的自信以及这种自信对于基本的生存是如何的必要。你现在思考的是一些更一般的规则、规律和原理，只有建立在这些一般性的规则、规律和原理之上，我们那种不假思索的自信在各种形式和强度上才是合理的，而不只是每天推着你前进的一系列阵挛性反应。抽象思维的另一个可靠的标志：你不需要肢体的运动。即便感觉花费了无穷的能量和努力，实际上你还是安安静静地躺着。所有这些都只是在你的头脑里运转。这非常奇怪，也难怪大多数人不喜欢它。你应该突然明白为什么精神病人经常表现出使劲抓头或者往什么东西上撞的症状。但是，如果在学校已经上过相关的课程，你也许能想到这样的规则或原理确实存在——它的学名是归纳原理（Principle of Induction，P. I. ）。它是现代科学的基本法则，没有 P. I. ，科学实验连一个假设也证实不了，人们也没有信心去预测物理世界中的任何事情，也就不可能有自然规律或科学真理。P. I. 的意思是：如果某件事情 x 在特定的条件下已经发生了 n 次，那么我们有理由相信，在同样的条件下 x 将

14

15

发生第 $n+1$ 次。这个原理令人肃然起敬，让人信赖。而且，它好像是整个问题的光明出口。不过在这之前，突然你的脑袋里蹦出个想法（通常只发生在非常抽象的心境下，或者在闹钟响之前那段非常奇妙的时间里）：P. I. **自身**也只是从经验中抽象出来的……所以，现在的问题是，我们如此信赖 P. I. 的理由是什么呢？这个想法也许来自小时候在一位亲戚的农场里度过的几个星期里留下的一段具体的记忆（说来话长）。亲戚在隔车库不远的铁丝笼里养了四只公鸡，最聪明的就叫切肯先生。每天早上，农场的雇工拿着一只麻布袋出现在铁丝笼边时，切肯先生就开始激动起来，开始热身似地啄地，因为它知道现在是进食时间——每天早上都差不多在同一时间 t 左右。切肯先生已经懂得在 t 时刻（人 + 麻布口袋） = 食物。因此，在最后一个星期天的早晨，它照样信心满满地啄地。这时，雇工突然伸进手来抓住切肯先生，用一个潇洒的动作扭断它的脖子，把它丢在麻布袋里，带到厨房。这样的一些亲身经历的记忆会非常生动地保留下来。躺在床上仔细思考这些问题，会强烈地刺痛你。因为根据 P. I.，切肯先生显然是正确的：在时间 t，人和口袋的第 $n+1$ 次出现时所期望得到的是早餐。切肯先生不仅没有怀疑这些事，而且完全有信心认为不用怀疑。然而，其下场确实有点令人心生警惕和不安。看来迫切需要找到某种更高层次的理由来维护对 P. I. 的信心。你意识到没有这种理由，我们自己的处境和切肯先生基本上没有什么区别。但结论似乎是抽象的和不可避免的：我们相信 P. I. 的理由正是它在过去一直有效，至少到现在为止还是这样。这就意味着我们信赖 P. I. 的唯一真正的理由就是 P. I. 自身。这看起来不堪一击，又回到问题本身。

16

这个结论可能导致你一直瘫痪在床。逃脱它的唯一出路是从另一方面寻求更进一步抽象的调查，追究“理由”的确切含义，追究这些信念和原理唯一有效的理由是否确实是理性的和不循环的。比如，我们知道，每年都会发生几起这样的事故，汽车突然转向，穿过马路中线，闯入反向行驶的车辆中，然后迎面撞上那些正在开车而根本没料到会丧生的人。因此，我们也知道，在某种抽象的层次上，可由概率统计的定律理性地证明，无论如何我们在双向行驶的公路上开车不可能具有100%的信心——并且“理性地证明”也许不能用在这里。更进一步来说，如果你相信你的车会突然撞毁在某个地方，你就不会去开车。因此，你需要或你想开车就是你对开车有信心的某种“理由”。[1] 最好不要开始分析你需要或希望觉得自己能驾车的各种假定的“理由”——在某一点上你意识到，至少在原理上，抽象的“寻找理由”的过程（给出一个理由，然后是理由的理由）能一直进行下去。一旦你看到抽象思维的思路是没有尽头的，那么终止它的能力就是区分精神健全、功能正常的人和精神错乱的人的部分标志——正常的人在闹钟响之后会毫不惊恐地踏在地板上，投入到每天真实的日常生活中。

17

插　曲

有时候在本书的自然语言中使用“∞”而不是“无穷大”有着策略上的原因。因为“∞”让人连连眨眼的奇特形状，提醒我

---

① 一个常见的与此类似的事实就是，大多数人尽管知道每年都有一定比例的商业航班会发生空难，但仍然在坐飞机。虽然这涉及“知道”的各种不同的意义（见下一节）。另外，它也涉及某种社会心理，因为商业飞行是面向公众的，会有一种群体的信心在起作用。这也是为什么告诉坐在你旁边的乘客所乘坐的飞机坠毁的精确概率虽然没有错，但是很残酷：你干扰了她认为坐飞机是正确的微妙的心理基础。

IYI：取决于心境/时间，你也许很吃惊也感到有趣：有些人因为对这些不能理性证明的原理没有足够的信心，所以不敢坐飞机。这种人通常被称为“非理性的恐飞症”患者。

们甚至连正在讨论的是什么也不清楚。还是不清楚的话，举个例子。比如，别以为∞是一个不可思议、难以相信的巨大数字。当然，有许多这样的数字，特别是在物理和天文中。比方说，如果在物理学中，5×10^{-44}秒是目前所知道的、通常的连续时间的概念仍然能使用的最小时间单位（它也确实是），那么天文学数据表明自从宇宙大爆炸以来大约经过了6×10^{60}（也就是6后面跟着60个0）个那样的时间间隔。我们都听说过这样的数字，它们通常被认为只能用真正的超级计算机或者类似的东西来构造和处理。但实际上，有许多数字太大了以致任何真正的和理论的计算机都无法处理。这里，布雷默曼极限（Bremermann's Limit）就是最重要的一个术语。考虑到基本量子理论强加的限制，布雷默曼在1962年证明了"任何数据处理系统，不管是人造的还是自然的，平均每克重量所处理的数据不可能超过1.36×10^{47}比特/秒"。这就意味着像地球尺寸那么大（约6×10^{27}克）的一台假想的超级计算机，从地球存在（约10^{10}年，每年大约3.14×10^{7}秒）以来一直在吭哧吭哧地计算，最多也只能处理2.56×10^{92}比特的数据。这个数字就叫布雷默曼极限。超过2.56×10^{92}信息量的计算就称为超计算问题，也就是说它们甚至在理论上也是无法做到的。在统计物理、复杂性理论、分形等学科中存在大量此类问题。所有这些都很吸引人，但和本书关系不是非常密切。密切的是：拿出一些超越计算能力的数，假设它是填满整个海滩、沙漠、星球甚至星系所需要的沙粒数，不仅这个相应的数$10^{x} < \infty$，而且它的平方$< \infty$，$10^{(x^{(10x)})} < \infty$，如此等等。实际上以这种算术的方式比较$10^{x}$和∞是不正确的，因为它们甚至不服从同一个数学规则——甚至可以说，不是同一个量级。同样正确的是，有些∞在算术上大于其他的∞。所有这些在后面都会讨论。现在要说

18

的是，只有在戴德金（J. Dedekind）和康托尔之后才有可能谈论无穷大量以及它们逻辑一致的有意义的算术。而这就是使用“∞”的关键原因。

19

IYI：“∞”符号在数学上称为双纽线（lemniscate）——显然是来自希腊文的“ribbon”（带子），并由约翰·沃利斯（John Wallis）在他1655年创作的《无穷大算术》（*Arithmetica Infinitorum*）中引入数学。这本书是牛顿式微积分重要的前期著作之一。[①] 和沃利斯同时代的托马斯·霍布斯（Thomas Hobbes），一个数学怪人，在一篇评论文章里抱怨《无穷大算术》实在是太抽象了甚至不敢去读它。他说好几代的大学生都不会去读“一部满是符号的怪书”。双纽线的其他名字还包括“爱情结”和“满足方程 $(x^2+y^2)^2=a^2(x^2-y^2)$ 的笛卡儿平面曲线”。另一方面，如果它用三角函数来表示，那就叫做“满足极坐标方程 $r^2=a^2\cos 2\theta$ 的曲线”，也称为伯努利双纽线（Bernoulli's Lemniscate）。

插曲结束

1.3 独角兽和排中律

关于抽象性和名词指代，还有一种高层次的抽象或某类奇怪的名词变化的典型表现。“马”可以指一匹就站在前面的马，也可以指抽象的概念，比如，“马=马科类的有蹄哺乳动物”。这就和“角”“前额”一样，已经从特例中抽象出来了，但我们依然

---

① **IYI**：实际上，沃利斯没能在《无穷大算术》中真正发明微积分的唯一原因是他忽视了二项式定理，这个定理对无穷小量的运用是必不可少的——特别参见第4章。

知道它们来自特例。“独角兽”则不同。它好像来自“马”“角”和“前额”几个概念的组合，因而独角兽完全来自于这种抽象名词的拼接。也就是说我们可以连接和操作抽象名词来组成本身没有任何具体指代的名词的那种实体。严重的问题就来了：独角兽的存在方式根本不同于诸如“人性”“角”“整数”这些抽象名词的存在方式，而且更不真实吗？问题再一次出现：抽象实体以什么方式存在？还是它们只作为人脑里的概念才存在？即，它们是形而上学的虚构吗？这类问题也能让你整天躺在床上想个不停，并且它们从一开始就笼罩在数学头上——数学实体及其关系在本体论上处于什么样的地位呢？数学上的事实是发现的，还是被创造的，还是以某种方式兼而有之呢？再引用克莱因的一段话：“古希腊的哲学学说以另一种方式限制了数学。在整个古典时期，他们都相信人不能创造数学事实——它们先天就存在。人只是发现和记录它们。”

20

另外加上一段康托尔的超穷数的早期拥护者、伟大的大卫·希尔伯特的话：

> 无穷大在现实中是找不到的，不管是求助于经验、观察还是认识。关于事物的概念能够如此不同于事物本身吗？思维过程可以如此不同于事物的实际过程吗？简而言之，思维能脱离现实如此之远吗？

这确实是真的：没有什么比无穷大更抽象的了，哪怕我们用模糊的、直觉的自然语言描述的∞概念也是如此。它是脱离了实际经验的终极抽象概念。人们从现实世界挑出一个个最普遍最苛刻的性质——即万物皆有限，终会消亡、终结——然后，抽象地

21

构想出某种没有这个性质的东西。这显然和上帝的某些概念类似。脱离了所有限制的抽象是用世俗语言解释宗教冲动的一种方式。这也称为宗教的人类学：当它缺少我们对自身和世界所感知到的瑕疵时，一个完美无缺的存在是可以理解的。一个全能者就是这样的一个存在，他的意愿不受任何限制，如此等等。事实上，以一种相当枯燥和悲哀的方式谈论宗教与本书目的无关，关键是我们要给出同样的解释，解释从什么地方得到∞概念以及我们以名词“无穷大”的各种形式来回谈论无穷大时的最终意思。然而，它是否是正确的解释就涉及它透露了什么给我们，也就是其在形而上学的意义。难道我们真的想说，∞只是以独角兽的方式存在，它只不过是我们不断地操作抽象名词直到“无穷大”而没有实际的指代？那么，所有整数的集合又是什么？从1，2，3开始数起，一直数下去，最后才明白你数不完，你死后你的儿子也数不完，他们的儿子接着数也数不完，子子孙孙无穷尽也。整数不会停止，没有终点。所有整数的集合组成一个真正的∞吗？或者整数自身也不是真实的，仅仅是抽象物；一个集合准确地讲是什么？集合是真实的还是仅仅是概念性的设计发明？或者也许整数或集合仅仅是“数学上真实的”，不同于现实中的真实。那么，两者的区别是什么，而且我们如何保证∞是某个数学上的实在而不是另外一种类的实在（假设只有一种另类的实在）呢？在什么关键点上，问题变得如此抽象，差异如此细微，让人头疼得如此厉害，结果导致我们无法更进一步地去思考它呢？

22

在诸如数学、形而上学之类的领域里，我们经常遇到人类大脑最奇怪的一种特性。这就是能够想象严格意义上我们无法构造的事物。比如说，我们能通过某种粗略的方式想象全能者是什么。至少我们能够在使用“全能者”这个词时有相当程度的自信知道我们正在谈论什么。然而，甚至一个小学生都知道的矛盾，比如“一位全能者能不能制造出重得连他自己也抬不起的东西”，就尖锐地点出了在我们对全能者的日常理解中存在严重的错误。所以，这里涉及另外一种抽象名词。这种抽象名词更多是心理学的，并且很时髦。

明显的事实是：在世界的表象和科学告诉我们关于世界的知识之间从来没有过如此之多的裂缝（这里的“我们”指外行）。这就像一百万个哥白尼式革命突然在同一时间爆发。比如，作为中学毕业生和《新闻周刊》（*Newsweek*）的读者，我们“知道”时间是相对的；量子论中的粒子飘忽不定；空间是弯曲的；颜色并不是物体的固有属性；宇宙的奇点具有无穷大的密度；我们对自己孩子的爱是进化中预设好的程序；我们的视觉中心有一个大脑会自动对准的盲点；我们的思想和感情实际上不过是2.8磅的带电的大脑里的化学变化；人的身体绝大部分都是水，水又主要是氢，而氢又是可燃烧的，然而我们却是不可燃烧的。我们“知道”的许许多多事实真相和我们对世界的直接的日常认识是相矛盾的。可是，我们不得不生活于这个世界。所以，我们进行抽象区隔：我们知道（知其然）的东西和我们“知道”（知其所以然）的东西。我“知道”我对孩子的爱是自然选择的作用，但我知道我爱他，并且对我所知道的有感觉和有所行动。客观地看，整件事具有深度的双重性；然而，事实是我们这些外行在主观上没有经常感觉到这种冲突。这当然是因为99.9%的人是具体地处理各种事情，而且是具体地根据我们所知道的，而不是我们“知道”的去生活。

23

我们谈论的是像你我这样的外行，而不是那些哲学和数学伟人。他们中的许多人在现实生活中时常发生一些趣事。如爱因斯坦穿着睡衣出门，哥德尔自己不会吃饭等。为了想象伟大的科学家、数学家和哲学家内在的生命是什么样，我们只需要躺在床上，努力去形成一个精确的有条理的思考——不同于一个模糊的或《新闻周刊》式的思考——“全能者”“整数”“无限”或“有限但无界”的真正意义是什么。这就需要我们作一些有训练的或指导性的抽象思考。① 这种思考中缠绕着一种非常确定但又说不清的像朦胧诗一样的感觉，就像一个癫痫症患者嘴里反复念叨着“钢笔，钢笔”，但脑子里只有一个苍白的阴影。进入这种感觉最快的途径是（来自于本人早上的经历）试图拼命地思考维数。我“知道”有维数大于 3 的空间存在。我甚至能在纸板上构造一个超正方体——一个正方体内嵌有一个正方体的奇怪的几何体。一个超正方体是一个四维正方体在三维空间中的投影，就如同“⧉”是一个正方体的二维投影一样。技巧在于让超立方体的相关的边和面彼此成 90 度（这与“⧉”和正方体是一样的），因为空间的第四维以某种方式存在于与我们日常视场的长、宽和高垂直的角度上。我“知道”这些，就如你也可能“知道”……但现在请把它真正具体地画出来。你几乎立刻感觉到你的大脑深处绷紧了，就像缝住思维缝合线的第一根线头被抽紧了。

24

“知道”和真正实际地知道相比，后者就是笛卡尔所说的“清晰明了的理解”，也是现代俚语中“处理”（handle）或“解决”（deal with）的言外之意。看到这儿，现代的外行脑袋又是一团浆糊：我们好像“知道”我们大脑的概念性装置不能真正处理的事物。这些最最抽象的物体和概念，是我们根本无法想象的东西：$n>3$ 的流形，量子的舞蹈，分形集，暗物质，负数的平方

① 与众不同、令人敬畏的戈里斯博士教高中跳级班的数学 I 和 II 时，常把这称为“个人洗脑式思维”，也就是只追求实际的效果。

根，克莱因瓶（Klein Bottle），弗雷米什箱子（Freemish Crates）[1]和彭罗斯阶梯（Penrose Stairways），以及∞。这类东西的特征就是它们以“智力上”或“数学上”的方式存在。虽然这些术语小孩子都会用，但又一次——我们不懂其中的真正含义。

请注意，普通人也具有区分两种不同的知道以及“知道”无法理解的事物的能力。但这种能力完全是现代的。比如，古希腊人无法做到这些，或者不愿这样做。他们要求事物是纯粹的，并且觉得如果你不能真正理解它你就无法知道它。[2] 他们的数学不包括0和∞不是偶然的。他们指代“无穷大”的那个词兼有“混乱”的意思。

25

古希腊精神从一开始就对数学实践和哲学原理有着深远影响。数学真理是建立在逻辑证明之上的，极其简洁明了。正因如此，数学才得以从诸如“如何精确地证明P. I. 是正确的”之类的迷宫式问题中解放出来。数学关系和证明不是归纳的而是演绎的，是形式的。换句话说，数学是一个形式系统。“形式的”是指纯粹的形式，百分之百的抽象。其核心思想是：数学真理可靠和普适的原因就在于它们和现实世界无关。如果有点不清楚的话，下面是哈代（G. H. Hardy）在《一位数学家的辩白》（*A Mathematician's Apology*）中写的一段关于数学最浅显易懂的优美的文字：

> “数学的确定性，”怀特海（A. N. Whitehead）说，“依赖于它完全抽象的一般性。”当我们断言“2+3=5”时，我

---

① 指的是一种可以画出但无法在现实中得到的正方体。——译者注

② **IYI**：这就是为什么大多数的柏拉图主义者（和几乎所有的亚里士多德主义者）都想把抽象概念化和系统化。

们正在断言三组“事物”之间的关系；这些“事物”不是苹果或硬币，也不是任何其他什么特殊的东西，而就是事物本身，是“任何东西”。这个陈述的意义完全独立于组成物的个性。所有数学的“对象”“实体”或“关系”，比如“2”“3”“5”“+”或“=”，和所有包含它们的数学命题，在完全抽象的意义上都是完全普适的。怀特海用的“一般性”这个词确实是多余的，因为一般性在这个意义上就是抽象性。

请注意在这段引文里“一般性”不仅是指单个术语和所指代对象的抽象化，而且指所陈述的真理完全抽象的普适性。这就是一条只是数学事实的陈述和一个数学定理之间的区别。这种区别的一个著名的例子就是（至少对戈里斯博士的学生来说是著名的）：(1)（$1+3+5+7+9$）$=5^2$ 是一个数学事实，而（2）“对任意的 x，头 x 个奇数之和 $=x^2$” 就是一个定理，即真正的数学。

26

接下来所讲的东西最主要就是回顾一下你可能已经通过某种途径或在学校就学过的知识。如果你对形式系统的了解不止是一点皮毛，那么下面三段的介绍对你来说是非常粗糙和简单的，你大可把它们作为 **IYI** 跳过或简单浏览一下。形式系统中的一个证明需要公理（axioms）和推理法则（rules of inference）。公理是基本的命题，它们是如此显而易见以致它们可以断言而无须证明。比如，学校里学的欧几里得公理或皮亚诺公理。推理法则，有时候叫作思维定律，是从其他真理推出真理的逻辑原理。[①] 一些推理法则是很简单的，比如最基本的同一律——如果任何东西是 P，

---

① 尽管这点不是很重要，还是要提一下：在一个形式系统中，通过证明得到的真理在专业上就叫做定理——比如毕达哥拉斯定理（Pythagoras Theorem，P. T.）。

那么它就是P，其他的更复杂些。对我们来说有两条推理法则特别重要。第一条就是所谓的“排中律”（Law of the Excluded Middle，L. E. M.）。根据L. E. M.，一个数学命题P为真，或者为假。① 另一条重要的推理法则涉及蕴涵的逻辑关系（“如果……
27 那么……”），经常用符号“→”表示。最浅显的蕴涵规则是如果（1）“P→Q”，且（2）“P为真”就可以保证推出结论（3）“Q为真”。我们将来用得很多的是这条规则的否定后件式：如果（1）“P→Q”，且（2）“Q为假”就可以推出（3）“P为假”。②

L. E. M. 和上面的否定后件式如此重要的一个原因在于它们使得间接证明的方法（也就是所谓的“归谬法”，有时也称为“反证法”）成为可能。这里说明它是如何起作用的。比如说你想证明P，你要做的就是假定P不成立，然后证明P不成立在逻辑上蕴涵一个矛盾，比如说“Q”和“非Q”同时成立。（借助L. E. M.，没有什么命题是可以同时既为真又为假，所以“Q & 非Q”总是错的。）由否定后件式（1）“非P→（Q & 非Q）”，（2）

---

① **IYI**：因为析取运算符“或”的某些性质，形式逻辑需要“或者为假”这一部分。我们将尽可能少涉及这种神秘的东西。（不过当我们碰到它们时，必须承认我们使用L. E. M. 的方式不那么正规，实际上包含二值性原理（principle of bivalence）。为了方便起见，可以认为L. E. M. 暗指的就是整个二值逻辑原理。但要记住，这不是完全严格的。）

② 否定后件式（=拉丁语中的“否定的方法”）也许看起来不像一条普适的法则，除非你记住，蕴涵作为一个逻辑关系和原因P没有关系，但和蕴涵箭头“→”有关系。充要条件只是应用逻辑里的术语。比如说，如果P是说“5米高”，Q是说“至少4.2米高”，那么“P→Q”的纯粹的逻辑意义就一目了然了：它的真正含义就是“如果P为真，那么Q不可能为假”。它的否定后件式“非Q→非P”简单说就是如果某个人不高于4.2米，那么她不可能高于5米。

顺便说一下，还有一个逻辑关系，即合取关系，在后面的5.3节中很重要，最好先在这里讲一下。合取关系通常用符号“&”或“∧”表示。这条重要的法则就是只有当P和Q各自为真，“P & Q”才为真。如果有一个为假，那么整个合取式也为假。

"（Q & 非 Q）为假"，那么（3）"非 P 为假"。再由 L. E. M. ,[①] 如果非 P 为假，那么 P 必定为真。

数学历史上许多伟大的著名证明都是归谬证明。这里的一个例子是欧几里得在《几何原本》（*Elements*）的第九卷中对命题 20 的证明。命题 20 是关于质数的。和你在学校所学的一样，质数是不能被 1 和自身以外的整数整除的整数。命题 20 从根本上宣告了不可能存在最大的质数（这句话的意思当然是说质数的个数实际上是无穷的，但欧几里得巧妙地回避了这一点；他确实从来没有说过"无穷的"）。证明是这样的：假定存在一个最大的质数，记做 P_n。这就意味着质数序列（2，3，5，7，11，…，P_n）是有限的，毫无遗漏的，即（2，3，5，7，11，…，P_n）包含了所有的质数。[②] 现在我们定义一个数 R，它等于上面所有质数的乘积再加 1。R 显然大于 P_n。但 R 是不是质数呢？如果它是，我们立即就得到一个矛盾，因为我们已经假定 P_n 是最大的质数。但如果 R 不是质数，那么它可以被什么整除呢？显然，它不能被（2，3，5，7，11，…，P_n）中的任何一个整除，因为被其中任何一个除都余 1。但这个序列包含了所有的质数，而这些质数是一个非质整数能够被整除的仅有的除数。所以，如果 R 不是质数，而且（2，3，5，7，11，…，P_n）中没有一个质数能够整除它，那么必定有其他的质数可以整除 R。但这与假设（2，3，5，

28

---

① **IYI**：好的，从专业上看，"根据 L. E. M."和"根据真正起作用的连词'非'的定义"是不一样的。然而，它的定义要么从 L. E. M. 导出，要么（像一些人争论的那样）和 L. E. M. 是一致的。请注意，有些形式系统把整个反证法作为一个公理，有时也称为归谬律。

② 高中时我们就知道在一个序列或级数之间的省略号就表示"中间所有的相关项"；如果省略号在末尾就表示"等等，没有结尾"。这在纯粹数学中是使用得比较多的一种缩写。

29 7，11，…，P_n）是全体质数的集合相矛盾。不论走哪一条路，我们都得到一个矛盾。既然存在一个最大质数的假设蕴涵一个矛盾，那么，由否定后件式法则就推导出这个假设必然是错误的。再由 L. E. M. ① 就得到这个假设的反面必定是正确的，也就是说不存在最大的质数。证毕。

一个整数是否是质数和这个世界毫无关系，它只涉及数之间的关系。古希腊人是我们称之为数学这门学科的真正发明者，这又是因为，他们是最先把数和它们之间的关系当作抽象物而不是作为现实事物集合的属性来处理的人。要知道这跨越是多么伟大的一步。正如从化石记录可以看出过去的历史一样，很容易看出数学最初来自于具体的事物，并且是最直接的具体事物。想想这些事实：数字的英文是“digits”（也有人的手指或足趾的意思），绝大多数的记数系统——不仅是我们的十进制，而且史前欧洲的五进制、二十进制——明显是围绕着手指和脚趾来设计的。我们现在依然说一个三角形的“边（leg，即腿）”或一个多面体的“面（face，即脸）”。“微积分”来源于希腊语的结石等等。我们都知道古希腊之前的文明，比如巴比伦和埃及文明，在数学方面都具有相当程度的复杂性；但他们的数学是一种高度实用性的数学，用来测量、贸易和金融、航海等等。换而言之，古巴比伦人和古埃及人的兴趣在于 5 个橘子而不是“5”。正是古希腊人把数学变成一个抽象系统，一种特别的符号语言。这使得人们不仅可
30 以描述具体的现实世界，而且可以解释它最深层的模式和规律。

① 再一次解释一下，严格地说理论远比这复杂。但是为了方便，L. E. M. 就够用了。

我们应该把这一切都归功于希腊人。① 不仅如此，如果没有理解数学从“一个现实世界属性的实用抽象科学”到索绪尔所谓的“独立于所指代的物体……的符号系统”的这种质的飞跃，就无法欣赏魏尔斯特拉斯（K. T. W. Weierstrass）、康托尔和戴德金在现代集合论和数论中的成就。当然，没有考虑到随之发生的“无法估量的飞跃”，真正的欣赏也是不可能的。因为消除了迷信、无知和无理性，诞生了现代世界的抽象数学也充满了无理性、悖论和自相矛盾。好像它自从作为一门真正的语言开始，就一直试图在磕磕绊绊中跑步。关于这一点，请再一次记住，一门语言既是现实世界也是它自身世界的地图，到处是幻境和危险的陷阱——在这些幻境和陷阱中，看起来遵守所有语言规则的陈述，将变得不可处理。

假设我们已经熟悉自然语言领域的绝大部分知识，但是——作为一种提醒——请思考一下使用“树”和“岩石”去指称实际的树和岩石，与克林顿关于“吸入”② 或“做爱”之类糟糕透顶的语义学之间的差距/不同层次；或者分析众所周知的说谎者悖论（也是希腊人的发明）；或者思考像“‘“无意义”没有什么意义’没有什么意义”，和“如果它直接跟着它自己的引语，‘如果它直接跟着它自己的引语，它是错的’是错的”这样的句子。请注意，像大多数悖论式的陷阱一样，后三者牵涉到自我指称或无穷倒退问题，无论我们想往回退多远，这两个魔鬼一直在折磨着语言。

31

① **IYI**：还包括由抽象引发的精神分裂症患者以及彻底地成为技术和科学理性的奴隶。

② 指克林顿被问及知否吸食过毒品时说：“我试过，但我没吸入。”（I did try it，but I did not inhale.）——编辑注

数学也没有免除这种折磨。尽管数学是一门完全抽象的语言——这门缺少真实世界特定指代物的语言本应具有最大的免疫力——它的悖论和难题反而更成问题。也就是说，一旦警钟敲响后，数学不得不真正去解决它们而不是把它们置之脑后。一些两难推理可以合乎规则地处理，也就是说通过定义和约定来处理。[①]中学代数中有一些简单的例子，比如一个无可争议的事实：如果在两个分式的等式中分子相等，那么分母也相等，即如果$\frac{x}{y}=\frac{x}{z}$，那么$y=z$。这似乎可以推出，如果$\frac{x-5}{x-4}=\frac{x-5}{x-3}$，那么$(x-4)=(x-3)$，也就是$4=3$。这显然是一个陷阱。我们必须判定$\frac{x-5}{x-4}=\frac{x-5}{x-3}$唯一可能的解是$x=5$（因为0被任何数除都等于0，这自然不蕴涵着$4=3$），并且规定只有当$x\neq 0$时，$(\frac{x}{y}=\frac{x}{z})\rightarrow(y=z)$才成立。

这里还有一个更难处理的例子。我们都记得循环小数，比如$\frac{2}{3}=0.666\cdots$。但我们只要通过两次完全合乎规则的变动，就可

32

证明循环小数$0.999\cdots$等于1.0。窍门在于：如果$x=0.999999\cdots$，那么$10x=9.999999\cdots$；于是从$10x$中减去x：

$$9.999999\cdots$$
$$-0.999999\cdots$$

我们就得到$9x=9.0$，因此$x=1$。这是似是而非还是似非而

① 所有的那些不得不加在定理中以防止它们掉入陷阱的规定和条件，是数学语言如此难懂和专业的原因之一。在这个意义上，它们像法律文书，使人有兴趣阅读。

是？这依赖于我们如何处理无穷序列“0.999…”，比如，我们是否假定了某些大于0.999…但小于1.0的数存在。这种数的存在将涉及**无穷小量**，一个确确实实是无穷小的数学实体。你也许能回想起大学数学中的无穷小量。然而，你也许想不起来——可能是因为没有教——无穷小量动摇了微积分的基础，并让数学家们一直争论了200年。而且由于同样的原因，康托尔的超穷数学在19世纪后半期受到了极大的怀疑：没有什么——历史的，方法的，形而上学的——能比无穷大量使得数学产生更多的问题。在许多方面，这些和无穷大相关的问题的历史就是数学自身的历史。

1.4 矛盾的无穷大

当然，一开始的热身是快速和散漫的。当我们开始谈论以∞为主题的历史时，就需要明确几个本质区别。第一个很明显，即无穷大（=**超穷**）和无穷小（=无穷小量，=1/∞）之间的区别。第二个大的区别是，作为物理世界的一个性质的∞——比如宇宙是无穷的，物质是无穷可分的，时间有一个开端或结尾此类问题中——和作为一个抽象的数学实体或概念的∞，就和函数、整数、质数等概念一样。前面已经对抽象名词的存在性、数学对象是否和如何真正存在做了大量的介绍性说明，每一个问题显然都值得找遍一个图书馆。但在这里，困扰我们的与∞相关的问题和争论，其核心在于无穷大量能否作为数学实体而实际存在。

33

第三个区别乍看起来也许会有点无聊。它关注的是和∞相关的词比如“量”和“数”。和“长度”或“克”一样，这些词有一个奇怪又易混淆的双重意思。一段绳子有一定的长度，但有时也用“a length of rope”来称呼一段绳子；质量为 1 克的药品也称为“a gram of drugs”。同样的，“量”和“数”既可以作表语用——也就是，作为某个东西有“多少”的回答——也可以作为常规名词指代其所描述的东西。因此，当使用诸如“无穷大数”（infinite number）这样的术语时，它是作为表语（“存在无穷多个的质数”）还是主语（“ℵ是康托尔的第一个无穷大数”），就有些含混不清了。而且这种区别很重要，因为∞的表语用法是模糊的，可能只意味着“不确定的大”或“真的很大”。而在戴德金和康托尔之后主语的用法在抽象的意义上有一个非常特定的指代。

在某些方面，数学语言的力量，甚至也许它整个存在的理由就在于，它的设计是清晰明确的，因而能避免诸如上面的这些模糊性。想用自然语言来表达数量和关系——把数学命题翻译成英文或者反过来——经常会出现问题。[①] 戈里斯博士喜欢用的一个例子是一个老掉牙的、关于三个人在深夜入住旅馆的故事。旅馆只有一个空房间，住一晚 30 美元。他们决定每人出 10 美元一起住。但当他们上楼到房间里一看，房间里脏兮兮的一团糟——肯定是服务员偷懒，房间在最后一位客人结账后就没有清理过——于是，这几个人把经理叫过来投诉。故事的某些细节和花絮可以省略。经理的借口是现在很晚了，清洁工今天很早就走了，也没有其他房间可调换。所以，在一番讨价还价后，经理同意退还 5 元的住宿费并提供干净的床单。然后，他派了一个服务生送来床单、毛巾和 5 张 1 元的钞票。现在有 5 张 1 美元的钞票和 3 个旅

34

① 这让人想起数学课上的文字游戏是多么令人不愉快。

客。所以，这 3 个人（很神秘地变得好说话了）就每人拿了 1 美元，然后把剩下的 2 美元作为小费给服务生。结果就是，每个人刚开始付了 10 美元，退回 1 美元，也就是说每人实际付了 9 美元，总共付了 27 美元。而服务生得到另外 2 美元，这样共计 29 美元。那么，还有 1 美元哪里去了呢？在这个问题里，答案是，绕过来绕过去的话把你整迷糊了（在戈里斯博士的版本里还有更多的废话——他大肆渲染这 3 个人的来历，他们的不同经历、艰辛，以及他们总是陷入的不同的数学难题），导致你试图用公式 $(30-3)+2$ 来代替正确的 $(30-5)+(3+2)$，结果就是混乱、笑话和平白增加的存款。

35

这世上存在着各种各样诸如此类的语言上的难题。解决不了的那些就成为实际的悖论，其中一些很深奥。考虑到 ∞ 既是极端抽象的，又生来自带模糊属性，它出现在许多诸如“没有最后或最大的整数”“时间无限地向前延伸”之类的悖论中应该不会使人惊讶。现在设想有一只结构完美、经久耐用的台灯，它有一个红色的大开关按钮。再设想从第一天早上到下午 4:30 之前灯一直都是关着的，然后在美国中部标准时间把灯打开，第二天下午 4:30 又把它关了，然后第三天下午 4:30 又打开，每一天都这样。现在思考一下经过无穷多天后，这灯是开着还是关着。你也许从学到的大学数学①里想到这实际上是涉及一个发散的无穷级数的文字游戏。这个级数就是格兰迪级数（Grandi Series）：1 - 1 +

① **IYI**：让我们一开始就说明白，“你也许记得”和“不用说”诸如此类的用语不是发神经，而是修辞的手法，目的在于减少已经熟悉所讨论的东西的读者的厌烦之情。本书实际上不需要特别熟悉大学数学。但似乎必须合理假设一些读者具有很强的数学背景，因而只有处处承认这点而表示礼貌。就像在前言中简短提到的那样，技术性的写作修辞方法充满了难解之谜，就是不同专业水平的读者的困惑与烦恼之间的关系曲线。当然，这都不是你的问题——至少不是直接的。

$1-1+1-1+1\cdots$。如果我们根据 $(1-1)+(1-1)+(1-1)+\cdots$ 来计算，那么这个级数的和等于0。如果根据 $1+(-1+1)+(-1+1)+(-1+1)\cdots$，那么这个级数的和就等于1。陷阱就在于，既然两种计算在数学上都是正当的，该级数的和似乎既为1又不为1。根据L. E. M.，这是不可能的。不过，[①] 你也许记得格兰迪级数正好是一种被称为振荡级数（oscillating series）的发散级数的特例，而且还记得我们用部分和来规避这个矛盾，用数学符号表示就是"$1+\sum(-1)^n$"，并且 n 为偶数时，$\sum(-1)^n=0$，n 为奇数时，$\sum(-1)^n=-1$。这种符号显然是如此合乎规则又不可思议，正好击中要害，因为设计这种符号正是为了避免像台灯悖论之类的陷阱。

36

围绕着∞还有其他类型的自相矛盾，不是作为一个自然语言的概念或一个"数"的用法上的模糊，而仅仅作为几何的一个性质，它们可以用一个简单的图来表现说明，而且不能通过规定的方法避开。考虑下点和线。我们知道任何线都含有无穷多个点。我们从学校里学到，一个点是"几何学中的一个基本元素，有确定位置但无法延展"，也就是说点是一个抽象概念，只表明位置。根据定义，所有的线都有长度。但如果一条线完全是由点组成的，而点又没有大小长短，那么线是如何具有长度的呢？答案似乎和∞有关，但即使是 $\infty\times 0$ 又如何等于任何大于0的东西呢？

37

还有一个更糟糕的矛盾。只需要欧几里得公理和一把尺子，画一条如下的线：

---

① 下面的这句话不是很 **IYI**，但是为了完全理解它，你可能需要具备一些大学数学的知识。如果你不具备，也不用太担心。这里需要的只是充满规定的符号体系。（**IYI**：而且如果你已经学过微积分 I 和 II，并注意到我们的符号体系有点不标准，那么再次请你不用不高兴——它主要是因为相关的符号仍然没有被定义。）

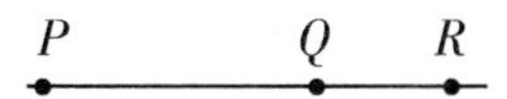

线段 PQ 的长度是线段 QR 的三倍。既然线段是由点组成的，那么有理由得出 PQ 上的点也是 QR 上的三倍多。但事实上这两者的点却是一样多的：把 PQ 往上折起，连起 P 和 R 两点，并使得 PR 垂直于 QR，这样就得到一个直角三角形 QPR：

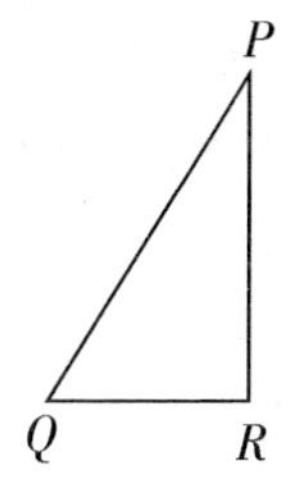

然后由欧几里得的平行公理，[①] 过线段 PQ 上任意一点总存在一条线平行于 PR：

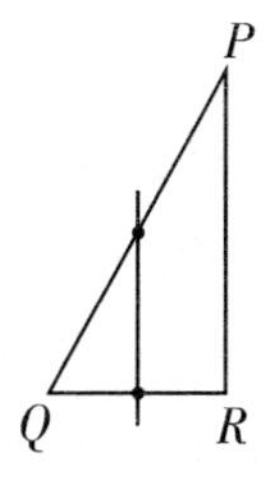

而这条线与 QR 正好交于一点。过 PQ 上一点作一条平行线，这条线总是与 QR 交于唯一一点，对 PQ 上的任意一点来说都是如此的： 38

① **IYI**：即《几何原本》第一卷的定义 23。

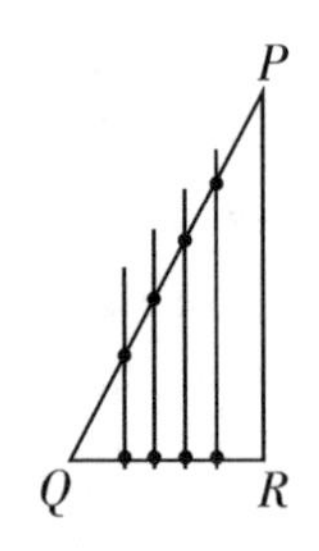

PQ 上每个点都能找到 QR 上的对应点，同时不会有几个点对应 QR 上某一个点。这就意味着 PQ 上的每一个点都对应着 QR 上的一个点，也就说明即使 PQ 是 QR 的三倍长，这两条线段的点还是一样多。

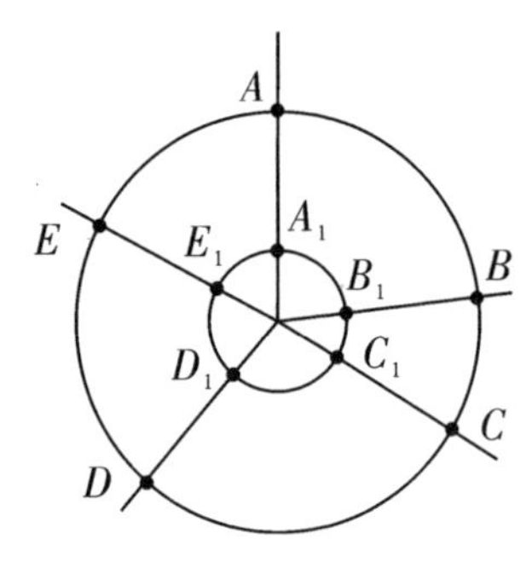

你可以得到一个类似的悖论，画一对同心圆，大圆的半径是它里面的小圆的两倍。[①] 因为圆的周长和它的半径成正比。所以大圆的周长是小圆的两倍。一个圆的圆周也是一条线，所以大圆的圆周上的点应该也是小圆的两倍那么多。事实并非如此：因为这两个圆有同一个圆心，简单地画几条半径就可以知道任何和大圆交于点 N 的半径也会和小圆交于唯一的对应点 N_1，没有多余也不会重复（如上图），因而就证明了两个圆的圆周上点一样多。

39

这些是真正的问题，不仅是令人讨厌或违反直觉的，而且对数学意义重大。康托尔或多或少解决了它们。但是，自然语言中的“解决”可以意味着不同的东西。像前面提到的那样，对于那些动摇数学基础的问题，一个处理方法就是制定规则排除它们，

---

① **IYI**：这个悖论和被称为亚里士多德的车轮的论题有关。这就完全是另一个故事了。

比如驱逐某种数学实体，或增加定理——用约定和排除来阻止令人抓狂的结果。在超穷数学发明之前，大多数∞的悖论都是用这种方法处理的。要“解决”它们，首先得回避悖论和矛盾之间的区别，然后使用一种形而上学的反证法：如果允许无穷大量，比如一条线上的点的数目，全体整数的个数等，会导致荒谬的结论，那么无穷大量必定有什么东西在本质上是错的或者无意义的。因此，与∞相关的实体不可能在数学的意义上真正“存在”。这就是用来反对17世纪有名的伽利略悖论的基本论证方法。伽利略悖论是这样的：欧几里得第5公理规定“整体总是大于部分”，这点似乎无法否认。同样无法否认的是，每一个完全平方数（即1，4，9，16，25，…）都是整数，但不是每一个整数都是完全平方数。换而言之，所有完全平方数的集合是所有整数集合的一部分——根据第5公理就小于全体整数的集合。问题在于，这里也出现了我们在 *PQ/QR* 和两个同心圆的例子中所看到的，由一一对应（one-to-one correspondence，1－1C）而相等所引起的麻烦。因为，虽然不是每个整数都是平方数，但每一个整数正好都是一个完全平方数的平方根——2之于4，3之于9，4之于16，912之于831 744，等等。使用图形的方式，你可以把这两个集合排列整齐，在它们的成员之间清楚地展现一种完美的、无穷无尽的1－1C[①]： 40

① **IYI**：和我们将在第7章看到的那样，两个集合的元素之间的1－1C实际上就意味着这两个集合相等。

1	2	3	4	5	…	911	912	…	n	…
↕	↕	↕	↕	↕	…	↕	↕	…	↕	…
1	4	9	16	25	…	829 921	831 744	…	n^2	…

伽利略悖论的结果即欧几里得的第5公理所说的——基础数学一个必不可少的部分，更不用说我们所见和所数过的每一个集合都证实了如此浅显的真理——与完全平方数和所有整数的无穷集合相矛盾。在这种情况下，有两条路可以选择。标准的方法，像前面所说的，就是宣称无穷集合是数学中的独角兽或者爱丽丝在路上看到的“没有什么”。① 另一条路，在智力和心理上都是革命性的，就是不把伽利略悖论式的相等作为一个矛盾，而作为某种新的数学实体的一个描述。这种实体如此抽象、如此奇怪，以至它不遵从普通的数学规则而需要特别的处理。也就是说必须指出（猜猜是谁说的）“所谓‘无穷大数不可能存在’的所有论证的基本缺陷是，它们都将有穷数的所有性质赋予了这些数，而无穷大数……构成了一类全新的数，我们应该对其性质进行研究，而不是任意的曲解”。

41 另一方面，这个方法可能不是革命性的，而仅仅是精神病患者的狂想。② 打个比方，这就非常类似于，借用现实中没有人看见过一头独角兽这一点来宣称，这并不表明独角兽不是真正存在，而是说明独角兽构成了一种新的动物类型，具有不可见的独

① **IYI**：这个比喻有点粗糙。数学中回避∞的方法是基于某个形而上学上的特点，是亚里士多德在反对芝诺时提出的。这些我们后面都要讲到。

② 需要公正地指出，康托尔在关于无穷集合的争论中也发表了一些疯疯癫癫的看法。许多带有一种预言式的、虚夸的宗教口气。比如：“我对超穷数的事实毫无怀疑，因为我是通过上帝的帮助认识它们的。”“即使最高形式的无穷创造并维持着我们的生命，还是有一种鼠目寸光的对无穷的恐惧，摧毁了理解实无穷的可能性。”

特属性。这里，我们当然就得到天才和疯狂之间的微妙界线。当代的作家和制片人靠混淆这条界线来发财。事实上，所有奇怪的不能直接观察到的实体，比如0，负数，无理数等，都是带着同样混乱而没有条理的瑕疵进入数学的。但现在，我们已经完全接受了它们，甚至在本质上接受了它们。同时，数学上也有许多新观念真的是精神错乱和不可行的，让人笑掉牙，当然我们这些外行从来没有听说过。

然而，一条细微的界线并不是说它不是一条界线。数学思维是抽象的，但它也是完全依赖于具体的个人和以结果为导向的。一个非凡的革命性的数学理论和一个疯狂的理论之间的区别在于它能做什么，在于它能否得到有意义的结果。哈代对“有意义的结果”有自己的解释：

> 粗略地说，如果一个数学概念能以一种自然和启发性的方式与其他大量的复杂的数学概念联系在一起，那么它就是“有意义的”。因此，一条严格的数学定理，一条联系起有意义的概念的定理，很可能促进数学本身甚至其他学科的重大发展。

42

康托尔无穷集合和超穷数的理论最终正是在这个意义上是“有意义的”。部分的原因在于康托尔是一位非常优秀的实干型数学家，推导出了重要的具有形式特征的天才证明。这使得他的思想成为真正的理论而不只是大胆的假设。当然，还有其他理由。伽利略自己曾假设过，他的悖论的真正结果就是“‘等于’‘大于’和‘小于’这些属性不能应用于无穷大量，而只能用于有限的量”。然而，没有人认真考虑过这点，不是因为愚蠢——当然，愚蠢的或封闭的头脑并不能容纳下太多的数学。准确说来，是伽利略所处的时代不适合于他的这个设想。即使他想这样做，当时也没有正确的数学工具使它成为一个真正的理论……他也没想过这样做，我们也不能从这个事实就错误地推断他不如康托尔一样杰出、有远见。像大多数给数学或科学带来革命的巨人一样，康托尔毫无疑问是他所在时代和所处位置的一位巨人。他的成就是43 非凡的个人才智、勇气①和适合的问题条件所造就的环境背景的正常结合。当然，从事后来看，似乎取得这样智力上的进步是不可避免的，这样的人物也几乎是偶然的。

换言之，数学是一座金字塔形；康托尔不是凭空出世的。因此，想要真正地欣赏康托尔的成就，需要理解这些概念和问题，它们带来了集合论，并使得超穷数学具备哈代所说的意义。理解这些需要费点工夫，但既然讨论本身就是一座金字塔，我们便能以一种或多或少有序的方式来继续讲下去，而整个故事也不会像这个介绍性的说明一样抽象和不得要领。

---

① 当然，使得一个数学理论取得合法的有意义的结果是需要时间的，之后甚至需要更多的时间为人们所完全接受。当然，在整个这段时间里，疯子和天才的问题没有确定的答案，甚至有可能数学家自己也确定不了。因此，他是在巨大的个人压力和怀疑下发展他的理论，炮制他的证明。有时他甚至没法在有生之年证明自己正确。

古希腊和无穷

2.1 芝诺的悖论

现在我们真正开始了。有两种方法来描绘康托尔集合论的背景。第一种是讨论贯穿于整个数学发展的无限和有限之间纠缠不清的抽象舞蹈。第二种是考察数学史上围绕如何表示连续所发生的斗争。连续意味着光滑地流动（或运动），意味着现实世界过程中没有空隙的顺次的移位。即使将大学数学忘得差不多了的人也能想起连续和∞（或极限）是微积分的基础，也许还能想起这些概念根源于古希腊的形而上学，而它们具体孕育于埃利亚的芝诺［约公元前490—公元前435，据说他死的时候嘴里还咬着埃利亚的残暴统治者奈阿尔科斯一世（Nearchus I）的耳朵（很长的故事）］提出的悖论。芝诺悖论（Zeno's Paradox，Z. P.）是所有事情的发端。

44

先讲一些古希腊的事实。第一，古希腊数学确实是抽象的，但它深深地根植于古巴比伦－埃及人的实践中。对古希腊人来说，算术实体和几何图形之间，如数字5和5个单位长的线段之间，没有什么真正的不同。第二，对古希腊人来说，数学、哲学和宗教之间也没有清晰的区别。古希腊人认为它们在许多方面都是一样的。第三，我们所在的时代和文化是不喜欢有限的——比如“一位能力有限的人”“如果你的词汇有限，那么你成功的机会也有限”等——这对古希腊人来说是不能理解的。完全有把握说他们很喜欢有限。一个直接的结果就是他们对∞的讨厌或怀疑。希腊化的名词apeiron不仅有无限长或无穷大的意思，而且还意味着不可定义的、极端复杂的、无法把握的东西。①

---

① **IYI**：这个术语显然来自于古希腊的悲剧，指的是把一个人包裹或捆绑得严严实实，使其无法逃脱。

另外，非常有意思的是“to apeiron”也指没有边界的自然世界之前的混沌世界——万物的源头。前苏格拉底时代的阿那克西曼德（Anaximander，公元前 610—公元前 545）第一个在自己的哲学中使用这个术语，并把它基本定义为“世界由之而来的没有限制的基质”。而“没有限制的”在这里的意思不仅是无穷无尽，也是无形，缺少所有的边界和差异，是特殊的量。它除了缺少形式之外，实际上就是某种虚空。[1] 而这点古希腊人认为是不好的。亚里士多德说过一句权威性的话——这句话也是其他权威的话的源泉：“无限的本质就是缺失，不是完美而是有限的缺失。”问题在于当你抽象掉所有有限而得到∞的同时，也把婴儿扔掉了：无限意味着无形，无形意味着混沌、丑陋、混乱。请注意，这导致古希腊的第四个事实：遍及古希腊知识分子中的普遍的唯美主义。混乱和丑陋天生就是错误的，确切地说，就是它们在概念上是错误的。与此相应，希腊艺术中不允许比例不协调或混乱。[2]

45

毕达哥拉斯在通往∞历史的各条道路上都是至关重要的。实际上，更准确地说是“毕达哥拉斯的神圣兄弟会”（the Divine Brotherhood of Pythagoras，= D. B. P.）或至少是“毕达哥拉斯派”。因为在∞上，他没有他的学派那么重要。正是毕达哥拉斯的哲学，把有限（希腊语称 Peras）的原理和阿那克西曼德的“to apeiron”明确结合，把结构和有序——形式的可能性——赋予了最初的虚无。众所周知，D. B. P. 就是一个崇拜数的宗教。他们断定有限是数学的、几何的。通过 peras 对 to apeiron 的操作产生了具体世界的几何度量：限制 to apeiron 一次，产生几何的点，限

① **IYI**：可能值得指出的是，《创世纪》第 1 章第 2 句“地是空虚混沌的”是以一种非常希腊的方式来刻画创世之前的世界。

② 注意：希腊人的这种唯美主义在数学中一直继承下来了，比如一个伟大的证明或方法通常被形容为“优美的”，或者哈代的《一位数学家的辩解》中经常被人们引用的话“美是第一检验标准，世上没有丑陋数学的永久立身之地”。

制两次产生线，三次产生平面，等等。虽然看起来——和 D. B. P. 一样——有些奇怪或原始，但它非常重要。他们基于 peras 的宇宙论意味着数的创生也就是世界的创生。传说中，D. B. P. 都是些古怪的人。比如，他们对性的季节性控制和毕达哥拉斯对豆荚病态的憎恨。但他们是最早把数看成抽象事物并崇拜的人。例如，数字 10 在他们宗教里处于中心地位——不是手指或脚趾头的缘故——而是因为 10 恰好是 1 +2 +3 +4 的完全和。

46

D. B. P. 也是最早明确提出抽象的数学实在和具体的经验实在之间形而上学关系的哲学学派。他们的基本观点是，数学实在和具体世界是一致的，或者说经验的实在是抽象数学的一种阴影或投影。① 此外，他们对数为万物之本的许多论证也是基于观察到的事实，即真实世界中的现象背后隐藏着令人吃惊的、纯粹的、形式的数学关系。一个有名的例子就是该学派从海贝的螺纹和树木的年轮中抽象出黄金分割点（$\frac{x}{1+x}=\frac{1}{x}$，解大约等于$\frac{55}{34}$），并把它应用到建筑上。如前所述，数学和真实世界的某些联系为早期文明如埃及文明所知——或者也许用“为他们使用”更为准确，因为埃及人对这些联系实际上是什么或意味着什么毫无兴趣。再举些例子：实际上，埃及人早就在尼罗河的工程和测量中就使用了我们现在称之为 P. T. 的数学知识。但正是毕达哥拉斯证明了它，使它成为一个真正的定理。许多希腊之前的古文明也会演奏音乐，但正是 D. B. P. 观察到特定的音阶总是对应不同弦长的特定比，如 2 比 1，3 比 2 等等，从而提出了八度音阶、完美的五度音等概念。

47

---

① **IYI**：假如你觉得这非常类似于柏拉图的说法，那么请注意即便柏拉图比毕达哥拉斯晚生了一个世纪，也有足够的证据表明他在游历被希腊统治的南意大利时，就同 D. B. P. 的成员有着密切的接触，他们的数学哲学观点也成为柏拉图自己的形式理论的基础。下面就会看到这一点。

弦是线段，而线段是几何/数学实体，[①] 则弦长之比就是整数比，即有理数，而这正好是毕达哥拉斯派哲学最基本的实体。

例子还有很多。要指出的就是，D. B. P. 试图说清楚数学实在和物理世界之间联系。这正是更宏大的前苏格拉底哲学工程的一部分。这个工程主要是想理性地，用非神创的东西来解释什么是现实以及它从何而来。也许在∞的问题上，比 D. B. P. 更重要的是原始神秘主义者埃利亚的巴门尼德（Parmenides of Elea，约公元前515—?）。不仅因为他对“真理之路”和“现象之路”的区分构筑了古希腊哲学术语的框架，并影响了柏拉图，还有一个重要原因：他的开门弟子和辩护者，即前文提到的芝诺——恶魔般聪明的最令人苦恼的古希腊哲学家（对这点也有激烈的争议，柏拉图在《巴门尼德篇》中就认为他是在拾苏格拉底的牙慧），芝诺对巴门尼德的哲学所做的论证，采用了前面提到的、世界史上最深刻最难啃动的悖论的方式。为了说明这些难啃的东西和我们的整个目的息息相关，借用罗素的一段美妙的话：

48

> 在这个反复无常的世界上，没有什么比人死后的名声更反复无常的了。一个为后代所低估的最出名的例子就是埃利亚的芝诺……他被认为是无限哲学的创立者。他发明了四个论证——都极其精妙和深刻——来证明运动是不可能的：阿喀琉斯（Achilles）永远不可能追上乌龟，飞行的箭实际上是静止的，等等。被亚里士多德驳斥之后，在每一位后来的哲学家的努力下，这些论点又恢复了，并被一位德国教授用来作为数学复兴的基础。他可能做梦也没有想过他自己和芝诺之间有什么联系。

---

① 另一方面，埃及人对“线段”理解显然不过是在某人拥有的土地边界上拉的线。

根据记载，巴门尼德的哲学甚至比 D. B. P. 还原始，现在回顾起来似乎更像东方宗教而不是西方哲学。它可以说是一种静止的一元论。[①] 相应地，芝诺的悖论（实际上不止四个）直接反对多元和连续的实在性。目前来说，我们关心的是连续性，即罗素所说的，芝诺认为是一般物理运动的形式的东西。

芝诺反对运动实在性时所使用的最基本的论证是二分悖论。它看起来非常简单，他的两个非常著名的悖论"游行队伍"和"阿喀琉斯追乌龟"中都用到了这一方法。二分悖论后来被柏拉图、亚里士多德、阿格里帕（Agrippa）、柏罗丁（Plotinus）、圣托马斯（St. Thomas）、莱布尼茨、约翰·穆勒（J. S. Mill）、弗朗西斯·布拉德利（F. H. Bradley）等人——当然还有《哥德尔、艾舍尔、巴赫》（*Gödel*，*Escher*，*Bach*）一书的作者侯世达（D. Hofstadter）——以形形色色的方法和方案讨论和使用过。悖论是这样的：[②]你站在一个街角，当信号灯变色的时候，你试图穿过街道。注意"试图"这个字眼，因为在你用尽所有办法穿过整条街道之前，你显然不得不经过街道的一半。而在你经过一半之前，你又不得不经过一半的一半。这只是常识。而在你经过一半的一半之前，你显然必须经过一半的一半的一半，如此等等。用一种更吸引人的方式来说，这个悖论就是，如果不经过 AB 之间所有依次相连的子间隔，一位行人不可能从 A 点走到 B 点。每一个子间隔等于$\frac{AB}{2^n}$，这里 n 的值构成序列（1，2，3，4，5，6，…）。省略号当然意味着这个序列没有尽头，永远进行下去。这就是令人畏惧的**恶性无穷倒退**（the Vicious Infinite Regress，V. I. R.）。它的可恶之处在于要求你在到达目的之前完成无穷多个动作——既然"无穷"

① 这个术语大致就等于"万宗归一"加"没有变化"。

② 即使你已经知道二分悖论，下面的这些内容也不应归为 **IYI**。因为这些讨论是特别量身定做的。

本身的意思就是说这些动作的次数没有终点——这就表明目标在逻辑上是不可能的，也就意味着你过不了街。

二分悖论的标准程序通常是：

（1）为了穿过间隔 AB，你必须首先越过所有的子间隔 $\frac{AB}{2^n}$，这里 $n=1$，2，3，4，5，6，…

（2）有无穷多个这样的子间隔。 50

（3）不可能在有限的时间内穿过无穷多个子间隔。

（4）因此，不可能穿过 AB。

不消说，即便间隔 AB 不是一条非常宽的街道，论证也照样进行。二分悖论可以应用于任何连续运动。戈里斯博士在课堂上论证这点时，常常让你把手指颤颤抖抖地从膝盖移到鼻尖。当然，任何成功穿过街道或摸到鼻子的人都知道，芝诺的论证中有某些可疑的东西。找出并把可疑之处说清楚又是另外一回事了。我们也不得不小心，可能不止一个地方出了错。如果你懂得一点大学数学，也许让人感兴趣的是，二分悖论的第（2）步隐藏了一个谬误，即假设了一个无穷级数之和必定是无穷大。你可能想起第（1）步的 $\frac{AB}{2^n}$ 只是表示几何级数 $\frac{1}{2^1}+\frac{1}{2^2}+\frac{1}{2^3}+\frac{1}{2^4}+\cdots$ 的另一个方法，而这个几何级数之和的正确公式是 $\frac{a}{1-r}$，其中 a 是级数的第一项，r 是级数比。这里 a 和 r 都等于 $\frac{1}{2}$，就得到 $\frac{\frac{1}{2}}{1-\frac{1}{2}}=1$。这样一解释，穿过街道、摸到鼻子一点都没有问题。因此，二分悖论实际上只是一个要花招的文字游戏，而根本不是一个悖论，当然在一些比较原始愚昧而不知道几何级数求和公式的文明除外。 51

可惜的是这个回答没什么用。暂且先不说它在技术上是否正确，关键是它太鸡肋了：它表现了哲学家所谓的对芝诺问题的贫乏观点。$\frac{a}{1-r}$这个几何级数的求和公式从何而来呢？这个公式是某种律师式的用抠字眼的方法在语言上来消除这些悖论的吗？还是说它在哈代的“有意义”的意义上是有意义呢？而且我们如何决定它是哪一种呢？

奇怪的是，你所学的数学越标准，就越难避免用一种贫乏的方式来回答问题。比如，在最好的微积分著作中都是这样回答的：[1] $\frac{a}{1-r}$这个几何级数是收敛的无穷级数的一个子类型，这个级数的和就定义为它的部分和的极限（也就是，如果序列 s_1，s_2，s_3，…，s_n，…是一个级数的部分和，并有一个极限 S，那么 S 就是该级数的和），如果能够确信对这个级数有$\lim\limits_{n\to\infty} s_n=1$，那么$\frac{a}{1-r}$结果就能符合得很好，用$\frac{a}{1-r}$来解释也就成立。这种情况下，你将再次用一种复杂的、形式上诱人的、技术上正确的，却又非常乏味的方式来回答芝诺的二分悖论。这个思路就像用“因为它是非法的”来回答“为什么杀人是错误的”一样。

52

大学数学课带来的麻烦就是——这种课几乎完全沉浸在有节奏地吸收和反馈抽象信息，并且按部就班一步一步使得这种交互式的数据流动最大化——它们表面上的困难欺骗我们去相信我们真的知道某些东西，然而，我们真正“知道”的所有东西只是抽

---

[1] 再说一遍，只有当你具备相关的数学知识时，下面的内容才能100%弄清楚。如果没有，那么也不用着急——重要的是其中推理的一般形式，即使不需要知道特殊的术语/符号你也可以明白这点。**IYI**：实际上，这里所用的术语/符号都将在后面我们真正需要它们的时候才会给到定义。

象的公式和它们的使用规则。数学课几乎从来没有告诉我们某个公式是真的有意义，为什么有意义，它从哪里来，或者其中有什么危险。[①] 很明显，在能够正确使用一个公式和真正知道如何解决一个问题，知道为什么一个问题是一个真实的数学问题而不只是一个练习之间存在差别。在这点上，可以看看罗素对芝诺的另一部分评论[②]（着重号标明了重点）：

> 事实上，芝诺关心的是三个问题。每一个都用运动来表达，但每一个都比运动更抽象，而适合于纯粹的算术处理。这就是无穷小、无穷大和连续的问题。如果能**清楚地描述出所涉及的困难，也许就完成了哲学家的任务中最困难的部分**。

如果脱离了冗杂的上下文语境，“$\frac{a}{1-r}$”便无法清楚地说明其中的困难。清楚地讲出这些困难事实上是这里涉及的全部的和唯一的困难（如果你现在能感到稍微有点疲劳或头痛，你就知道我们正在进入真正的芝诺世界）。

53

首先，我们用一种新的方式来观察下面两张图（这样至少可节约 1 000 个字），一张是发散序列 2^n，另一张是收敛序列$\frac{1}{2^n}$：[③]

---

① 当然，学生几乎不会去问这些——单单这些公式就需要很多的工夫去“理解”（即能够正确用它来解决问题）。我们常常没有意识到自己根本不理解它们。结果就是我们甚至不知道“我们不知道”正是大多数数学课所暗藏的危机。

② **IYI**：这里引用了这么多罗素的话是因为他的这些随笔十分清晰优美——加上他和希腊人一样，对数学和哲学没作真正的区分。

③ **IYI**：发散序列是指一个没有有限极限的序列。收敛和发散也许只有我们在第 3 章谈到极限时你才能完全搞明白。现在你所需要的就是对涉及的发散和收敛有个大致的概念。这两张图应该能做到这点。

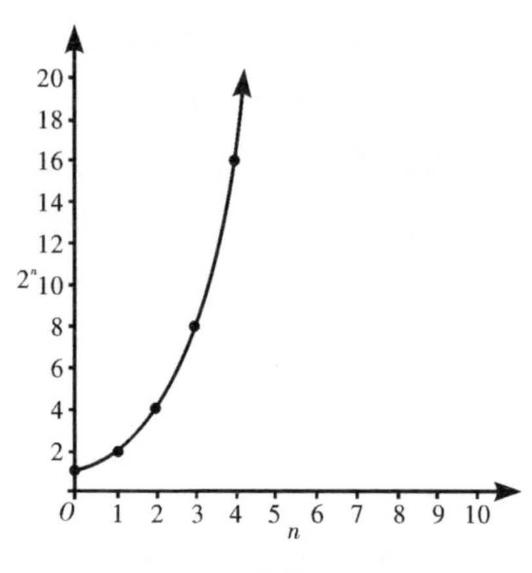

图 2a－1　发散序列 $=2^n$

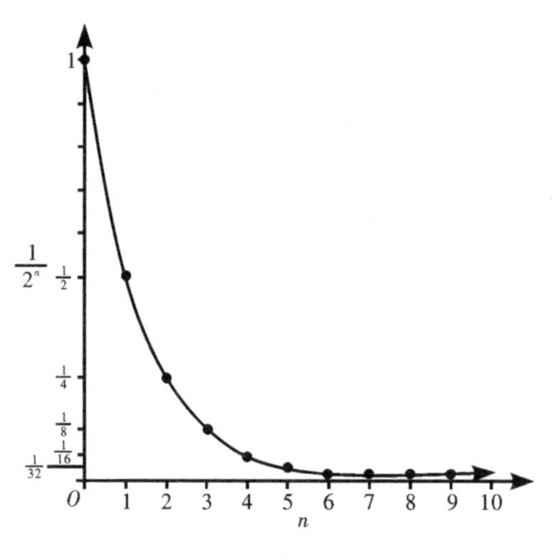

图 2a－2　收敛序列 $=\frac{1}{2^n}$

54　围绕二分悖论的一个真正的语言困难是古希腊人的数学中没有或没有使用0（0是大约公元前300年，巴比伦文明晚期的发明，纯粹是应实践和计算需要）。所以，大家可能会说既然没有可知的数/量作为收敛序列$\frac{1}{2}$，$\frac{1}{4}$，$\frac{1}{8}$，…的收敛值（参见图2a-2），希腊数学就缺少概念性的武器来理解收敛、极限、部分和等问题。在某种程度上这可能是对的,[①] 也并非索然无味。

更有意义的依然是前面提到的希腊人对 to apeiron 的畏惧。芝诺是第一位使用∞的黑洞般的逻辑性质（即可恶的 V. I. R.）作为实际辩论工具的哲学家。这个工具甚至在今天也经常作为一种归谬的证明方法用在逻辑论证中。例如在认识论中，V. I. R. 是反驳一种常识性声明的最简单的方法。这个声明是说，为了真正知道某些东西，你必须知道“你知道它”。像大多数的 V. I. R. 证明一样，反驳它也带有作恶般的快感。用变量 x 表示和这个声明的最后一个子句相似的任何事实或事件，再把这句声明重新写一下：(1) “为了知道 x，你必须知道你知道 x”。既然整个子句“你知道 x”也是一个事实或事件，那么在证明的下一步我们可以简单地扩展 x 代表的东西。于是，现在 x =（你知道 x），然后把它代入最初的句子中，替换之后结果得到 (2)“为了知道（你知道 x），你必须知道你知道（你知道 x）”。对 x 再做一次有效的扩展就得到 (3)“为了知道［你知道（你知道 x）］，你必须知道你知道［你知道（你知道 x）］”，等等，无穷无尽。结果就是你想知道任何事情都必须满足无穷多个前提条件。

55

IYI：V. I. R. 是一个威力无比强大的工具，因此你可以很容易地用它来难倒专业的竞争对手或和你斗嘴的老公，或者（更糟糕）当你早上躺在床上不停思考两个东西或个体之间的任何关系，比如 2 和 4 之间通过函数 $y=x^2$ 而产生一个关系，云和下雨之间也有一个因果关系，会把自己逼疯。如果你在玄想中突然想

---

① **IYI**：不是百分之百正确的原因是尼多斯的欧多克索斯（Eudoxus of Cnidos，前 408—前 354），他甚至比芝诺更默默无闻（参见 2.4 节）。

到这一点，并问自己，对于任意的关系，是否这个关系本身也和它相连的这两个东西相关。答案肯定是 YES（如果关系自身和每一个都没有关系，我们便无法理解这个关系如何连接两个东西。这就好比河上的一座桥，它自己和每一边河岸都不得不相连一样）。在这种情况下，比方说，云和雨之间的关系实际上带来两个新关系——即，关系（1）云和这个关系之间的关系，（2）雨和这个关系之间的关系——这两个关系每一个显然又会带来两个新关系，等等，直至无穷……这根本不是一个玩笑或一条冒险走下去能有什么成果的抽象之路。尤其是因为在这里，关系的几何级数不是收敛而是发散的，而且，就这一点而言，它与各种特别可怕和现代的发散级数，比如癌细胞的指数倍增、核分裂、流行病传染等等有联系。还值得注意的是，诸如上面这些可怕的发散的 V. I. R. 级数总是牵涉到抽象名词的哲学本质，比如“关系”或“认识”。它就像陷阱始终潜伏在从认识或关系的具体例子上升到抽象的认识或关系的过程中。

56

芝诺本人几乎是像崇拜宗教一般崇拜发散的 V. I. R. 级数，并将它用在他那几个不那么出名的悖论中。下面是一个特地用来反对毕达哥拉斯的 Z. P. ,[①] 即反对认为任何东西都真正处于一个特定位置的思想。其简化形式如下：

57

（1）任何存在物都处在一个位置。

---

① **IYI**：大家都是从间接的来源知道 Z. P. 的——要么他没写下什么东西，要么他写的东西全部失传了。上文中的悖论最为人所知的就是出现在亚里士多德《物理学》的 209a 章节中——注意这个悖论所思考的中心问题是抽象物的本体论，特别是从第（1）步推到第（2）步。

还有：如果这么几页下来你只记住了一些表面上毫不相关的东西，那么现在你会发现这个 Z. P. 中的狡猾之处也同样出现在二分悖论中。狡猾的地方就是一个数学意义上的点究竟是什么——一个点是一个几何学的抽象？还是一个实际的物理位置？还是两者都是？

(2) 所以，位置是存在的。

(3) 但由 (1) 和 (2)，位置必定也是在一个位置，并且……

(4) 由 (1)—(3)，位置的位置自身也是在一个位置，并且……

(5) ……如此，无穷无尽。

这个悖论更容易看出窍门所在，因为真正的罗素式困难是“存在”的准确含义。实际上，因为古希腊人没有一个特别的动词来表示存在，所以他们用的是更宽泛的“是”(to be)。在纯粹语法的范围内，芝诺的论证可以被驳斥为经典的一语多义的谬误。① 因为“是”可能有各种不同的意思，比如“我是在害怕”“他是一个民主党人”“天是在下雨”“我就是我”。但你会明白，穷追这个例子将（再次）导致悖论中更深刻的问题。其中一个问题（又一次）是形而上学的：“是”的这些不同意思的准确含义是什么？尤其是它的比较特别的意思——“存在”是什么？即什么种类的事物能真正存在？以什么方式存在？不同种类的事物有不同种类的存在吗？如果有的话，某些种类的存在比其他的存在更基本或更重要吗？等等。

58

你会注意到我们碰到这些问题很多次了，而它们出现在远离康托尔的两千多年前。这些问题是∞的故事里反复出现的令人讨厌的东西。而且没有什么方法可以绕过它们，除非你想上一堂令人呕吐的抽象的超穷集理论的数学课。暂时先这样吧。现在正是大致描述柏拉图一对多论证（One Over Many, O. O. M.）的时候了。当这些问题适用于有关的谓词问题时，O. O. M. 是处理这些问题的经典方法。

---

① 就像是：

(1) 好心人办坏事；

(2) 小李是好心人；

(3) 所以，小李办坏事。

你也许也是从学校学的 O. O. M. 。这里可以轻松一下，因为这不会花很长的时间。柏拉图认为，如果两个个体具有共同的属性，并且通过同样的谓词来描述[1]——“张三是一个男人”“李四是一个男人”——那么就存在某种东西，通过它，张三和李四（和谓语性主格词“男人”所指称的其他人一起）具有共同的属性。这是某种理想形式的男人。该形式是真正的终极存在，而男人的个体只是形式的、临时的表象，作为一种模仿或派生而存在，就像阴影或投影图像一样。这只是 O. O. M. 的一个非常简化的说法，但并没有歪曲其本意——甚至在这个水平上不难看出毕达哥拉斯和巴门尼德对柏拉图形式实体论的影响。O. O. M. 显然正是该理论的一部分。

这里真相变得有点复杂。看起来好像这种复杂性多次涉及亚里士多德。的确，虽然第一次提及 O. O. M. 是在柏拉图的《巴门尼德篇》里，但事实上使得这个观点出名的是亚里士多德的《形而上学》（*Metaphysics*）[2]。亚里士多德在书中非常详细地讨论了 O. O. M. ，并试图完全推翻它。整个来龙去脉需要好几个架子的书才能说清楚，我们完全可以跳过。[3] 奇怪的是——由于将要讲到的原因——亚里士多德反对柏拉图形式实体论的最为人所知的论证实质上就是经典的芝诺方法。这个论证，通常被称为“第三

59

---

① 通过“是”的特定的谓词（或“连接”）形式。这也是谓语在这里成为一个问题的原因。

② **IYI**：在该书第一卷的第 6 和 9 章。当然，这部书的书名也是“形而上学”的最初出处；它的最原始的意思是说这部书是继亚里士多德《物理学》之后的一部论著。

③ 几个流传甚广的事实：柏拉图，原名 Aristocles（前 427—前 347）；亚里士多德（前 384—前 322）。比较一下，苏格拉底（前 470—前 399）和芝诺（前 490—前 435）。亚里士多德是柏拉图学院的学生中最耀眼的一位。该学院前门上的格言正好是“不懂几何学的人不得入内”。

形式的男人”（the Third Man），相当于一个 O. O. M 的发散的无穷倒退。亚里士多德观察到男人的个体和形式显然都具有共同的谓词属性后指出，必定还有另外一个形而上学的形式——比如说男人——包含这个共同的属性。这又包含了另一个形式，即男人，它包含了男人与［男人+所有男人的个体］之间的共同谓词属性，等等，无穷无尽。

无论你是否对“第三形式的男人”是一个 O. O. M. 的有效反驳而感到吃惊，你都可能已经注意到柏拉图的形式理论[①]自身存在的问题。比如，一个明显的愚笨之处就是当 O. O. M. 用于某些特定的谓词属性时——左撇子有一个理想的形式吗？愚蠢有没有呢？狗屎呢？但是，当柏拉图的理论用在任何一个依赖于抽象概念之间形式关系的系统（比如数学）时，具有更大的威力，也更有道理。从“5 个橘子”“5 只硬币”抽象地提升到数量 5 和整数 5 正好就是柏拉图从“男人的个体”和“所有男人的个体”提升到男人的形式的过程。毕竟，回想下 1.3 节中哈代有力的话：当使用诸如“2+3=5”这样的表达式时，我们要表达的是一个普遍的真理，它的普遍性依赖于所包含元素的完全的抽象性。在我们看来，这个表达式真正说的就是任何 2 个东西加上任何 3 个东西就等于任何 5 个东西。

60

不过，我们实际上从来没有这样说过。相反，我们谈论的是整数“2”和整数“5”，以及这些数之间的关系。需要再次指出的是，这可能只是一种语义上的提升，也可能是一种形而上学的提升，或者两者都是。回想 1.4 节中关于“长度”和“克”的表语和主格的不同意义，以及“我看见路上什么都没有”“男人在本质上是好奇的”和“天是在下雨”中所涉及的不同种类的存在

① 或者至少对我们的简化版本来说。

自谓。然后，再仔细考虑当我们谈论数时，我们所承认的存在断言。“5”只是世界上所有存在的5元体（quintuples）的某种形式上的速记法？① 显然不是这样，或者至少不是所有的“5”都这样。因为世界上有很多关于“5”的事实（比如，5是质数，5的平方根是2.236…）与现实世界中的5元体没有关系，而确确实实和某一类叫做数的实体，和它们的性质以及相互关系有瓜葛。61 如果觉得奇怪的话，数的真实存在是通过许多这类性质和关系进一步表现出来的——比如说$\sqrt{5}$不能用一个有限的小数或一个有理数来表示——仿佛它们既不是虚构出来，也不是人提出来的，而是真正被**发现**的。大多数人会倾向说$\sqrt{5}$是一个无理数，即使没有人曾实实在在地证明这一点——不过，至少可以证明，说它是其他别的什么东西就会得到一个非常复杂古怪的关于数是什么的理论。这里，整个问题当然是危险重重（这也是我们只是用很少的篇幅来谈论它的一个原因）。因为不仅这个问题是抽象的，而且它所涉及每一个东西都是抽象的——存在，实在，数……花一点儿时间思考下数学本身涉及多少层抽象吧。算术中存在数的抽象，代数、变量是一些数的更进一步抽象的符号，函数是变量域之间一个精确而抽象的关系；然后，当然是大学数学中函数的导数和积分，再就是包含未知函数的积分方程和函数的微分方程组、复合函数（函数的函数），以及等于两个积分之差的定积分；一直到拓扑、张量分析、复数、复平面和矩阵的复共轭，等等。整个数学就成了一个塔式的（土耳其）果仁千层饼，抽象、抽象、再抽象，最终你不得不假装你所运用的每一件东西都是一个

① **IYI**：这有点深奥，但还是消灭下后面可能遇到的反对：确实，在某种意义上，如果“5”理解为指称和代表所有5元体的集合，那么，由皮亚诺公理，上面这些正好就是“5”的含义——虽然“集合”和皮亚诺公理都是依赖康托尔的，这样我们可以说超越了自己2000年。

实际的、活生生的、可触摸的东西。否则，你会抽象到头，连铅笔都削不尖，哪里还能做数学。

和这些关系最密切的就是，数学实体的最终实在性问题不只令人苦恼困惑，而且存在很大的争议。实际上，正是康托尔的∞理论在现代数学中把这个争议带到一个顶点。在这个争议中，倾向于认为数学的量和关系是一种形而上学的存在的数学家，被称为柏拉图主义者，[①] 至少现在我们清楚为什么这么称呼。这个称号后面还会再出现。 62

2.2 潜在的无穷

亚里士多德是第一位严肃的、真正的非柏拉图主义者。然而，奇怪和具有讽刺意味的是，亚里士多德一方面用芝诺的 V. I. R. 来反对柏拉图的哲学，另一方面他又是第一个，也是最重要的试图反驳 Z. P. 的古希腊人。对芝诺的讨论主要在《物理学》（*Physics*）的第三、第六和第八卷，以及《形而上学》的第九卷里。这些讨论最终对之后2000 年里人们在数学上处理∞的方式产生了非常有害的影响。然而，亚里士多德设法清晰地阐述芝诺的某些悖论中最底层的困难，他也第一次清楚地提出一些真正致命的与∞有关的问题。在 19 世纪前甚至还没有人尝试用一种严 63

① **IYI**：比如下面查尔斯·埃尔米特（C. Hermite，1822—1901，伟大的数学家）所说的经典的柏拉图式言论：

我相信分析中的数和函数不是我们精神的任意创造物，我相信它们和客观世界中的客体以相同的性质存在于我们之外的世界，我们就像物理学家、化学家和动物学家一样去发现它们、研究它们。

在书后面出现的伯纳德·波尔查诺（B. P. Bolzano），戴德金和哥德尔都是柏拉图主义者，而康托尔至少私下是一位柏拉图主义者。

密的方式去回答这些问题，比如“说某些东西是无穷的，其准确含义是什么”“对于哪类东西我们才能逻辑一致地问它是否是无穷”，等等。

对于这些核心问题，你也许会想起亚里士多德著名的分门别类的偏好——他在严格的意义上把“分解法”带入了分析哲学。比如，从《物理学》第六卷摘录的这句讨论二分悖论的话：“长度、时间以及任何连续的东西在两种意义上可以称为‘无穷的’，即可分性和大小的意义上。”这大概是第一次有人指出“无穷”具有多种含义。亚里士多德主要想区分一种更强或定量的意义，准确地说就是无穷的大、无穷的长或无尽的时间，和一个更弱的意义，即有限长度之物的无穷可分性。他声称，这个非常关键的区分涉及时间：“所以，只要在有限时间里一件东西不能与定量上是无穷的东西发生联系，那么它同样也不能与无穷可分的东西发生联系——因为时间在这种意义上自身也是无穷的。”

上面引用的两句话都来自亚里士多德反对芝诺二分悖论（见第44—45页的简要叙述）的两个主要论证中。这个特别的论证所针对的就是前提（3）中的“在有限的时间内”。亚里士多德的攻击要点是，如果芝诺要把区间 AB 表示为无穷多个子区间之和，那么，与之对应穿过 AB 所需要的时间也应该用同样的方式表达——比方说$\frac{t}{2}$穿过$\frac{AB}{2}$，$\frac{t}{4}$穿过$\frac{AB}{4}$，$\frac{t}{8}$穿过$\frac{AB}{8}$，等等。然而，这种论证不是很有帮助，因为需要一段无穷长的时间才能穿过街道与实际生活中十秒钟就过街之间的矛盾与二分悖论本身的矛盾一样多。更何况，可以很容易构造一个不需要行动或流逝的时间的 Z. P. 。（例如有一块饼，切掉一半，然后再切掉剩下一半的一半……不断切饼：存在最后的“一半”吗?）关键是：关于时间序列、子区间序列、甚至人的实际运动的这些反面论证最终把二分悖论变得很贫乏，而不能道出所涉及的真正困难。因为芝诺可

64

以修正他的表述，只是简单地说从 A 点跑到 B 点需要你通过无穷多个点，这些点对应于整个序列$\frac{AB}{2}$，$\frac{AB}{4}$，$\frac{AB}{8}$，…，$\frac{AB}{2^n}$，…。或者更糟糕的是反过来说，你实际能到达 B 点就表明你已经经过了一个无穷序列的点。而这好像明显与一个无穷序列的概念相矛盾：如果“∞”真的意味着“没有终点”，那么，一个无穷序列就是说，虽然可以列举出很多很多项，但始终还有项可以列出。先不要去想过街或摸鼻子：只凭借这个事实——在一个无穷序列能够完成这样的想法中，有某些固有的矛盾或似是而非的东西——和抽象序列，芝诺照样能够把这个悖论玩转。

正是针对这个更抽象更具有杀伤力的二分悖论的第二个版本，亚里士多德提出了一个更有影响的论证。这个论证也依赖于“无穷”的语义学，但它有点不同。它对准的是出现在 O. O. M. 和芝诺位置悖论中的同样的表语问题。在《物理学》和《形而上学》中，亚里士多德区分了当我们在一个表语句子中使用“存在”和∞时我们真正所指的两种不同含义，比如“在 A 和 B 之间必定存在无穷多个点”。表面上看，它只是语法的区分；实际上它是对句子中的谓词“存在”所隐含的两种根本不同的存在断言所作的一个形而上学的区分。显然二分悖论依赖于我们没看见的东西。这是对实在和潜在作为可存在的性质的一种区分。亚里士多德的论证大致就是，∞是一类特别的东西，是潜在的而不是实际的存在。相应地，就像二分悖论的困惑所展示的那样，单词“无穷”需要加一些表语性的东西来修饰。他特别声称没有什么空间外延（如街两边之间的间隔 AB）是“实无穷的”，但所有这些外延在无穷可分的意义上都是“潜无穷的”。

65

当然，所有这些都纠缠在一起，不可开交，光弄清亚里士多德的定义上就能花费你一辈子的时间。这儿只需要说明，“∞的实际存在与潜在存在”问题对我们整个故事是至关重要的。但得承认，它也是很难严格把握的。亚里士多德自己的解释和举的例子也无济于事——

> 它就好比正在建造的之于能够建成的，醒着的之于正睡着的，正在看的之于闭上眼睛但有视力的。把这些对立面中的一个成员定义成实际的，另外一个定义成潜在的——但不是说这些东西在同样的意义上真正存在，而只是类比——如同 A 在 B 中或向 B 发展，C 在 D 中或向 D 发展，有一些是向着潜在性的运动，另一些是某种物质的实体……

66

他所讲的“潜在”，并非强调什么女孩是潜在的妇女，橡果是潜在的橡树。它更像是某类奇怪的抽象的潜在性，如米开朗琪罗的《哀悼基督像》（*The Pieta*）[①] 的一个完美复制品潜在地存在于一块未经雕琢的大理石中。或者对∞来说，任何事物循环（或者用亚氏的术语来说，“相继”）发生的方式——比方说每一天都要出现一次“上午 6: 54”——对亚里士多德来说就是潜在的无穷。它的意思就是说，一个“上午 6: 54”没完没了地周期重现是可能的，但所有的“上午 6: 54”组成的集合不可能真的是实无穷的，因为所有的“6: 54”从来没有并存过；这种周期的循环是绝不可能“完成的”。[②]

---

① 当然，其他已经完成或已经构思，甚至还没有构思好的雕像也是如此。

② **IYI**：就像亚里士多德的其他很多文字一样，这里也不是那么清楚明了。这里的问题就是，“并存”的基本意思是“所有东西同时存在”。但两个相邻的“上午 6: 54”之间相差 23 小时 59 分（这些时间间隔压缩在“上午 6: 54”的定义里）。这使得它们不可能“并存”。本质上，这种时间相继而不可能完成的东西也被亚里士多德用来论证“时间”为什么是潜无穷的而不是实无穷，这反过来又取代了关于来生、第一和最后时刻的类似台灯悖论的悖论。

你可能明白所有这些将使得二分悖论破产，虽然它又一次看起来有点像在耍花招。这里，雕像和“6: 54”的类比不会起到很好的作用。暂且认为，区间 *AB* 和 *A* 与 *B* 之间所有子区间或点的集合不是“实无穷”而只是“潜无穷”；然而，这里亚里士多德所讲的“*AB* 是潜无穷”的意义更接近于测量上的无穷精确的思想。这可以举一个例子说明。我的大外甥女现在的身高是58.5 厘米，更精确就是58.53 厘米，而在控制得更好的环境里，用更精密的设备，显然测量结果可以越来越精确，到第3 位小数点，第11 位，第 *n* 位，一直到 *n* 潜在地成为∞——但只是*潜在的*无穷，因为在现实的世界里显然绝对没有办法可以达到真正的无穷精度，即使“在原则上”它是可能的。这种类比的方式更为恰当，因为亚里士多德的 *AB*“在原则上”是无穷可分的，虽然这种无穷可分在现实中不可能真正实现。

67

IYI：最后加点解释：在很大程度上，亚里士多德称为“数”的东西（一般而言意味着数学量）显然不是在测量的方式上，而是在类似于所有“6: 54”集合的方式上是潜无穷的。比如，所有整数的集合在没有最大整数的意义上是潜无穷的（“在大于的方向上，总是有可能想到一个更大的数”）；但它不是实无穷的，因为这个集合并不作为一个完整的实体存在。换句话说，亚里士多德的数组成了一个相继存在的连续体：有无穷多个它们，但绝不会同时存在（“一个接一个，没完没了”）。

用潜无穷与实无穷的区别来驳斥芝诺二分悖论，不是那么有说服力的——甚至对亚里士多德显然也不是那么有说服力，因为如果只有潜在无穷的话，那么他自己的“第三形式的男人”无穷倒退，就应该被抛弃。但这种区分对数学的理论和实践来说都是非常的重要。简而言之，把∞归为潜无穷使得西方数学要么低估无穷大量，要么认为它们的使用理所当然，或者有时兼而有之，

这取决于对潜无穷的实际看法。整件事情是非常奇怪的。一方
68 面，亚里士多德的论证给予希腊人以反对∞和实在无穷序列的信心——这也是他们没有建立我们现在称为微积分的东西的原因。另一方面，允许无穷大量至少作为一种抽象或理论存在，使一些古希腊数学家可以在技术上使用它们。这些技术非常接近于微分和积分学——如此接近以致现在回顾起来觉得人们花了1700年才发明真正的微积分有点让人惊诧不已。但是，从上面讲的第一方面看，亚里士多德用潜在性的概念抚平了数学对它无法处理的无穷大的厌恶，但微积分竟然花了1700年才出现的一个重要原因就是用潜在性概念把∞驱逐到了一个形而上学的虚幻境界里。

不过——回到第二方面，现在也可以说是第三方面①——当莱布尼茨和牛顿在1700年左右真正引入微积分时，实质上，正是亚里士多德的哲学赋予了他们使用无穷小的合理性。比如，大一新生在学习$\frac{f(x+\mathrm{d}x)-f(x)}{\mathrm{d}x}$时遇到的大名鼎鼎的d$x$。请想想一个无穷小量莫名其妙地既充分接近0而可以在加法中略去——即$x+\mathrm{d}x=x$——又离0足够远可以在求导数时作除数，就像前一个式子一样。简单地说，把无穷小当作潜在或理论存在的量使得数学家可以在微积分里使用它们。微积分在现实世界里有非常出色的应用，因为它们能够抽象和描述世界所包含的光滑连续的现象。证明这些无穷小量是举足轻重的。没有它们，你就会落入我
69 们在1.3节中提到过的0.999…=1这样的陷阱里。就像前面所讲的那样，摆脱这个陷阱的最快方法是让x不代表0.999…而代表1减去某个无穷小（比方说是1/∞）后的量，也就是$1>(1-\frac{1}{\infty})>0.999\cdots$。接着我们可以进行和以前一样的操作：

① **IYI**：期望得到某些材料，以供第4章详细讨论。

$$10x = 10 - \frac{10}{\infty}$$

左边减去 x，右边减去（$1 - \frac{1}{\infty}$）就得到 $9x = 9 - \frac{9}{\infty}$。这样 x 还是等于（$1 - \frac{1}{\infty}$），也就没有和1.0有关的那些八卦了。

只是问题自然就变成，不管是实在的还是潜在的，假定某个小于1但又大于无限循环小数0.999…的量的存在，是在哲学意义上的，还是数学意义上的呢？这个问题是双倍抽象的，因为不仅0.999…不是现实世界中的一个量，它只是某些甚至不能想象为一个数学实体的东西；无论在小数点后第 n 位的0.999…和($1 - \frac{1}{\infty}$)之间存在[①]什么样的关系，没有人、没有什么东西甚至在理论上曾经到达过那个地方。因此，可以说我们不过是以一种悖论式的陷阱来代替另外一个。这也是19世纪魏尔斯特拉斯、戴德金和康托尔展开较量之前的一种非常让人头疼的问题。

无论你对亚里士多德的∞潜在存在论有什么想法，请注意他至少是正确地把目标指向非表语语句中的、类似“点”和“存在”这样的单词，比如“A 和 B 之间存在无穷多个中间点”这样的句子。正如芝诺的位置悖论一样，显然这里正进行某些语义学的转换。在新版的二分悖论中，这种语义转换是一个抽象的数学实体——此处是一个无穷几何序列——和实际的物理空间之间隐含的对应关系。然而，不能肯定“存在”是否是更容易受攻击的目标；“点”的语义中有一个相当明显的模糊之处：如果 A 和 B 是现实世界中街道的两边，那么名词短语“A 与 B 之间的无穷多个点”是在使用“点”来代表物理空间中的一个精确位置。但在

70

① 可以这么说。

名词短语“由$\frac{AB}{2^n}$指定的无穷多个中间点”中，“点”指的是一个数学抽象，一个没有大小的实体，只“具有位置但没有量级”。一些零零碎碎的东西读者可以在空余的时候去了解，[①] 为了节省篇幅，这里只是简单地指出，穿过无穷多个没有大小的数学上的点和穿过无穷多个物理空间点相比，前者显然并不那么荒谬。从这一点看，芝诺的论证看起来很像第一章中住旅馆的三个人遇到的难题：一个本质上是数学的东西转换成自然语言时，我们稀里糊涂被哄骗而忘记常规的词语具有很多不同的含义和指代。请再一次注意，这正好是理论数学的抽象符号主义和纲要所想要避免的，也是专业的数学定义经常如此晦涩难懂的原因。不确切或模棱两可的东西没有栖身之处。数学，像测量身高一样，是奉献给精确性理想的一项事业。

71

这一切听起来都很好，然而数学自身的许多基本概念和术语中存在数不胜数的模糊性——形式的、逻辑的、哲学的。事实上，数学概念越基本，要准确定义它就越困难。这是形式系统自身的一个特点。绝大多数的数学定义都是建立在其他定义的基础上；必须从零开始定义的东西才是真正本质的东西。令人感觉有希望的是，因为前文已经讨论过的原因，这条零起跑线与我们居住的现实世界或多或少有点关系。

2.3 无理的数轴

暂时先回到芝诺和“点”的语义学这桩事情上。数学实体

---

① 只是作为一种提示：请注意古希腊人没有 0 尺度的点（某种没有大小的东西）的真正概念。这不是平白无故的，因为他们没有 0。因此，也许是在希腊人试图仅用具体的量去研究抽象的数学的意义上，二分悖论才成为希腊人独有的困惑。

(比如一个级数，一个几何点）和实际的物理空间之间的关系也就是离散对连续的关系，可以想想一条石板路与一条光滑发亮的黑色沥青路的关系。二分悖论想做的就是把一个连续的物理过程分解成一个无穷多步的离散过程，所以，它可以看成是历史上第一次在数学上来表示连续性的企图。尽管芝诺实际上想要表明连续性是不可能的，他还是这样做的第一人。他也是第一位认识到不止一种∞的人。[①] 古希腊宇宙观中的 *to apeiron* 是纯粹的广延，是无穷的大小；整数序列 1，2，3，…不断增大接近大∞，但总是离得那么遥远。另外，芝诺的小∞似乎是嵌套在一般的整数中间。后一种∞自然难以想象。 72

实际上，揭示这两种不同∞的最直观的方法是使用可爱的老古董——数轴，它仍然是初中教室里一个不可缺少的教具。[②] 数轴也是古希腊的另一项遗产，通过它你可以把数和几何形状看成差不多一样的东西。(例如，欧几里得抵制任何无法“构造”，也就是无法用几何表示的数学推理。[③]）把数学和几何结合在一起的寒酸的数轴是形式和内容的完美结合，因为每一个数对应一个点，并且数轴不仅包含所有的点，也决定了它们的顺序。所以，数完全可以由它们在数轴上相对其他数的位置来定义。比如实数轴上，5 是在 4 的右边和 6 的左边的那个整数。当我们说“5 + 2 = 7”时，意思就是 7 正好在 5 的右边的两个位置——也就是说，两个不相等的数之间的数学“距离”可以用图画表示，甚至计算。只要“点”模糊地由欧几里得定义为“没有组成部分的东 73

---

① **IYI**：实际上是第一位——《物理学》的第六卷的功劳只是把它阐述得更清楚。

② **IYI**：这件东西通常放在黑板顶部（或者，如果教室的黑板顶上挂了美国总统的头像的话，那就放在教室后墙的顶部），看起来就像黑板边上的一根温度计。

③ **IYI**：一个完全不同的定理“可构造”的标准在 6.6 节以后变得重要得多。

西”，甚至不要0或负整数，[1] 数轴也是一个威力无穷的工具。很凑巧，它也是一个连续统（*continuum*，意思就是“一个结构或分布是连续的、不可分割的实体或物体”）的理想示意图。同样地，数轴完美地体现了芝诺提出的、在戴德金之前没有人能解决的连续性的自相矛盾之处。因为在数轴上，下面两点都能满足：（1）每一个点都挨着另一个点；（2）在任意两个点之间总是存在第三个点。

即使每一个人都知道数轴是什么样子，我们还是把它画在这里。[2] 原点从0开始，虽然古希腊人没有发明0，但从现在起这一点没有什么关系：

$$0\quad 1\quad 2\quad 3\quad 4\quad 5\quad 6\quad \cdots\quad n\quad \cdots \longrightarrow \infty_2$$

$$\infty_1$$

① 希腊人也没有负数。

② 因为我们将要遇到专业上的问题：数轴要是也映射无理数的话，更正确的称呼应该是实数轴，也就是说“实数轴”包含所有的实数。顺便说一句，数学中的另一个用于实数集和实数轴的术语恰好是连续统。

所有这些东西，有些也许会在文中提到。但出于某些原因，数轴和实数轴的关系不得不说得很简单。在此处解释它们再好不过了。要知道这两种轴的数学哲学本体确实是非常重要的，它们都具有三个重要的性质；而实数轴还有第四个。根据定义，两种轴都是无限延伸的；它们都是无穷密的（即任意两个点之间总是存在第三个点）；它们都是“相继排列的”或“有序的”［大致的意思就是对任意点 n，有 $(n-1)<n<(n+1)$］。实数轴单独具有连续的性质，也就是说它上面没有缝隙或洞眼。请注意，后来正是这种意义上的实数轴的连续性最终成为现代数学的陷阱。不过，就像上面正文中所提到的，芝诺的二分悖论只需要数轴级别的致密性就可以产生矛盾。这也是为什么二分悖论如此容易改造从而消除时间/运动的原因：它的 V. I. R. 牵涉的不是越过真实世界的空间，而只是数轴上的0—1区间。特别是数与数之间这种密度的后一种类型的 ∞ 正是亚里士多德想只通过“潜在的”来拒绝的。

最后请注意，在这里和第6章之间的某些地方，我们会把数轴和实数轴说成仿佛是同一个东西，或者数轴仿佛也映射着无理数。这是由于把专业的证明转换成自然语言时遇到的一些复杂原因。这些都不会给你造成麻烦，只需要记住实数轴的特殊性质，在一些章节中这将变得重要。

如果大∞——广延的无穷大——位于数轴的没有尽头的右端。那么，芝诺所发现的小∞就位于0和1之间看起来有限的区间内。他揭示了这个区间包含着无穷多个中间点，即序列$\frac{1}{2}$，$\frac{1}{4}$，$\frac{1}{8}$，…。而且（可以说），很明显这种$\frac{1}{2^n}$的无穷大实际上并不能穷尽0和1之间的所有点。因为它漏掉的不仅是像$\frac{1}{6}$，$\frac{1}{10}$，$\frac{1}{18}$，$\frac{1}{34}$，…；$\frac{1}{12}$，$\frac{1}{36}$，$\frac{1}{72}$，$\frac{1}{120}$，…等收敛序列，而且还有其他分数$\frac{1}{x}$（x是奇数）组成的无穷序列。再有，当你想到后面的这些分数每一个都可以通过$\frac{1}{x^n}$的形式扩展成一个无穷几何序列——比如，$\frac{1}{3}$，$\frac{1}{9}$，$\frac{1}{27}$，$\frac{1}{81}$，…；$\frac{1}{5}$，$\frac{1}{25}$，$\frac{1}{125}$，$\frac{1}{625}$，…，等等——有限的0—1区间看起来实际上住着无穷多个无穷序列。说得温和一点，这既是哲学上的困惑也是数学上的模糊——这究竟是像∞^2还是∞^∞，还是别的什么？ 74

先不管它是变得更糟糕还是更好。前面提到的所有数都是有理数，你可能已经知道形容词“有理的”（rational）来自“比率”（ratio），也知道“有理数”指的是所有能表示成整数或两个整数之比的数（也就是分数）。这只是复习，但很重要。发现“不是所有的数都是有理数”这一点至少和Z. P. 一样使得古希腊人很郁闷，尤其是D. B. P. 。因为毕达哥拉斯深信任何东西都是一个数学的量或比，没有什么无穷的东西能真正存在于现实世界——因为（界限→形式）是存在所需要的第一要素。 75

再回想下P. T. 。前面提到一件有趣的琐事：D. B. P. 并不是这条定理的真正发现者，它实际上早在公元前2000年左右就出现在古巴比伦的泥版书上。称之为 P. T. 的一个原因是，它使 D. B. P. 发现了“不可通约的量”，也就是无理数或不尽根数（surd），[①] 这些数被证明不能用有限量来表达。这对毕达哥拉斯的哲学来说是如此致命，以致他们的发现成为希腊版的水门事件。你可能记得，在小时候的几何入门书通过边长为 3、4、5 的直角三角形就能完全解释 P. T. 。这里 3 和 4 的平方和正好是某个有理数的平方。然而，我们要知道对希腊人来说“某个数的平方”是字面上的意思。也就是，他们把一个3－4－5 的三角形的每一条边都当作一个正方形的边，然后把这些正方形的面积加起来：

76

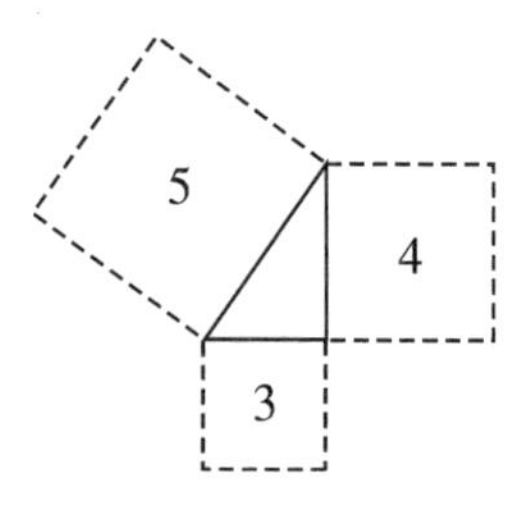

这一点值得我们注意，原因有二。第一个在前面某个地方提到过——与我们现在随便谈论的抽象的“指数”和“根号”不同，对古希腊人来说，数学问题始终是可以用几何明确表示的、可解的。一个有理数是两条线段长度的精确比；求某个数的平方就是构造一个正方形然后测量它的面积。第二个原因是，根据大多数的记录，所有的麻烦都是从一个平白无奇的正方形开始的。想想大家都熟悉的边长为 1 的单位正方形以及斜边正是单位正方形对角线的等腰直角三角形：

---

① **IYI**：后者是戈里斯博士喜欢的术语，因为他坚持认为这样说会有趣得多。如果你说“无理数”，他会假装没听见。如果你知道“不尽根数”的词源，你就会明白它本身就是一种内部笑话。

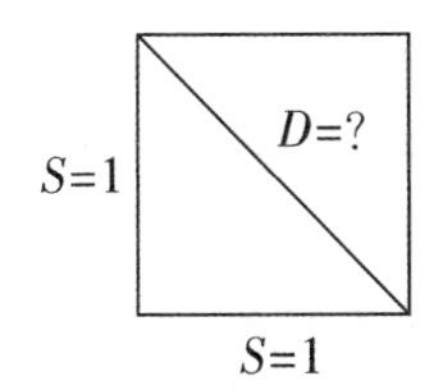

D. B. P. 意识到（可能通过持续不断疯狂的实际测量），无论使用的测量单位如何小，单位正方形的边和对角线都是不可通约的。这就意味着不存在有理数$\frac{p}{q}$使得$\frac{D}{S}=\frac{p}{q}$成立。最终他们把量$\frac{D}{S}$称为“arratos”（即“没有比的东西”），或“厄逻各斯”（alogos）。既然“逻各斯”（logos）的意思是可说出的、成比例的，那么“厄逻各斯”的意思当然就是“不成比例”“不可说出”。

77

$\frac{D}{S}$不可通约的证明实际上是反证法的另一个著名的实例，并且是非常好的一个。因为它很简单，只需要具备初中数学知识。它是这样的：首先，根据反证法，假设 D 和 S 是可通约的。这就意味着$\frac{D}{S}$等于某个比$\frac{p}{q}$，其中，p 和 q 是没有大于 1 的共同因子的两个整数。由 P. T. 我们知道 $D^2=S^2+S^2$，即 $D^2=2S^2$。如果$\frac{D}{S}=\frac{p}{q}$，就意味着 $p^2=2q^2$。另外，我们知道任何奇数的平方都是奇数，任何偶数的平方也必定是偶数（这些很容易检验）。我们还知道任何数乘以 2 显然得到一个偶数——这就是证明需要的所有武器。由 L. E. M.，p 是奇数或者是偶数。如果（1）p 是奇数，就得到一个直接的矛盾，因为 $2q^2$ 肯定是偶数。但如果（2）p 是偶数，那就意味着它等于某个数的 2 倍，比如说 $2r$。于是，代入最初的等式 $p^2=2q^2$ 就得到 $4r^2=2q^2$，化简后得到 $2r^2=q^2$。这就意味着 q^2 是偶数，也就是 q 是偶数，也就是说 p 和q都是偶数。这样它们

78

就有一个大于1的共同因子。这再一次得到一个矛盾。(1) 产生一个矛盾；(2) 也产生一个矛盾；又没有第三种可能。所以 D 和 S 是不可通约的。证毕。①

有理数不能表示一个正方形的对角线这样平常的东西——不要说其他更容易构造的直角三角形斜边对应的无理数，比如$\sqrt{5}$、$\sqrt{8}$等——显然动摇了 D. B. P. 的整个学说宇宙。致命的一击显然是他们发现自己偏爱的黄金数也是无理数，等于$\frac{1}{2}(\sqrt{5}-1)$ 或 0.618 034…。后来流传着各种各样耸人听闻的流言蜚语，说 D. B. P. 千方百计保守着无理数存在②的秘密。我们可以跳过这些，因为在历史上和数学上更重要的是无理数本身。说它们重要至少有三个原因。(1) 数学上，无理数是抽象概念的一个直接结果。它们比5个橘子或$\frac{1}{2}$个饼高了一个层次；在发现像 P. T. 这样的抽象定理之前，你不会遇到无理数。请注意，对纯粹数学来说它们真的只是一个陷阱。古埃及人以及其他人在丈量和工程中碰到过无理数，但考虑到他们只关心实际的应用。所以，他们把$\sqrt{2}$这样的量当作1.4或$\frac{7}{5}$处理没有任何问题。(2) 无理数的发现标志着数学和几何的第一次真正分家，前者能够制造几何学者不能实际测量的数。(3) 可以表明，无理数就像芝诺的$\frac{1}{2^n}$那样，是试图表达和解释数轴连续性的一个结果。无理数是有理数轴在技术上不连续的原因。像二分悖论的 V. I. R. 一样，无理数代表有理

79

① **IYI**：这当然也可以用来证明$\sqrt{2}$是无理数。戈里斯博士一开始在课堂上也是这么讲的。

② 可以这么说。

数轴上的缝隙或洞眼。通过这些缝隙，∞没完没了的混乱闯进并搅乱了整洁的古希腊数学。

然而，它不只是一个古希腊问题。因为无理数的更大问题是它们不能用分数表示；并且如果你想用十进位记数法来表示无理数,① 那么小数点后的数字序列既不会终止（不同于有理小数 2.0，5.74），也不是周期性的（意味着某种形式重复出现，比如有理数 $0.333\cdots=\frac{1}{3}$，$1.181\,818\cdots=\frac{13}{11}$，等等）。② 举个例子，$\sqrt{3}$ 的小数表示可以写成 1.732，或 1.732 05，或 1.730 508…你喜欢精确到多长就多长。反过来，这就意味着数轴上的某个点——这个点对应着一个长度，该长度乘以自身就等于整数 3——无法用有限的方式指定或表达。③

80

数轴上 0 到 1 的有限区间因此不可想象地拥挤。这里不仅有无穷多个分数的无穷序列，而且还有无穷多个无理数。④ 每个无理数只有用无限不循环的十进制数序列来表示。让我们稍做停留，

---

① **IYI**：这是 16 世纪的一项发明。

② 要知道还有一点也是重要的：十进制数只是数的表示而不是数的本身。十进制数也可以用收敛级数表示，比如“0.999…”就等价于 $\frac{0}{10^0}+\frac{9}{10^1}+\frac{9}{10^2}+\frac{9}{10^3}+\cdots$。如果你能明白为什么这个无穷级数的和等于 1.0，那么你也可能知道上面提到的 $0.999\cdots=1.0$ 不是一个真正的悖论，而只是任何数都有多种十进制表示方式的一个推论。在这种情况下，数量 1 可以表示成“1.000…”或“0.999…”。两种表示都是有效的，虽然你需要一定的大学数学知识来明白其中的原因。（**IYI**：再说一次，如果在看后面的内容时你能把这些记在心里一段时间，就能知道在第 6 和 7 章中要讲的，康托尔创造性地使用 1.0 和 0.999…在数学上的等价性来得到他最负盛名的两个证明。）

③ **IYI**：无论如何，至少不能用数字表示。换一种方式说：只凭让人牙齿战战的高中数学的术语，3 的平方根是完全无法表示出来的；用图画的方式，一条斜率是无理数的直线在一个笛卡儿坐标里是遇不上任何点的。

④ 只要考虑所有对应$\frac{1}{n}$的点的集合（n 是大于 1 的无理数），直觉上就可以知道 0—1 区间存在无穷多个无理数点。

思考一下这里抽象得令人眩晕的层次。如果人类的大脑不能理解或甚至无法真正构想∞，那么显然我们就更无法赞同无穷多个∞和无穷多个无法用有限方式表示的元素包含在一个看起来平淡无奇的、小学生都知道的短短区间里。所有的这些怪异之处超出了想象。

当然，有很多种方法“处理”（其含义就是避免）这种怪异。比如，有些古希腊人*干脆拒绝把无理数当作数。他们要么把它归为纯粹的几何长度、面积，并绝不在他们的数学里使用它们，要么通过一些无聊的算术使得无理数的使用在表面上有理化。比如，D. B. P. 的最后招数就是把 2 写成$\frac{49}{25}$，这样他们可以就把$\sqrt{2}$当作$\frac{7}{5}$来处理。① 他们拒绝承认这些自己用数学推理得到的数的存在。如果这似乎有点奇怪，那么想想直到 18 世纪，甚至当传说中的科学革命开始产生各种各样的结果，而这些结果需要一个无理数算术的时候，欧洲所有的最好的数学家都还在拒绝这些数。② 事实上，直到 19 世纪后期，*才有人*提出了无理数的一个严格理论或定义。最好的定义来自戴德金，*而对实数在数轴上地位的最全面、最充分的处理来自康托尔。

81

---

① **IYI**：这就是古希腊的三角学和天文学如此糟糕的最终原因——他们只用有理数来量化连续曲线和曲线包围的面积。

② 参见德国的代数学家施蒂费尔（M. Stifel）约在 1544 年说的一段非常生动贴切的话：

> 当有理数在证明几何图形方面无能为力时，既然无理数能代替它们的角色并且能正确证明有理数所无法证明的东西，那么我们就不得不承认无理数真的是数。另外一方面，其他的考虑又迫使我们拒绝承认无理数是数。也就是说，当我们想方设法把它们写出（十进制表示）时，我们发现它们永远地逃逸了，以致一个都没法精确地捕捉住。既然无理数不能精确确定，那么它们就不能称为一个真正的数。因此，如同一个无穷大数不是数一样，无理数也不是真正的数，而是躲藏在无穷大云团里的东西。

2.4 欧多克索斯的比率

*不可避免的但也是最后的 IYI 插曲

如果你喜欢，可以跳过下面几页。但是，上面几段打了星号的地方在历史上不是100%正确的。比如：柏拉图的一个学生和被保护人欧多克索斯（公元前408—公元前354）确实曾提出一个非常接近无理数严格定义的定义。欧几里得后来把它作为定义5放在《几何原本》的第五卷里。欧多克索斯的定义涉及几何的比例和比率——考虑到古希腊数学面对的无理数是一种不能表示为整数比的几何比例形式，这点没有什么奇怪的。随着D.B.P.的崩溃，这些**不可通约的**量仿佛到处都是——比如考虑一个其两条边等于单位正方形对角线的长方形：你如何去计算它的面积呢？更重要的是，古希腊人如何区分无理数类型的不可通约性与只是因为不同种类的量而无法用比率来比较——例如一条线对一个面或一个面对一个体——的情况？欧多克索斯实际上是第一位试图在数学上定义“比率”的古希腊人—— 82

> 有从一到四的四个量，只要第二个和第四个量乘以某一倍数得到的两个乘积之间的大小顺序，与第一个和第三个量乘以另一倍数得到的两个乘积的大小顺序一致，那么就说第一个量与第二个之比等于第三个与第四个之比。

可以通过把定理中以自然语言表达的内容翻译成基本的数学符号，减少这个定义的晦涩之处。欧多克索斯的定义是说，给定两个分数$\frac{p}{q}$和$\frac{r}{s}$，两个整数a和b，当且仅当（$ap<bq$）→（$ar<bs$），（$ap=bq$）→（$ar=bs$）和（$ap>bq$）→（$ar>bs$）时，$\frac{p}{q}=\frac{r}{s}$。第 83

一眼看上去觉得这显而易见，平淡无奇[①]——例如看起来很像小学四年级就知道的分子分母的交叉相乘。但它实际上根本不是那么索然无味。虽然欧多克索斯只想将它用于几何量而不是数本身，但这个定义也能非常有效地确定和区分有理数与无理数，区分无理数与不同类型的几何量等等。而且，现在还发现欧多克索斯定义的方法可以有效地运用于一个完整的无穷集，即所有有理数组成的集合。[②] 欧多克索斯所做的就是，用随机整数来确定一个划分，[③] 把有理数集分成两个子集：满足 $ap \leqslant bq$ 的所有有理数组成的集合和 $ap > bq$ 的有理数组成的集合。他的理论是第一个可理解地、能明确地[④]涵盖一个完整的无穷集的理论。从这点来讲，它可以被称为是在集合论建立 2300 年前该理论的第一个有意义的结果。

84

还值得指出的是，罗素关于人的名声反复无常的格言在数学上的最好注解就是欧多克索斯和他死后的志同道合者阿基米德。大多数人知道后者是因为他在浴缸中大喊“我发现了！”；但是考虑到我们这本书的目的，必须公平承认他和欧多克索斯在某种程度上创造了现代数学。他们的创造在许多世纪后又不得不再发明，因为人们都未曾花费工夫去关注他们的结果的重要意义。

也许他们最重要的发现是所谓的穷竭法。欧多克索斯发现了它，阿基米德后来做了改进。这是计算弯曲表面和形体的面积、

---

① **IYI**：如果不是的话，那么你需要知道，根据形式逻辑的规则，一个如“$(ap < bq) \rightarrow (ar < bs)$”这样的蕴涵关系只有当第一项为真而第二项为假时才是错误的。考虑到这点，随便取几个值，比如说 $p=1$，$q=2$，$r=2$，$s=4$，$a=2$ 和 $b=1$。然后把这个蕴涵式计算一下。你就会发现绝不会出现第一项为真第二项为假的情况——即，$\frac{1}{2}$确实等于$\frac{2}{4}$。

② **IYI**：这和我们在第 6 章要讲到的戴德金的实数理论关系密切。

③ **IYI**：戴德金的理论把这称为一个“分割”。

④ 明确性在于 a 和 b 的取值。

体积的一种方法。古希腊的几何在处理弯曲表面和形体时显然遇到很多麻烦（因为弯曲的图形正是经常遭遇到连续性和无理数的地方）。欧多克索斯之前的几何学家就有了通过与正多边形[①]比较来求曲线图形的面积的思想，而正多边形的面积是他们可以精确计算的。举例说，可以看看下图中圆内接最大正方形是如何作为圆面积的粗略近似的——

85

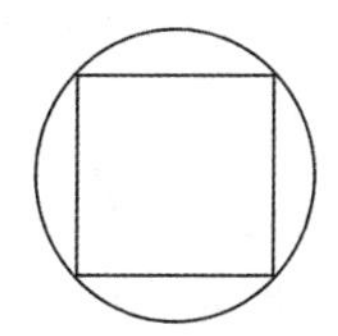

再看看圆内接最大正八边形，将得到更好的近似——

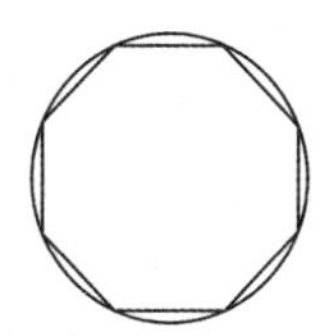

这样一直进行下去。精髓就在于内接多边形的边数越多，它的面积就越接近圆的面积 A。然而，这个方法实际上不可能一直进行下去。原因在于你最终需要一个∞条边的多边形去确定 A。并且，即使这个∞只是亚里士多德的一个潜在的∞，古希腊人仍然无法继续，由于前面提到二分悖论时同样的原因：他们没有收敛到一个极限的概念。欧多克索斯通过引入穷竭法给数学带来一个思想。这出现在《几何原本》第十卷的命题 1 中：

> 任何一个量减去它自身的一半或一半多，剩余的量再减去剩余的量的一半或一半多。一直这样减下去，最终就得到

---

① **IYI**：就是所有边都相等的多边形。

一个小于任何事先给定量的量。

用现代的符号来描述，即：给定一个量 p 和比率 $r(\frac{1}{2}\leqslant r<1)$，那么当 n 趋于∞时 $p(1-r)^n$ 的极限为 0——即 $\lim\limits_{n\to\infty}p(1-r)^n=0$。这样，你就可以用无穷多条边任意地逼近一个曲边形，或者无穷多个小长方形去逼近一个曲面。每条边和每个长方形都任意小（无穷小）。然后，再通过相反的程序把这些边或面积加起来就得到所求的长度或面积。穷竭法无论从哪点看都是一种古老而实用的积分算法。欧多克索斯用它能够证明任意两个圆的面积之比等于它们半径平方之比、锥体的体积是等底等高圆柱体积的 $\frac{1}{3}$，等等；阿基米德的《一个圆的测量》（*Measurement of a Circle*）使用穷竭法得到了 π 的一个前所未有的近似值 $\frac{223}{71}<\pi<\frac{22}{7}$。

86

另外，注意穷竭法中的抽象实体在哲学上的精明之处。穷竭法在等式中引入无穷小边或图形时并没有声称无穷小量的存在。看看上面《几何原本》的命题 1 里平白无奇的语言。“小于任何事先给定量”是特别聪明的——和现代数学分析中的“任意小/大”惊人地相似。[①] 大致说来就是，为了数学上的目的，你可以得到你想要多小就多小的量，并使用它们。正是因为只关心方法和结果而不是存在论，欧多克索斯和阿基米德的方法才具有令人惊异的现代面貌。他们在穷竭法中创造和施展的“小于任何事先给定量”的方法非常类似于早期微积分中处理无穷小的方法。

---

① **IYI**：事实上，它几乎令人难以置信地接近于柯西（A.－L. Cauchy）定义无穷小的方法。他为了避免无穷小量带来的各种陷阱而使用极限的方式来定义无穷小量。这些在后面的第 5 章里我们会反复推敲。

那么，为什么欧洲等待了19个世纪才有了真正的微积分、微分几何和分析？这是一段非常长的故事，基本上验证了罗素的格言。其中一个原因就是，没有人想到把穷竭法用在芝诺的二分悖论：古希腊人只关心几何，而之后也没有人思考过可以用数轴的几何来抽象表示运动/连续。另外一个原因是罗马帝国。它在公元前212年洗劫了叙拉古（Syracuse），杀害了阿基米德而使希腊数学突然中断。[①] 并且，接下来的几百年中，霸权使大量古希腊数学丧失了实质内容和发展动力。然而，最大的影响来自亚里士多德。他的影响不仅在罗马时期延续了很久，而且通过诸如公元500—1300年间基督教和教会的传播达到一个新高度。总之，这一切可简单归结为亚里士多德的学说成为教会的教义。他的学说的一部分就是把∞斥为潜在的、一种抽象的虚构和混乱的煽动者，它只在上帝的管辖之中。这个基本的观点在伊丽莎白时代前一直占主导地位。

87

插曲结束

2.5 密密麻麻的有理数

（接着2.3节70页带有星号的那些内容）

作为正餐之前的开胃食品——康托尔[②]最终发现了芝诺和欧多克索斯嵌套的∞的那些东西。这里，发现的意思不仅是找到了，而且是将其真正证明了。数轴显然是无穷长，包含无穷多个

---

① 数学史家中有一个笑谈，就是杀死阿基米德是罗马人对数学所做的唯一有意义的贡献。

② **IYI**：当然，我们会看到还包括波尔查诺和戴德金开始所做的一些大刀阔斧的工作。

88 点。即使如此，0—1 区间内的点却和整个数轴上的点一样多。实际上，0. 000 000 000 1 到 0. 000 000 000 2 区间内的点还是和整个数轴上的点一样多。还可以证明在上面这么小的区间上的点（或者这个区间的千亿分之一小的区间，如果你喜欢的话）和整个二维平面的一样多——即使这个平面是无穷大——和任何三维体，或者和整个三维空间的点一样多。

此外，我们知道在无穷长的数轴上有无穷多个有理数，还知道这些数在轴上是无穷密的，以致对任意给定的有理数确实没有挨着它的有理数（得感谢芝诺）——也就是说，数轴上的任意两个有理数之间总是存在第三个有理数。对于这个事实，我们可以举个简单的例子。假设有两个不相等的有理数 p 和 q。因为它们不相等，所以，其中一个必然大于另一个，比如说是 $p > q$。这就意味着在实数轴上 p 和 q 之间不管有多近，都有一个可以测量的距离。将这个距离除以 2（2 是最简单的），再把得到的商加给更小的数 q。现在就得到一个 p 和 q 之间的新有理数 $q + \frac{p-q}{2}$。既然用来除（$p-q$）的整数是无穷多的，那么在 p 和 q 之间实际上有无穷多个点。暂且不去想这些，我们还是想想，即使数轴上无穷多的有理数是无穷密的，你还是能够证明所有这么多的有理数所占据的数轴长度的总百分比是：零，也就是空、无。比较专业的证明是康托尔给出的。需要注意的是，甚至在下面这段自然语言形式的证明中，它在精神上也非常类似于欧多克索斯的穷竭法。这需要一点创造性的眼光。

89 想象你能看见整个数轴和数轴所包含的无穷多个点中的每一个。再设想你需要一种快捷简单的方法来区分有理数点和无理数点。可以做的就是给每一个有理数点盖上一条红色的围巾[①]来标识它。这种方式使得它们很显眼。因为几何上的点在理论上是没有大小的。所以，我们不知道它们看起来像什么，但我们知道不需要很大的一块红围巾就能盖住它。这里红围巾实际上是可以任意小的，比如说0.000 000 01 个单位，或这个大小的一半，或再一半……实际上，甚至最小的红围巾也会变得不必要的大。但为了方便起见，我们可以说这条围巾基本上是无穷小——比方 φ。于是，一块大小为 φ 的围巾盖住了数轴上的第一个有理点。然后，因为这块围巾想要多小就有多小，比如说可以用只有 $\frac{\varphi}{2}$ 大小的围巾盖住下一个有理点。你可以像这样一直做下去，用大小为前一块围巾一半的围巾盖住有理点，直到把所有的有理点都盖住了。现在，为了计算出所有的有理点所占据的数轴的百分比，我们需要把所有的红围巾加起来。当然，有无穷多条围巾。但在大小上它们可以转换成无穷级数的形式，特别是 Z. P. 中的几何级数 $\frac{1}{2^0}+\frac{1}{2^1}+\frac{1}{2^2}+\frac{1}{2^3}+\frac{1}{2^4}+\cdots$；然后，通过使用该级数好用又古老的求和公式 $\frac{a}{1-r}$，算出所有围巾加起来的总长度是 2φ。但 φ 是无穷小的，无穷小是如此接近 0 以致任何有限数乘以它都是无穷小（像2.2 节所提到的那样）。因此，2φ 也是无穷小。这就说明无穷多的有理数联合起来也只是数轴的无穷小的一部分——基本上等于什么都没有[②]——反过来说就是，在任何种类的连续的直线

90

① **IYI**：有各种各样的程序和物体可以用来阐述这个证明。碰巧的是，戈里斯博士过去总是带了一条又大又红的手帕抹过来抹过去，并用它来做演示。25 年来，他上课时就把这称为死亡的红围巾。

② **IYI**：事实上，你可以在数学上证明，把一根针或一个质子或随便什么东西随机扔到数轴上，它们击中一个有理数点的概率是 0。

上，存在大量的点对应于无理数。因此，像前面说的那样，实数轴才真的是一条直线，而所有有理数组成的数轴，虽然它看起来是无穷密的，但实际上 99.999…% 都是空的，就有点像 DQ 的冰淇淋或宇宙本身一样。

让我们各自暂停片刻，努力想象当康托尔教授在证明这些东西的时候，他的大脑里面正在想什么东西。

谨慎的读者也许会反对说，在上面的证明中存在某种芝诺式的诡计，并且也许会问为什么一个类似的围巾操作程序和级数不能应用于无理数，以便用来证明无理数所占据的数轴长度也是 2φ。这样一个证明无法奏效的原因是，不管你盖 ∞ 条或甚至 ∞^{∞} 条红围巾，始终存在比围巾更多的无理数。当然，康托尔也证明了这一点。

无穷大的前奏

3.1 5世纪到17世纪的发展

91 现在时机成熟了，我准备把所有与连续性相关的论述囊括进来，并照着时间顺序把公元476年（西罗马帝国的崩溃）到17世纪60年代（微积分的前奏）这几个世纪的数学发展概述一下。这根时间轴上出现的跳跃点显然是在戴德金和康托尔进入历史画卷之前，和∞相关或数学的整体形势有关的事件。篇幅压缩带来的好处可以补偿这种因历史的概述而带来的坏处，因为至少有一位读者已经开始在想篇幅是不是有点长了。因此，第3章的任务只是简要地说说某些发展，它们为超穷数学的发现提供了最终的充要条件。[①]

约公元500—1200年 这段时期西方数学没有什么进展，罗马、亚里士多德、新柏拉图派和教会等对此要负很大的责任。这时期数学的真正发展是在亚洲和伊斯兰世界。在10世纪后期，印度数学引入了0作为“第十个数”，并用熟悉的鹅蛋作为它的符号。[②] 他们建立了十进制记数法，和我们现在的十进制差不多，还编制了0在算术中使用的基本法则（$0+x=x$，$\frac{0}{x}=0$，0不能作除数等）。印度和阿拉伯的数学家，摆脱了所有古希腊几何学派的影响，完全把数作为数来使用，取得了非常有意义的进展，92 比如负整数、前面提到的0、无理根和代表任意数的变量的概念

① 第3章的另一个主要目的就是对那些吸引眼球但不一定符合历史的事情做一定程度的删节或简化。

② 如果学校告诉你这个符号来自希腊语的第十五个字母O，那么你受骗了。

（因而能阐述数的一般属性①）。印度和阿拉伯的绝大部分创新后来都传到欧洲。这主要要感谢伊斯兰的征服，比如公元 7 世纪对印度的征服（阿拉伯人吸收了他们的数学），公元 711 年远至西班牙的西征，等等。

约公元 1260 年 圣托马斯·阿奎奈（St. Thomas of Aquinas）针对上帝存在与否的 quia 论证②，导致了亚里士多德的哲学和教会教义的正式合并。托马斯的根本性进展是论证说：既然世界上的任何事情都有一个原因，这些原因自己也有原因，这样一直继续下去，在因果链的某一点必然是一个最初的没有前因的原因，即上帝。注意，这本质上和亚里士多德《形而上学》第八卷中著名的“不动的第一推动者”（Unmoved First Mover）的论证是相同的（供参考）。奥古斯丁和迈蒙尼德（M. Maimonedes）也都用这种“不动的第一推动者”式的论证来证明上帝的存在。更重要的，可以看出，要使托马斯的论证有效，你不得不接受暗设的前提，即一条无穷长的连串的因果链是不可能或有矛盾的。换句话说，你不得不把∞的不可能性当作是自明的公理，作为时间或宇宙的一个实际的性质。这差不多就意味着你买了亚里士多德的账，把∞驱逐到奇怪的仅仅是潜在的状态中，就像罗丹的《思想者》潜在于青铜材料一样。

然而，托马斯在《神学大全》的某个地方提出了一个更原始的论证： 93

---

① 这点可以看做是代数的一个定义。代数（algebra）这个词实际上是巴格达的数学家花剌子模（al-Khowarizmi，死于公元 850 年之前）所写的一篇论文“Al-jabra”的讹传。

② **IYI**：见《神学大全》（*Summa Theologiae*）和《论上帝的能力》（*De Potentia Dei*）。$\mathbf{IYI}_2$：“quia”的意思是由结果反推原因。

> 一个实际的无穷集合体是不可能存在的。人能想象到的任何事物的集合必定是一个确定的集合。而事物的集合由它包含的事物的数目所确定。因为数来自于逐个地给一个集合计数的结果。所以，没有什么数是无穷的。因而，实际上，就没有什么集合本质上是无限的，它也不可能是无限的。

康托尔自己也在《对超穷数研究的贡献文集》（*Mitteilungen zur lehre vom Transfiniten*）[①] 引用了这段话，称它是历史上仅有的对实∞的存在真正有意义的反驳。对我们来说，托马斯的论证中有两个有意义的事情：（1）它把∞看作是“事物的集合”，这正是康托尔和戴德金在600年后所做的事情（托马斯的第三句更是和康托尔定义一个集合的基数的方式相差无几）。（2）更重要的是，它把亚里士多德哲学的所有的区别和复杂性简化为无穷数是否存在的问题。容易看出，这里康托尔真正喜欢的就是第（2）点。它使得这个论证成为一个特意为他准备的挑战。因为对托马斯有理有据的唯一辩驳，就是有人能给出一个描述无穷数和它们性质的严格的、逻辑一致的理论。

94

约公元 1350 年＋短暂的时间跳跃 三位和连续性、无穷级数有关的次要人物登场：奥雷姆（N. Oresme），“计算大师”苏依塞思（R. Suiseth）和格兰迪（Fr. G. Grandi）。奥雷姆在 14 世纪 50 年代发明了一种“纬度线”（纵坐标）的方法来描绘运动和

---

① 这是康托尔最重要的文章之一，收集在他的 *Gesammelte Abhandlungen mathematischen und philosophischen Inhalts*［简称《文集》（*Collected Works*）］的 378—440 页。我们现在如此详尽无遗地把这些写出来，是为了后面每摘录一次康托尔的话时，读者能理解为什么没有详细地写出这些长长的德文和它们对应的翻译。

匀加速运动。[①] 其中，它还第一次暗示了相对速度（=斜线）和相对面积（=斜线下的面积）是同一事情的两个方面。大约在同一时间，苏依塞思解决了一个特别的纵向问题，相当于证明了无穷级数$\frac{1}{2}+\frac{2}{4}+\frac{3}{8}+\frac{4}{16}+\cdots+\frac{n}{2^n}$的和有限，即等于2（注意：没有人想到把这个方法应用到二分悖论）。然后，奥雷姆回应他，证明了另一个无穷级数——$\frac{1}{2}+\frac{1}{3}+\frac{1}{4}+\frac{1}{5}+\frac{1}{6}+\frac{1}{7}\cdots+\frac{1}{n}$，别名是调和级数（the Harmonic Series）——没有有限的和，即使这个级数的每一项明显趋于0。**IYI**：奥雷姆的证明非常巧妙简单。他把这个级数的项分成很多组：第一项为第一组，第二项和第三项为第二组，第四到第七项为第三组，等等，于是第 n 组就包括 2^{n-1} 个项，他证明你最终得到无穷多个组，每一组的部分和都≥$\frac{1}{2}$，于是得到这个级数的和是无穷。

苏依塞思和奥雷姆的级数，当然分别是收敛和发散的例子。 95 但这么几个世纪以来没有哪个人知道怎样命名或处理不同类型的无穷级数。[②] 甚至在后微积分的时代，当级数成为表示复杂函数的差分和积分的常见方式时，一些新的芝诺不停地提出悖论，来挫败各种系统化收敛和发散级数的企图。其中最厉害的一个就是在1.4节出现的好用又古老的振荡级数 $1-1+1-1+1-1+1\cdots$。天主教的数学家格兰迪喜欢用它来折磨莱布尼茨的同事——著名的

---

① **IYI**：即笛卡尔和牛顿之前、完全是几何形式的一种原始微积分。这个方法因之得名的“纬度线”是在某一瞬间（这些瞬间组成图画中的“经度线”）上垂直的线段。线段的长短表示这一瞬间的速度。不知道这些解释使人明白这个方法的名字还是使得它更令人困惑……

② 猜猜为什么。

伯努利兄弟（the Bernoulli Brothers）。他们在17世纪90年代证明了奥雷姆的调和级数是发散的。格兰迪级数的花招在于分组的方式，最终导致它的和既等于0又等于1；或在对数函数的导数$\frac{1}{1+x}=1-x+x^2-x^3+\cdots$中令$x=1$，你就得到等式$\frac{1}{2}=1-1+1-1+1-1+1\cdots$，格兰迪的恶作剧表明上帝是如何从虚无（0）中创造了有（$\frac{1}{2}$）。

IYI：如果你还记得一些高中代数，看看另一个有点讨厌的发散级数也是值得的。在18世纪30年代的时候，欧拉（L. Euler，1707—1783，早期分析学家的代表）被它欺骗了。你也许还记得，用多项式的长除法可以得到$\frac{1}{1-x}=1+x+x^2+x^3+\cdots$，如果你令$x=2$，那么便得到不幸的等式$-1=1+2+4+8+\cdots$。或者通过在上面的展开式中令$x=-1$，你也可以得到格兰迪级数。或者，如果你的大学数学很扎实的话，你可以自娱自乐一下——用二项式定理把$\frac{1}{1+x}$展开，然后两边求积分就得到$\ln(1+x)=x-\frac{1}{2}x^2+\frac{1}{3}x^3-\cdots$。然后就可以看到——像牛顿、墨卡托（N. Mercator）和约翰·沃利斯所做的那样——当$x=2$时，这个级数之和为无穷，但左边却等于$\ln 3$。这类难啃的东西真是层出不穷。

96

约公元1425—1435年　佛罗伦萨的建筑师布鲁内莱斯基（F. Brunelleschi）发明了绘画中的线形透视技法；阿尔伯蒂（L. B. Alberti）的《论绘画》（*Della pictura*）是第一部讲解这个方法原理的出版物。大家可能都知道，在文艺复兴之前油画是平面的，非常呆滞，比例严重不协调。布鲁内莱斯基把几何应用到绘画领域，琢磨出一种方法，在二维垂直的“图画平面”表现一个三维地平线的“地表平面”。这种技法用平行四边形（或许多同样的图画）来表现一些地平线上的正方形（比如说，佛罗伦萨洗礼堂倾斜的地板）。当地板拉伸进入图画的背景时变得越来越平，角度越来越小。布鲁内莱斯基或阿尔伯蒂实际上把一幅油画设想为一扇放置在景色和观察者之间的透明的窗户，并且他们观察到任意的和所有“直交的”，或以与窗户成90°退入空间的平行线，看起来将收缩为观察者眼睛位置的一个很小的点。这个点在几何上就可以想象为距离观察者无穷远的一个点。众所周知，马萨乔、丢勒（Durer）、达·芬奇等利用这个发现创作了很多杰作。

在数学上，后来开普勒在他的连续性原理中采用了无穷远点的概念。他建立这个原理是为了圆锥截面，并用于他的行星运动定律（见下文）；它对德萨格（G. Desargues）在1640年发明投影几何学也起到核心作用，对后来的拓扑学、黎曼几何、张量分析（没有它就不会有广义相对论）等等也是如此。

97

公元1593年　韦达（F. Viète，法国律师、密码学家）在《各种各样的回答》（*Varia Responsa*）中得出了第一个无穷几何级数的求和公式。① 这个公式惊人地接近于前文提到的大一新生学的$\frac{a}{1-r}$。虽然不是很漂亮，韦达也第一个给出了一个无穷乘积形式的π的精确数值表达式：

$$\frac{2}{\pi}=\sqrt{\frac{1}{2}}\times\sqrt{\frac{1}{2}+\frac{1}{2}\sqrt{\frac{1}{2}}}\times\sqrt{\frac{1}{2}+\frac{1}{2}\sqrt{\frac{1}{2}+\frac{1}{2}\sqrt{\frac{1}{2}}}}\times\cdots$$

IYI：突出这些历史（比如最后两点）的目的就是，告诉大

① **IYI**：韦达并没有使用“求和”“几何”或“级数”这些术语。但实质上是一回事。

家具有不同表现形式和说法的∞正得到越来越多的硕果累累的应用，甚至在它仍然受到哲学上的怀疑并且没有人想到用什么数学方法来处理的时候。

公元 1637 年　笛卡尔在《几何学》（*La géometrie*）中引入了现在随处可见的笛卡儿坐标平面，使得几何图形可以用算术/代数的方法表示。

约公元 1585—1638 年　三位重要的人物：西蒙·斯蒂文（S. Stevin），开普勒和伽利略，后两位特别有名。

在 16 世纪 80 年代，弗兰德（Flemish）的工程师斯蒂文在推导不同几何图形承重特征（重心）的公式时复兴了欧多克索斯的穷竭法。例如，在他的《静力学》（*Statics*）中，斯蒂文在一个三角形中做了许许多多任意小的内接平行四边形，然后通过所得到的内切图形的重心来证明一个三角形的重心位于它的中线。斯蒂文，荷兰的阿基米德，应该得到更多的声誉。对此，博耶有一段断章取义但又恰如其分的话："对古代无穷小方法的不断改进最终导致了微积分，斯蒂文正是一个最先使人想到这些变化的人。"

98

开普勒在《新天文学》（*Astronomia nova*）中公布的行星运动第二定律，需要计算出连接运行轨道上的行星和太阳的一条径向矢量所扫过的面积。扫过的图形由无穷多个小三角形组成，每一个三角形的顶点 A 在太阳，顶点 B 和 C 在轨道上，B 和 C 无限接近。开普勒对这些无穷多个无穷小的求和的方法正是 70 年后莱布尼茨的应用微积分。①

---

①　**IYI**：很抱歉用了这么多生涩的数学语言。如果你能忍受它，可以看看开普勒 1615 年的《桶体积的测量》（*Stereometria doliorum*）——说来话长，这本书涉及皇帝鲁道夫二世（Rudolph II）和奥地利的葡萄酒业。这本书中用来计算旋转曲线所生成的图形的面积/体积的"求积法"就包括把物体分割为 n 个无穷小的面积可求和的多边形——这也早于牛顿和莱布尼茨（Newton and Leibniz，N&L）。

公元 1636—1638 年：伽利略被关在佛罗伦萨宗教裁判所的审讯室里，写下了《关于两门新科学的对话》（*Two New Sciences*），一场关于力学/动力学的柏拉图式的对话。这本书里充满了许多和∞相关的东西。一个例子就是，伽利略把奥雷姆的纬度线画图法应用到抛物运动，证明了抛射的轨迹线是一条抛物线。在数学对二次曲线研究了2000 年后，开普勒的轨道椭圆和伽利略的抛物线是它们在物理学中第一个真正的应用。开普勒不那么为人所知的《天文光学》（*Ad Vitelionem paralipomena*）[①] 已经指出，椭圆、双曲线、抛物线和圆都是两个焦点之间一个奇怪的和谐舞蹈的产物。抛物线可以看成是一个焦点相对另一个焦点无穷远时的双曲线。开普勒把圆锥曲线相互关系的整个理论称为连续性原理，绝对不是偶然的。

99

伽利略的《关于两门新科学的对话》在某些方面是对宗教裁判所的一种长久的蔑视。宗教裁判所对伽利略的监禁是臭名昭著的。伽利略的部分设计就是让对话中的配角扮演亚里士多德哲学和教会信条的代言人，让更有洞察力的同伴从知性角度尖刻地批评他。主要的目标之一是亚里士多德对∞的“实际的”和“潜在的”本体论划分。教会基本上把这种划分变成教义：只有上帝才是实无穷，他所创造的其他东西都不可能是。例如：任何线段可分割的部分的数目只是“潜在地”（意思是不真实地）趋向无穷。伽利略通过一个方法奚落了这种看法。他说，当一条线段是直的时候，你声称它只是潜在地包含无穷多个部分，但如果你把线段弯成一个圆时——库萨的尼古拉斯（Nicholas of Cusa）[②] 把圆定

① **IYI**：确实，所有早期的数学著作的题目都是这么变态。

② **IYI**：约公元 1401—1464 年，数学家和罗马天主教的红衣主教，说来话长。

义为一个具有∞多条边的正多边形——你却把线段所包含的无穷多个部分变成了实在的东西。

伽利略的代言人还在无穷小量上花费了大量的时间，主要是因为它们在斯蒂文和开普勒的结果中得到了应用。伽利略是第一位区分不同“量级”无穷小的人。他主要通过一个相关的论证——即如果地球是在旋转，为什么地球上的物体不是沿旋转曲线的切线方向甩出去——来区分无穷小。整个说起来有点话长，但结果就是：如果两个无穷小之比趋于0或∞，那么它们就具有不同的阶；而如果两者之比是个非零的有限数，那么它们就同阶。这是关系重大的，因为：（1）这个思想就是，高阶无穷小是如此难以置信的小，以及如此之快地趋于零，因而它们可以从一个方程里被略掉，因为它们对结果没有什么影响。这个思想对经典的微积分是至关重要的。（2）伽利略的区分预见了康托尔对一些无穷大量的奇怪算术的发现。他发现不是所有的无穷大都是同等大小，而且它们之间的差不是真正算术上的（比如：给∞加上n并没有使它变大，加上∞或者乘以∞也没有使它变大）而更像是几何的。[①]

100

伽利略在《关于两门新科学的对话》中用了大量的篇幅给出一些例子，相当有预见性地把∞极端的数学奇异性归属于认识论而不是形而上学。根据伽利略代言人的观点，悖论只“在我们试图用自己有限的心智去讨论无穷，赋予它一些有限也具有的属性时”才出现。这一点最好的例证就是第1章中的伽利略悖论。这个悖论里，即使全体整数显然比完全平方数多得多，你也可以建

① **IYI**：这一切在后面高潮部分的第7章中就会一览无遗。

立一个所有整数和所有完全平方数之间的1-1C。[①] 从这个难啃的东西，伽利略得出结论："我们必须说完全平方数和整数是一样多的。"因此（又一次证明）"'等于''大于'和'小于'这些属性不能应用于无穷大，而只能用于有限的量"。虽然后一个结论是错误的，但书中的观点仍然是第一个把实无穷作为数学实体的真正现代意义上的观点。请注意，伽利略没有渡过古老的亚里士多德归谬证明的难关，也没有从无穷集合的矛盾行为推断出∞是不能推理得到的。取而代之的是，他的思想既有点像康德（通过把∞的悖论归因于"有限心智"的硬件局限，而不是任何超意识精神的实在）又有点像康托尔（通过使用1-1C作为集合的一种对比测度，通过论证无穷大量所服从的算术法则与有限量不同，等等）。

101

一个熟悉的事实：17世纪，通过否定之否定的改革和科学革命，真正爆发了自古希腊巅峰以来数学哲学上的第一次革命。这个世纪里，笛卡儿发明了坐标几何学（以及"彻底的怀疑"），德萨格发明了投影几何，约翰·洛克（J. Locke）的经验主义，N&L的高等数学……所有这些，只有在西方思想摆脱了亚里士多德的束缚后才成为可能。伽利略的《关于两门新科学的对话》、笛卡尔的《谈谈方法》（*Discourse on Method*）和培根的《新工具》（*Novum Organum*）一起打破了这种禁锢。而且这个时代在∞上花费如此多的时间也不是偶然的。有一大堆支持这一点的名言，比如托马斯·丹齐格（T. Danzig）教授说过："在2000年的昏睡后，当欧洲的思想从催眠药般的基督教统治中醒来，无穷大的问题就成为首要的复兴问题之一。"

---

① **IYI**：实际上，当往这个序列的后面走得越来越远时，所有整数的个数与所有完全平方数的个数之比趋于∞。

《关于两门新科学的对话》的另一个重要地方在于它最先坚持使用函数。无疑你记得一个数学函数是什么，以及为什么它难以清楚地定义（诸如，“两个变量之间的一个关系”“建立一个定义域的映像的一个规则”“一个映射”）。一个函数至少是比变量更抽象的一个概念，基本上就是把一个集合的元素和另一个集合的元素配对的规则。现在，假定我们都非常清楚一个函数是什么——或者它能做什么。因为，即使像$f(x)=\frac{1}{x}$这样的符号表示也容易使得它看起来像某种东西，但一个函数实际上就是一种过程。函数的思想至少通过绘图的方式，在14世纪奥雷姆时代就出现了。虽然奥雷姆使用的是学术上的语言，把他的技术称为一种形式的纬线（“形式”是亚里士多德用来描写特性或质地的术语，被认为包括了像一个运动物体的速度这样的东西）。直到有了伽利略，人们才明白速度不是运动物体的一种质地，而是一种可以表示为初级函数$r=\frac{d}{t}$的抽象过程，就如同（向上提升了一个抽象层次）伽利略提出加速过程等价于函数$s=\frac{1}{2}at^2$一样。

102

虽然《关于两门新科学的对话》里经常（按古希腊人的方式）用比例和比率的术语来描述函数，但它是第一部用非图形的方式使用函数的数学著作。令人惊讶的是，一旦社会的需求和认可达到某种临界点，函数的概念/理论就迅速获得了普遍的接受。[①] 绝大多数的需求涉及连续性。最明显的脉络就是开普勒的天文学和伽利略对运动的研究——它们本身主要是由提高航海中

103

① 仅仅在《关于两门新科学的对话》之后30年，詹姆斯·格雷戈里（J. Gregory）就在一本讨论求面积问题的书中给出了函数广为人接受的第一个定义（参见下面的内容）。

守时精度的需求而刺激的（说来又是话长）——产生了严格精确研究曲线的推动力。这些曲线在笛卡儿坐标平面上可以用代数形式表示，比如像 $y=x^2$、$y=\sin x$ 这样的函数等等。多项式之类的代数函数和超越函数之间的最重要区别①可以很容易地从笛卡儿的曲线分类中得出，也可以从几十年后函数不同级数的明确表示中得出（约公元1670年）。顺便说一下，“函数”这个单词来自莱布尼茨，② 这当然很难说是偶然的，因为莱布尼茨帮助发明了微积分，而微积分的一个最有威力的功能就是用函数来表示过程。莱布尼茨之后，陷阱重重的“连续现象”的概念在数学中被连续函数和无穷级数所取代……而且实际上，康托尔对∞的探索最终就来自这些工具在热的一系列问题中的特别应用。我们正努力讲解的这段故事显然是非常长的。

104

顺便引用伯林斯基（D. Berlinski）的一段话：“连续和离散之间的冲突正是构造实数和创立微积分的伟大引擎。”正是如此，

---

① 我们对这几种函数的区别所需要知道的就是，真正的危险在于超越函数，比如三角函数，指数函数，对数函数等。而不能置之于模糊的是同名的代数数和超越无理数之间的区别。这是整个广泛的分类法的一部分，当然是整数 + 分数组成了有理数，有理数 + 无理数构成了实数，实数 + 类似 $\sqrt{-1}$ 的虚数就构成了复数，如此等等。考虑到我们的主要目的，幸运的是实数就已经足够了。但需要提醒的是，实数中的无理数又包括两种不同的数——或者可以说，有理数和无理数之间的区别与代数数和超穷数之间的区别有所重叠。这种区别在我们讲到康托尔证明不同“数类”的∞有不同量级时变得很重要。可以这么说：一个代数数就是一个整系数多项式的根。比如说，$\sqrt{8}$ 是一个代数数，因为它是 $1x^2-8=0$ 的根。（实际上，整数、有理数甚至复数都可以是代数数——比如像，$2x-14=0$，$2x-7=0$ 和 $3x^2-2x+1=0$ 的根——但对康托尔/戴德金/连续性来说，我们仅仅需要知道无理数。）而超穷数就是那些不是代数数的实数，即它们不是整系数多项式的根；π 是一个超穷无理数，自然对数（如果对这个不熟悉也不用担心）的底 e 也是。

② **IYI**：“函数”是莱布尼茨用来代替牛顿发明的奇怪的词“流数”；并且和其他许多术语一样，莱布尼茨发明的更受人们欢迎。比如，莱布尼茨还引入了“常量”和“变量”。

请记住我们正身处整座森林，而这一节只是几棵树木。

约公元 1647—1665 年　三位比较重要的人物：圣文森特的格雷戈里（Gregory of St. Vincent），沃利斯和詹姆斯·格雷戈里。如果退回到 200 年前，他们肯定是非常出名的。

约公元 1647 年：圣文森特的格雷戈里提出了芝诺二分悖论的一个解决办法，明确提到了几何级数之和。[①] 他是第一位证实一个无穷级数表示一个实际的量或和的数学家，也是第一位证实级数的极限存在的数学家。他把极限称为“级数的终点”，并用很欧多克索斯的术语把它描述为这样一个终点：“即使不断地趋于无穷，级数也不能达到，但可以比任何给定的间距更接近它。”

105

公元 1655 年：沃利斯，这个世纪第二伟大的英国数学家，出版了在前面提到过的《无穷大算术》。书名和内容一点都不符合。这是第一部关于无穷级数在几何算术化应用的主要著作。它对 20 年后牛顿版微积分[②]的提出是必不可少的。《无穷大算术》中重要的结果有：第一次正确地给出了一个无穷序列的极限和一个无穷级数之和的一般定义；使用无穷乘积来表示正弦和余弦；证明了$\frac{\pi}{2}=\frac{2\times2}{1\times3}\times\frac{4\times4}{3\times5}\times\frac{6\times6}{5\times7}\times\cdots$（比较一下几年之后莱布尼茨的$\frac{\pi}{4}=1-\frac{1}{3}+\frac{1}{5}-\frac{1}{7}+\frac{1}{9}-\frac{1}{11}\cdots$）；当然还有第一个用$\infty$来作为无穷大的表示符号。

公元 1665 年：詹姆斯·格雷戈里（一位苏格兰人）定义了“函数”，并大吹特吹想把“趋于一个极限”作为第六个基本代数

---

① **IYI**：所提供的这个方案实际上是针对“阿喀琉斯追乌龟”悖论的。但实质上是一回事。

② **IYI**：这是英国佬的微积分极其依赖于无穷级数和二项式定理的原因——参见下面的 4.1 节。

函数。他还把几个不同的三角和反三角函数展开成无穷级数，比如证明了 $\arctan x = x - \frac{x^3}{3} + \frac{x^5}{5} - \frac{x^7}{7} + \cdots$ 在 $-1 \leqslant x \leqslant 1$ 时成立。大量的级数展开工作在这个时代进行，主要的原因是航海家和工程师等急需更详细、更精确的三角表和对数表，而把函数展开成无穷级数是计算这些表中的值的最好办法。

IYI：大约也在公元 1665 年：二项式定理——即高中时学的 $(p+q)^n$ 的展开式——是牛顿根据 $(p+q)^{n-1}$ 的展开式系数依赖于帕斯卡三角的发现而得到的。当 n 为分数或负数时，大家认为这个展开式是无穷的。但直到傅里叶（J. - B. J. Fourier）在 19 世纪 20 年代发明了傅里叶级数，才真正证明了二项式定理或级数的收敛/发散性。 106

3.2 17 世纪的转折

就像前文暗示和现在继续揭示的那样，数学史上大家一致的看法是，17 世纪后期标志着一个摩登黄金时代的开始。这个时代产生的数学进展比世界史上任何一个时代的都意义深远得多。现在讲事情的节奏开始加快，我们能做的就是试图建立一条从关于函数的早期工作通往康托尔的无穷大的阳关大道。

快速回顾数学世界里的两个大规模的变化。第一个涉及抽象。几乎所有的数学，从古希腊人到伽利略，都是基于经验的：数学的概念是从真实世界的经验中直接抽象出来的。这是几何能如此长时间（和亚里士多德一起）统治数学推理的原因之一。从几何推理到代数推理[①]的现代转变自身就是一个更大转变的征兆。在 1600 年之前，像 0、负整数、无理数这样的数学实体已经使用得很习惯了。接下来的 10 年里，还包括复数，内皮尔（自然）对数，高次的多项式和代数里的符号系数——当然，最终还要加107上 1 阶和 2 阶导数、积分——很明显，从前启蒙时期起，数学就离真实世界的任何种类的观察如此之远，以致我们和索绪尔一样可以肯定地说，它现在作为一个符号系统“独立于所指代的物体”，即比起抽象概念和物理实在之间的任何特定对应关系，数学现在更关心的是这些概念之间的逻辑关系。关键的是：正是在 17 世纪，数学才从根本上成为一种来源于其他抽象而不是来源于现实世界的抽象系统。

这使得第二个大的变化看起来有点自相矛盾：数学新的超抽象能力非常可靠地应用于现实世界，如在自然科学、工程学、物理学等方面。举一个很明显的例子，微积分比以前任何种类的“实践”数学都要抽象得多（比如，一个人能从对现实世界的观察中想象出一个物体的速度和一条曲线包围的面积之间存在着相互的联系吗？）。然而它仍然前所未有地适用于表示或解释运动和加速度、引力、行星运动、热——科学告诉我们的任何事情对现实世界来说都是真的。伯林斯基把微积分称为“这个世界成为摩登世界时所演绎的第一个故事”，这并不是毫无道理的。因为现代世界不是别的，它就是科学。正是在 17 世纪，数学和科学之间的结合完美到了极点。科学革命引发了数学大爆发，也是数学大爆发的结果，因为科学——加速了被亚里士多德捆绑在一起的物质和物体以及潜在和实在之间的分离——现在本质上成为一种

---

① **IYI**：这个转变是以三角学从度数和几何图形发展到弧度和三角函数为标志的。

数学上的事，[1] 其中，力、运动、质量和作为公式的定律组成了理解现实世界如何运转的新模板。到17世纪后期，严谨的数学成为天文学、力学、地理学、土木工程、城市规划、石工、木工、冶金、化学、水力学、流体静力学、光学、透镜打磨、军事战略、枪炮设计、酿酒、建筑、音乐、造船、精确授时、历法等的一部分：无所不包。 108

实际的影响可以分为两个方面。引用克莱因所说的权威性的话："当科学越来越依赖于数学来得到它的物理结论时，数学也开始越来越依赖于科学的成果来证明其方法的正确性。"而且，就像将要给下文第4和第5章带来的阴霾一样，这种结合在硕果累累的同时也充满了危险。扼要地讲，以前的各种各样可疑的量和方法现在由于它们实际的功效而被承认是数学。也就意味着如果数学想保留它演绎的严密性，这些量和方法将不得不严格地"理论化"并建立在数学公理化方案的基础上。猜猜这里，我们对这些长期受到怀疑的概念中的哪一个感兴趣。让我们听听克莱因透彻的话，这次是在他的《数学思想》中名为"1700年的数学"那一章中说的："（现在）已经不得不认真对付古希腊人故意避免研究的无穷大量和他们技巧性地绕开了的无穷小量。"

3.3 应急词汇表 I

所以，一旦∞的故事讲到了17世纪后期，我们现在就要不可逆转地朝康托尔高速驶去，而数学也变得更抽象、更技术。

---

① **IYI**：这里，牛顿显然是一位无可逾越的科学巨人……

109 在书中的某些地方，我们需要制订一些短小精悍的应急词汇表。表里定义了一些必不可少的术语/概念，这样就可以避免在讲到一半的时候不时要停下来解释它们的含义。一些术语是新的；一些已经提到过，或者看起来显而易见但又足够地重要，因而需要100%严格明确它们以及和它们相关的术语。

备注：下面第一张应急词汇表由于彻底地压缩了，也许有点枯燥；尽管对有深厚的数学知识背景的读者来说，我们想把它列为 **IYI** 级别的内容。但事实上，里面有许多定义被如此彻底地浓缩和简化，因此值得你花些时间至少把第一个词汇表通览一遍。这样你就非常清楚我们将在哪些特定的领域使用这些术语。另一方面，对没有很多大学数学背景的读者，下面的这些术语就是我们继续前进——至少是对接下来的一两章——所需要的全部知识。

应急词汇表 I
（表中的叙事时间上有跳跃）

——实直线 前面已经提到，这本质上是一条不断丰富的数轴，也就是说一条变得越来越密的几何直线，每一个实数都对应直线上唯一的一点。对我们来说，实数轴就是一个“拓扑空间”。这里的意思就是说，实数轴和它所表示的所有实数的集合可以交换使用，并且都指向同一个抽象的东西①——这个东西，我们也110 已经提到过，一般称为“连续统”。这个术语的意思正好就是它的字面意思：连续性的起源和实例的结合。

---

① **IYI**：请注意，尤其是后者，数学书中提到魏尔斯特拉斯、戴德金和康托尔关于实数和连续性的理论时，往往把它称为实直线的拓扑学。

——**函数**　它几乎已经在3.1节中说完了——或者直接看一看五年级数学中的这个非常好的定义："两个东西之间的一个关系，通过其中一个的值能确定另一个的值。"你想起初等代数里，对一个常规的函数，比如 $y=f(x)$ 来说，x 是自变量，y 是因变量。简单说就是，x 的变化根据规则 f 引起 y 的变化。自变量所有可能的值组成的集合①称为函数的定义域，因变量所有可能的值组成的集合称为函数的值域。

——**实函数**　定义域和值域都是实数集的函数。

——**连续函数**（a）　函数 $y=f(x)$ 是连续的，如果 x 的微小变化只引起 y 的微小变化，并且没有大的跳跃、间断或奇异性。如果一个函数是间断的，它一般是在自变量的某一个点上不连续；比如，$f(x)=\frac{x^2-1}{x-1}$ 在 $x=1$ 这点是不连续。②（供参考：不连续有许多不同类型，每一种类型都有它自己的性质、特征图形和专业的名称——"跳跃间断""可去间断""无穷间断"——但我们不必被这些区分给弄糊涂了。）

111

——**区间**　实数轴上两点，比如说点 p 和 q 之间的一段空间，等价于 p 和 q 之间所有实数的集合。这里 p 和 q 称为该区间的端点。闭区间 $[p, q]$ 包括端点，开区间 (p, q) 不包括。请注意方括号表示闭区间，圆括号表示开区间，两者的区别用符号非常

---

① **IYI**：严格说来，集合当然是康托尔之后才出现的，但先拿来用用也无妨。

② **IYI**：也就是说，如果你画出 $f(x)=\frac{x^2-1}{x-1}$ 的图形，你会看到这条曲线在对应于 x 轴上1的那个位置有一个孔，因为 $f(x)$ 在 $x=1$ 时等于 $\frac{0}{0}$。这在数学上是无法定义的。**IYI**$_2$：聪明的读者也许注意到在这个例子中涉及极限值和函数极限之类的东西。但是因为我们还没有极限的概念所以没有提及这点。

形象地表示出来了。

——邻域 在实数轴上，点 p 的邻域就是开区间（$p-a$，$p+a$），这里 $a>0$。另一种表达方式就是说，p 的 a 邻域是所有到 p 点的距离小于 a 的点的集合。

——连续函数（b） 说函数在某个区间内还是某个区间上连续/间断是有区别的。一个函数 $f(x)$ 在开区间的每一个点都是连续的，那么它在开区间（p，q）上是连续的。如果 $\lim_{x \to p^+} f(x)=f(p)$ 和 $\lim_{x \to q^-} f(x)=f(q)$ 同时成立的话，那么它在闭区间［p，q］上是连续的。这当然只有在你熟悉极限的情况下才能理解。

——极限 也许更好的说法是极限和有界，因为两者既有联系又有重要的不同。它们的区别在谈到序列时可能更容易看出。（对不起，给你理解带来麻烦！）

——序列 任何通过某个规则形成的顺次排列的许多元素，比如几何序列 1，2，4，8，16，…，2^{n-1}，…。

——极限和界限（a—d） 记忆中戈里斯博士一直主张，极限伴随“趋向于”或“逼近、接近”这样的表达，而界限用的是“上面的”或“下面的”这样的修饰词。（a）一个序列的极限是芝诺二分悖论中没有说出来的概念，也隐含在欧多克索斯穷竭法和开普勒的求积法等中。对于序列来说，“极限”是指一个你不可能真正达到的数。但是，当序列的项不断增长时，可以越来越接近它。用一种更直观的方式：无穷序列 p_1，p_2，p_3，…，p_n，…的极限是当 n 趋于无穷时，序列所趋于的数。在后一种方式中，趋于用一个放在下面的“→”的符号来表示。完整的表示就是 $\lim_{n \to \infty} p_n=L$。（b）一个函数的极限，本质上就是当自变量趋于某个值时因变量所趋于的值。一个司空见惯的初级微积分的例子就是 $f(x)=\frac{1}{x}$。这里当 x 逼近 ∞ 时，$f(x)$ 趋于0，记为 $\lim_{x \to \infty}(\frac{1}{x})=$

112

0[①]。(c) 一个函数的界限完全是另外一回事了。它是关于函数的值域的某种限制。三角函数里有一个经典的例子 $f(x) = \sin x$，这里 $f(x)$ 的所有值都在 -1 和 1 之间。对我们来说更重要的是，函数可以有上界 (U) 和下界 (L)，使得对函数定义域里的所有值 $f(x) \leqslant U$ 和/或 $f(x) \geqslant L$。还有更重要的是，一个函数还有更特别的界限——上确界和下确界。U_1 是 $f(x)$ 的上确界，如果它的任何其他上界都大于或等于 U_1；L_1 是函数的下确界，如果它的任何其他下界都小于 L_1。(d) 序列以与函数几乎同样的方式具有边界。正整数 1，2，3，…组成的无穷序列显然有一个下界 0，它也是 -1，-2，-3，…的上界。一个有界序列是指既有上界又有下界的序列；比如，如果 $x \geqslant 1$，很容易看出展开[②] $1-\frac{1}{x}$ 得到的序列也是有界的[③④]。

113

——级数 是由一个序列部分的和构成的序列，就像几何级数 $1+2+4+8+16+\cdots+2^{n-1}+\cdots$。级数和序列的密切关系意味着它们共享绝大多数的性质和相关的谓词，除了一个最大的区别：序列有极限，而级数既有极限又有求和。你也许想起了大学数学中臭名昭著的大 $\sum$，它代表的是一个可以具有无穷多项的级数之和——因为事实上所有有趣的级数都是无穷的。无穷级数的和 $p_1+p_2+p_3+\cdots+p_n+\cdots$ 可以写成 $\sum_{n=1}^{\infty} p_n$。这里上下标"∞"和

① **IYI**：所谓的"逼近"在技术上实际上是错误的。我们在 5.5 节开始谈到魏尔斯特拉斯的分析时将讲得更清楚。应急词汇表 I 中主要是想使得极限更直观易懂，而不是数学上的严格。

② 第二个对不起：参见下面的展开式。

③ **IYI**：即，x 随便你取什么值，这个序列都在下界 0 和上界 1 之间。

④ 现在请注意，边界和有界性对集合来说也同样很有用。在第 7 章这将变得很重要。这时你可能需要倒回来重温这段话。

"$n=1$"表示的是级数的上下限（意思就是 n 的可能取值范围）①。无穷级数是收敛的，如果它们收敛于一个有限的和（比如，芝诺的无穷级数 $1+\frac{1}{2}+\frac{1}{4}+\frac{1}{8}+\cdots$ 收敛于和 2）；如果它们没有有限的和（比如级数 $1+2+4+\cdots$），那就是发散的。但是两种级数至少都有抽象的和②，可以通过符号"$\sum$"来表示，也可以在进一步的计算中作为量来处理。

114

——无穷乘积 某种类似无穷级数的东西，只不过它们的项是相乘的。③ 在三角学中有一堆这样的东西，从 π 到正弦和余弦函数，都可以表示为无穷乘积。这取决于你如何理解函数的展开。

——展开式 意思就是说把某些数学的东西用一个序列/级数/乘积的形式来表示（我们对级数形式的展开特别感兴趣）。它如何起作用取决于你想展开什么。一个数学表达式的展开通常是非常直观的，就像高中数学中的二项式展开 $(x+y)^2 \to x^2+2xy+y^2$

115

---

① **IYI**：括号里的话需要更多的说明：如果你想知道求和符号中的"∞"是代表一个实际的极限/端点还是任何极限/端点的事实上的不存在，那么可以告诉你的就是，这个问题是非常有意义的，并且直奔魏尔斯特拉斯/戴德金/康托尔研究的分析（最好还是把它写成分析）的核心。另一方面，如果你想问，在魏尔斯特拉斯之前的数学家们是如何看待他们的 x 和 n 所"趋于"的∞的，答案基本就是，他们把这些无穷大和无穷小的量归之为与亚里士多德的潜无穷一样的模糊和虚幻的存在。他们的想法就是，这些极限的无穷性在数学或哲学上的存在性是一点都不用考虑的，因为那里实际上什么都没有。要是这让你觉得有点滑头，那么你就已经明白为什么魏尔斯特拉斯认为它完全需要严格化。

② 当然，真正的事实比这复杂得多，涉及部分和的序列的极限。这里部分和等于一个级数中有限个项的和。基本的思想就是如果一个无穷级数的部分和的无穷序列趋于某个极限 S，那么它就是收敛的，并且和就等于 S。而一个发散级数就是它的部分和序列没有一个极限，因而它也就没有有限的和。目前，这些都太抽象，但到第 5 章的结尾有望能弄清楚。

③ **IYI**：我们不用担心一些相关的术语，比如连续乘积和振荡乘积。

一样（还能想起的就是，无论每一项变量前的常数是什么，我们都称之为级数的系数）。此外，函数比这更有趣，因而也更复杂。首先，不是所有的函数都可以展开。因为，一个函数可以用级数来表示的话，它的级数展开式要满足：（1）必须是有限的，或者（2）如果它是无穷的，必须对所有的变量值都收敛到这个函数。例子：三角函数 $\cos x$ 可以表示为收敛的幂级数 $1-\frac{x^2}{2!}+\frac{x^4}{4!}-\frac{x^6}{6!}+\frac{x^8}{8!}-\cdots$①。

——**幂级数** 一种和幂函数有关的特殊级数。幂级数的一般形式是 $p_0+p_1x+p_2x^2+p_3x^3+\cdots+p_nx^n+\cdots$，这里 x 的值都是实数，p 是系数。事实上，正弦、余弦、椭圆、双曲、对数和指数函数等基本函数的展开式都是幂级数（芝诺的二分悖论也是）。

——**傅里叶级数** 这是两个幂级数的某种和。这个级数是大学第3或4学期学的，② 能把人的脑袋搅迷糊，但它们对于超穷数学来说是至关重要的，因而至少需要讲讲一些确定的东西。对我们来说，傅里叶级数可以看成是周期函数的展开。对于后者我们只需要知道它们是用来表示各种不同波的方法，因此有时也称为波函数。基本的波函数就是三角函数 $\sin x$ 和 $\cos x$。基本的傅里叶级数就是把一个三角函数 $f(x)$ 展开成——准备好了——$\sum_{n=0}^{\infty}a_n\cos(nx)+\sum_{n=0}^{\infty}b_n\sin(nx)$。③ 这里 a 和 b 称为傅里叶系数。这些

116

① **IYI**：这里阶乘“2!”就等于 2×1，“4!”就等于 $4\times3\times2\times1$，等等。

② **IYI**：通常是在调和分析里学的。

③ **IYI**：如果碰巧你从5.2节又翻回到这个地方，并注意到这个傅里叶级数看起来和傅里叶原来的表达式有所不同，那么要知道的是这两者实际上是一样的。只不过上面的这种表达形式更清楚地表示出傅里叶级数如何由这两个不同的三角级数组成。如果你没有回到这个地方，这一点在应急词汇表 II 中定义三角级数时也会更清楚。很抱歉这让你有点糊涂；我们已尽自己的最大努力。

系数在概念上如此危机重重，以致我们打算竭尽一切努力去避免它们。

——**化方** 这是17世纪某个特定问题的用语，它导致了积分运算。说得专业点，它指的是构造一个正方形，其面积等于一条封闭曲线包围的面积。换句话说，就是古老的化圆为方问题的一个近代版本。我们感到麻烦的是定义“化方”，因为它是在特定的历史背景下使用的。在那时候说“积分”反而是错误的——严格地说积分当时还不存在。

——**导数** 微分运算的麦格芬（McGuffin），是导演希区柯克作品中最独特的词汇。它指的是某个并不存在或者不太相干的事物，但又是整个谈话、行动甚至整个故事的核心。用更有诱惑力的话来说，它表示的是一个函数相对于它的自变量的变化率。[①]既然数学课也快要下课了，让我们补充一点，虽然这不会对我们有更多的用处：一个函数$f(x)$在点p的导数可以理解为$y=f(x)$这条曲线在p点的切线的斜率。一个重要的价值千金的事实：寻找一个给定的导数的过程就称为微分。

117

——**积分** 它是导数的逆运算，也就是知道一个函数的导数然后求出这个函数，或者说求一个函数，使得它的导数等于给定的函数；即，如果函数$f(z)$是$f(x)$的导数，那么$f(x)$就是$f(z)$的积分。接下来在第4章关于这些将有更多的具体内容。注意：寻找一个特定的积分函数的过程就叫积分，这是数学家纠缠于一个问题并不知道如何继续处理它时所经常做的事。因此，在许

① **IYI**：如果你对大学数学一无所知，这个定义在4.1节当我们考虑经典微积分时变得更清楚。

多数学系大四学生的房间里写着口号：不要坐着等——向毕业冲刺吧。[①]

——分析 另一个不能用技巧绕避的高度抽象的术语。有一个很正式的定义，涉及特定类型的函数在一个平面上一个点的邻域内变化的方式。就我们的全局安排来说，可以免去这种定义，而赞成这种思想：分析是数学的一个分支，研究的内容是任何涉及极限或“极限过程”的东西——包括微积分、实变和复变函数、实直线的拓扑学、无穷序列和级数，等等。书本和课堂经常把分析叫做“连续性的数学”。这可能有点误导。因为我们绝大多数人也学过另一个说法：连续性是微积分的控制范围，而且有一些完全不属于微积分的领域仍然属于分析。其中有几个领域关系是特别密切的。代数通过二项式定理[②]给分析输送了血液，比如当 $n<0$ 时，$(p+q)^n$ 的展开就得到大名鼎鼎的二项式级数；同样的，三角函数→分析，正弦和余弦函数展成它们各自的幂级数。

对现代数学家来说，“分析”的另外一个含义就是，在上述研究的各种领域里一种特别的方法论精神。从《牛津简明数学词典》中可以找到这种例子：“术语‘分析’可指微积分或实数系统的基础中一个相当严格的方法。”这句话里的“实数系统”就属于戴德金和康托尔的范围。他们工作背后的真正动机就是微积分应该需要“一个更严格的方法”。简而言之，整个坚实的和基础的东西是后微积分时代的数学严重的哲学危机的一部分，是关于如何看待数学实体和如何证明定理的一个深刻的分歧；并且这

118

① “向毕业冲刺吧”的英文是“into graduate”，与“integrate”（求积分）谐音。——译者注

② **IYI**：这实际上就是3.1节结尾的定义。

种分歧反过来又是康托尔超穷数学的争论背后的深刻背景。所有这些在我们向下讲时都要仔细讨论回顾。

牛津词典的那段话中还有一些别的隐含的东西，涉及古老的离散和连续的对立、几何和纯粹数学的对立。碰巧的是，早期微积分中的伟大人物关心的都是连续函数、连续量。这些要么是完全几何的（直线，曲线，面积，体积）或者要么是以几何表示的（力，速度，加速度）。然而，现在要说的是，在那个世纪数学的当务之急，就是以戴德金和康托尔为先导的**分析算术化**。这在本质上就意味着只用数字而不是曲线或面积来推导关于连续函数的理论。算术化最终把分析更多地带入代数和数论的领域，这些领域迄今仍100%地归功于离散数学实体或现象。在19世纪的分析中发生的就是——分析从几何中分离，类似于D. B. P. 发现无理数后的希腊数学。

从年代顺序上说，我们现在又一次太超前了。记住，在接下来的整整两章中，与∞相关的主要问题将是，为什么微积分恰好需要在前面的应急词汇表（我们现在尽量不再进入）里提到的更多的严格性。值得强调的是（为了将来的使用），在数学的离散和连续现象之间的最重要的区别是前者可以只用有理数来表征，而连续则需要所有的实数，也就是还需要无理数。

119

很凑巧的是，在分析的算术化和∞数学上的一个重要人物是布拉格大学的神父波尔查诺。有很多原因正好需要在这里谈到他——虽然为了谈论他，我们将不得不短暂地回到19世纪，然后稍微停留一下，在下一章又回来。在分析算术化的功劳簿上，牧师波尔查诺是四位数学家中最不为人所知的。他率先探索了后来在19世纪早期称为“严格分析”的东西。其他三位是柯西，尼尔斯·阿贝尔（N. Abel）和狄利克雷（P. G. L. Dirichlet）。柯西享受的声誉最多，主要归功于他的《分析教程》（*Cours d'analyse*）。该书成为欧洲大学的数学教科书长达150年。泛泛地说，柯西的工作试图通过极限来严格定义无穷小，从而把微积分从它的哲学困难①中挽救出来。但是，柯西的分析在解决问题的方法上，更多的仍然可以看成是几何的。实际上，是波尔查诺在他1817年的《纯粹分析的证明》（*Rein analytischer Beweis des Lehrsatzes…*）② 中给出了连续函数定理的第一个纯粹算术的证明。③ 在同一本书中，他提供了连续性的正确的数学定义：对区间A中的任何点 a，只要把 δ 取得足够小，则 $f(a+\delta)-f(a)$ 的差能有多小就有多小，那么，$f(x)$ 在区间A是连续的。波尔查诺实际上是数学家的“名声反复无常”的又一个生动例子。这里说这话显得有点突兀，但是要知道的，比如，波尔查诺用来判定一个级数是否连续的方法今天仍然在使用——而现在归功于柯西。还有，人们完全没有注意到，他是第一位提出一个连续但不可微的函数（即没有导数）的数学家（这个结果推翻了连续和可微是相互一致的早期微积分假设），而当魏尔斯特拉斯30年后构造了一个类似的函数时，人们却欢呼为“发现”。④

120

所有这些都将变得比它们现在看起来还更重要，特别是连续

① **IYI**：再看看后面一点或者更后面的第4章的内容。

② **IYI**：完整的书名长达22个单词，你不会想把它全列出来。

③ 是指证明代数多项式是连续的。这与一个函数在一个区间的连续性和一个函数级数/序列在一个区间上收敛性之间的关系毫不相关。这些关系在第5章变得很重要。

④ 稍微超前一点：5.5节中非常详尽地讨论了波尔查诺关于无穷序列和极限点的一个重要假设。魏尔斯特拉斯后来重新发现并证明了它。历史看波尔查诺可怜，把这个假设称为波尔查诺－魏尔斯特拉斯定理。该定理对戴德金的无理数理论确实是非常重要的（供参考，这里并没有暗示魏尔斯特拉斯盗窃了波尔查诺什么东西。这种同时的发现在数学上一直都有发生）。

作为一种算术性质的思想。仅仅是作为在伽利略的《关于两门新科学的对话》和戴德金/康托尔工作之间最重要的历史环节来说，把波尔查诺后来关于无穷大量的工作[①]放在这里也是非常合适的。首先，波尔查诺（某种程度上是个异教徒，既是数学的又是宗教的——比如，他因为做了反战的布道而被布拉格大学解职）是从伽利略以来第一位明确提出在亚里士多德的实无穷和潜无穷之间存在区别的数学家。像《关于两门新科学的对话》一样，波尔查诺的《无穷的悖论》也是深刻地反 D. B. P. 的，尽管两者还有重要的区别——与伽利略相比，波尔查诺的论证和论证的动机更多的是数学上的。再说一些将在下面讲得更详细的东西：《无穷的悖论》背后的推动力和哲学上的特定困难有关。这些困难涉及与 ∞ 相关的量和增量在微积分中的使用。几乎所有后微积分时代的数学家，试图通过暧昧地引用亚里士多德，并假设他们翻来覆去摆弄的所有 ∞ 仅仅是潜在的或“不完全的”（这就是柯西的极限背后的基本思想）来避开或模糊这些困难。波尔查诺试图吹破这个假设里的大泡泡。这正是他的工作不为人所知的原因之一，也因为这一点，康托尔教授喜欢严厉批评历史上绝大部分对 ∞ 的处理，却常常单独赞赏波尔查诺。[②]

《无穷的悖论》是波尔查诺综合了函数、无穷几何和实数轴几方面的兴趣的一个成果。不凑巧的是，这本书离发明现代集合论只差几个所需要的概念——“现代”在这里的意义就是能处理

① 即在他 1851 年的《无穷的悖论》(*Paradoxien des Unendlichen*)。这本书直到 1950 年才有英译本。

② **IYI**：参见康托尔英文版的《流形理论的基础》(*Foundations of the Theory of Manifolds*)。这也列在附录的参考书目中。

无穷集合。[1] 它给后来康托尔的工作提供了许多重要的东西。其中的一个就是，它明确提出了某些隐含在伽利略悖论里的东西，即 1-1C 作为建立两个集合之间等价的一个方法的思想。波尔查诺用来解决伽利略悖论的方法是纯抽象和康托尔式的。它的精髓在于，抽取伽利略曾认为受人类智力局限的东西，并使之成为无穷集合的一个内在性质——即一个无穷集合的子集含有和这个集合一样多的元素的事实。正如我们将要看到的，在康托尔之后（他自己的工作有争议，但一点都不能忽视），数学家才明白这个性质实际上是无穷集合的本性；无穷集合的正式数学定义现在基于这个令人害怕的奇怪的事实。

还要注意的是，伽利略所说的子集和母集相等只涉及所有整数和所有完全平方数级别的大∞。正是波尔查诺首先系统地阐明了实数轴上的稠密性和芝诺小∞之间是等价的。他在《无穷的悖论》中通过检查 0 和 1 之间的所有实数的集合——实数轴上闭区间 [0，1] 所有点的集合——表明了这一点。通过使用初等函数[2] $y=2x$，波尔查诺观察到如果它的自变量 x 的取值是 [0，1] 上所有点，那么这个函数将赋给每一个 x 在更大的闭区间 [0，2] 上唯一的一个 y 值。这样，0.26 对应 0.52，0.74 对应 1.48，0.624 134 021…对应 1.248 268 042…，等等。换句话说，一个完美的 1-1C：在 [0，1] 上的实直线上的点正好和 [0，2] 上一样多。并且，（现在看起来很明显，但波尔查诺是第一位指出这一点的）只是简单地把函数中 x 的系数改为其他整数，比如 $y=$

123

① 我们将会在第 7 章看到，在假定只有有限集合存在的条件下，绝大部分的形式集合理论都是乏味的。

② 和康托尔一样，波尔查诺也拥有一种天赋，能用简单的图画令人信服地证明非常抽象的命题。

5x 或 $y=6\,517x$，你可以证明，在0 和1 之间与0 和你能想到的任意有限数之间，正好有一样多的实数。*

***IYI 插曲**

实际上，就像在2.5 节中轻而易举地证明那样，［0，1］区间的点的数目最终等于向正负两个方向无限延伸的整个实直线上的点的数目。虽然正式的证明是非常棘手的，① 但这种等价性的一个示范是在四年级水平的学生能力之内的。在实数轴上取对应到［0，1］的那一段，并把它平移到整条实数轴的上面，然后在这条线段的中点放一个圆规的一只尖脚，画个直径为1 的半圆。② 整个图形如下：

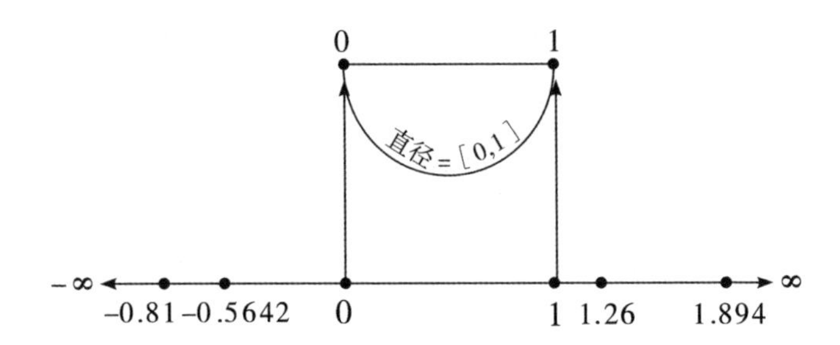

124　在实数轴上选任意点，然后以这点和圆 C 的圆心画一条直线L。从L 与半圆的交点向径线［0，1］画一条垂线，像下图：

---

① **IYI**：参见7.4 节；或者，如果你从7.4 节又回到这里，你就会明白我们为什么要在这里详细地探究这种等价性。

② 也就是说这个圆以区间［0，1］为直径（**IYI**：这个半圆的弧长显然等于 $\frac{\pi}{2}$，但我们不用真的关注这点）。

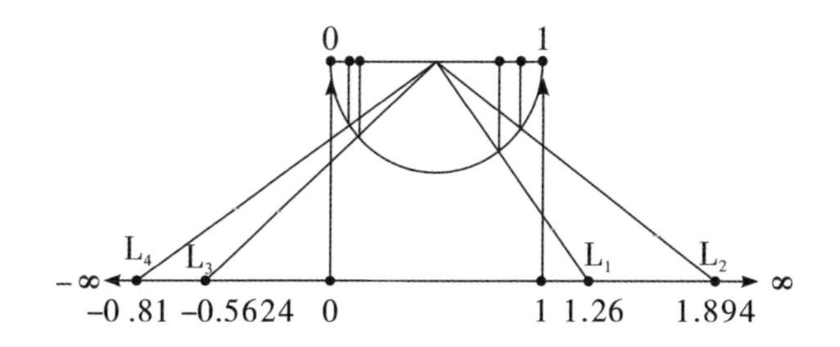

那么，可以看出实数轴上每一个点，经过 L_1，L_2，L_3，…，L_n 与［0，1］的某个点 1-1C。证毕。

插曲结束

除技术上的超前之外，《无穷的悖论》在哲学的处理方法上也值得注意。在这点上，它也像《关于两门新科学的对话》和康托尔后期的一些工作。波尔查诺的基本处理是不承认亚里士多德学派的存在链，并相信这个创造的宇宙不仅在空间的展延上是无穷的，而且是无限可分的。“永恒”只不过是时间的∞。像从毕达哥拉斯到哥德尔这些信奉宗教的数学家一样，[①] 波尔查诺也相信数学是上帝的语言，深刻的哲学真理可以用数学推导和证明。在把他关于无穷尺寸、密度和等价性的洞察力延伸到实际的定理方面，他所缺乏的是集合论中应用到点集上的基数、序数、幂集的概念[②]。他能够建立并证明无穷集合与它的子集的奇怪等价性，也能预见它们的关系是不矛盾的，具有其他的性质；但他没有办法把他的证明变成一个关于无穷集合以及它们的关系和性质等的真正理论。其主要的原因——虽然现在看起来也许有点奇怪——就是在波尔查诺的时代，仍然没有关于实数系的一个一致理论，没有无理数的严格定义。

125

① 从康托尔不那么具有戒心或精神稳定时的一些声明来看，他也包括在内。
② **IYI**：第 7 章将定义和讨论这些概念。

微积分的发现

4.1 牛顿和莱布尼茨的微积分

学术界公认，西方数学的基础在历史上发生过三次大危机。第一次是毕达哥拉斯不可通约数。第三次是哥德尔不完全性定理的证明导致了康托尔集合论的崩溃（对此我们仍然还有争议）。[①] 第二次大危机则与微积分发展密切相关。

现在的想法就是，追踪超穷数学是如何从某些与微积分/分析相关的技术和问题中逐渐演化出来的。换句话说，就是建立一种概念性的平台以便观看和欣赏康托尔的成就。[②] 像前面提到的那样，这就意味着回到3.1 节结尾中断的那条时间轴。

126

所以，我们又回到17 世纪末那个王朝复辟和维也纳城被围攻的时期，回到那个高耸的男子假发和喷香的手帕等流行的时期。无疑你已经知道，微积分是欧几里得以来最重要的数学发现，是数学在表示连续、变化和真实世界过程的能力上的一种开创性进步。这一点有些已经谈论过了。你大概也知道，通常认为这项发现归功于牛顿或（和）莱布尼茨。[③] 你也许还知道——至少能从3.1 节所说的时间线中预见到——一个人独占这项发现，

---

① 强制决定：我们打算避免每次都说“参见下文”，从现在开始假定当它出现时，你自然就明白了。

② **IYI**：已经说过，这里使用修辞的目的是为讨论提供工具，以便讨论简单清楚，又不过分简略。这样，即使你没学过大学数学也能继续读下去。确实，如果你具备一些大学数学的知识情况会更好。但是为了其他的读者，请忍受一些痛苦和不愉快的地方。

③ 事实上，欧洲的数学界对他们两人是哪一个真正发明了微积分有过很大的争议，特别是莱布尼茨是否剽窃了牛顿的东西。因为莱布尼茨的第一篇有关微积分的文章发表于1674 年，而牛顿的《运用无穷多项方程的分析学》（*De analysi per aequationes numero terminorum infinitas*）在1669 年就开始私下传播了。

或者两个人贡献相同的想法，与微积分的发明只属于他们中间任何一位的想法一样，都是荒谬可笑的。甚至是最粗略的估算，都可以数出十多位来自英国、法国、意大利和德国的数学家能够分享微积分的发明权。某些已经成为数学问题或者可以当作数学问题来处理的紧迫的科学问题，激励（就像已经提到过的那样）着这些数学家辛勤地把开普勒和伽利略关于函数、无穷级数、曲线的性质发展得越来越丰富。

以下是一些最刻不容缓的科学问题：计算瞬时速度和加速度（物理学、动力学）；寻找一条曲线的切线（光学、天文学）；求一条曲线的长度、一条封闭曲线所围的面积、一个封闭曲面所围的体积（天文学、工程学）；求一个函数的最大/最小值（军事自然科学，特别是大炮设计），可能还有其他一些问题。我们现在知道，这些问题都是密切相关的：它们都是微积分的方方面面。但是在 17 世纪，埋头解决它们的数学家不知道这点。N&L 的功劳就在于，洞察到这些问题之间的关系并将它们概念化，比如，一点的瞬时速度和它的运动曲线所包围的面积，或一个函数的变化率及其已知的一个函数所给出的面积。正是 N&L 第一次窥见了森林的全貌——即微分和积分互为逆运算的微积分基本定理（Fundamental Theorem of the Calcalus，F. T. C.）——并且成功推导出一个一般的方法来解决所有上面提到的这些类型的问题，揭开了连续性本身的神秘之处。当然，如果不敢到这座陷阱重重的森林里打猎，没有这些各种各样的树木，即一些初步的结果和发现，他们也就不可能得到这些。在这一时期包括很多这样的结果和发现，比如：1629 年，费马（P. de Fermat）发现了求一条多项式曲线的最大值和最小值的方法；约 1635 年，罗伯瓦尔（G. P. de Roberval）发现一条曲线的切线可以表示为一个点运动

127

速度的函数，它的运动轨迹构成这条曲线[①]；1635 年，卡瓦列里（B. Cavalieri）发现了计算曲线包围面积的不可分量法；1664，巴罗（I. Barrow）发现了求切线的几何方法。

128 此外，约 1668 年，詹姆斯·格雷戈里在《几何的通用部分》（*Geometriae Pars Universalis*）的前言中有一段伟大的先知式的话：数学中真正重要的分类不是分成几何和算术，而是分成通用和特殊。这就是先见之明，因为从欧多克索斯到费马的各种各样的数学家都发明并使用了与微积分类似的方法，但都是几何的，且针对的是特定问题。是 N&L 把“纬度线”和“不可分”等各种方法融合成一种算术方法。这种方法的厉害之处就在于广泛性和普遍性（即它的抽象性）。[②] 尽管他们两人的背景和途径不同。牛顿根据巴罗求切线的方法、二项式定理和沃利斯关于无穷级数的研究发现了微积分，而莱布尼茨走的路线包括函数，以及被称为“求和序列”和“差分序列”的数列，以及一种截然不同的哲学观点[③]，这种观点把曲线看作是由点组成的有序列，点与点之间被一个形式上无穷小的距离所隔开。简而言之，对莱布尼茨来说，曲线是由方程生成的，而沿一条曲线变化的量由函数给出（可

129

---

① 很抱歉这里用了这样丑陋的句法；实在没有更简略的方法来表达罗伯瓦尔的发现。

② 有人试图用牛顿发明了微分、而莱布尼茨发明了积分（有些数学老师喜欢这样说）这样的说法来解决微积分发明权的问题。但这种企图是混乱和错误的，原因就在于此。关键是，N&L 都明白切线问题（=瞬时速度）和求积问题（=曲线下的面积）是一个更大的问题（=连续性的问题）的两个方面，因而需要用同一种普遍方法来处理。N&L 在数学上不朽的根本原因是他们没有像微积分入门教程那样把微积分分为两部分。

③ 莱布尼茨和笛卡儿一样也是一位一流的哲学家。你也许知道他的本体论中的一些术语，比如“单一实体”（individual substance），“转创”（transcreation），“不可识别之同一性”（identity of indiscernibles）和“无框的单子”（windowless monad）。

以相当确信，我们已经提到过他首先使用了“函数”这个术语）。

我们不准备太多介入 N&L 是谁发明了微积分的那些事情，但他们无穷小量的哲学本体上的差异和本书有着非常密切的关系。[①]牛顿的本质是一位用速度和变化率来思考的物理学家。在他的变量值里，无穷小增量是可任意使用（用完即可丢弃的）的计算一个函数导数的工具。牛顿的导数是当这些增量任意小时，其比值的极限，基本上是一种欧多克索斯类型的极限。莱布尼茨，一位律师/外交官/侍臣/哲学家，数学对他来说只是一种旁门左道的业余爱好。[②] 他持有一种前面所讲的特殊的本体论。这种观点涉及组成所有实体的某种奇怪的、基本的无穷小元素[③]。并且，他几乎围绕着它们之间的关系来建立他的微积分。这些差异显然表现在方法论上：牛顿以变化率、二项式定理来看待所有的东西，因此喜欢把函数[④]表示为无穷级数，而莱布尼茨更喜欢所谓的“封闭形式”（closed forms），避免级数这种有利于求和、纯函数，包括超越函数（代数函数不能奏效时）的东西。其中有些差异只是个人的偏好——比如，这两人使用完全不同的符号和词汇，虽然莱布尼茨的更好并最终胜出。[⑤] 对我们来说，重要的是，他们的微积分都给数学这门演绎推导的、逻辑严密的学科带来了严重的问题，同时因为给数学和科学招致了各种各样难以置信的结果

130

---

① **IYI**：下面有些东西也许抽象得晃眼睛，但只要我们看一个简单的例子后马上就清楚许多。

② 当然我们非常嫉妒这样的人。

③ **IYI**：这就是 114 页注释③中提到的单子。

④ **IYI**：甚至包括求面积问题中涉及的函数。

⑤ **IYI**：对莱布尼茨主义者来说，有“微分”“积分”“dx”和很好用的波浪形积分符号“$\int$”。最后这个符号（戈里斯博士讲的事实）莱布尼茨原来想用一个放大了的 S 来表示“一条曲线下对‘y 坐标’的求和”。

而受到有力的攻击。基础不牢靠的根源应该很容易发现，不管问题看起来更像是方法论的（比如牛顿的情况）还是本体论的（比如莱布尼茨的情况）。2.2 节和其他别的地方已经提到过（总之是大家已经知道了的），问题和无穷小量有关。这再次迫使 17 世纪后期的每一个人努力去处理∞的数学问题。

谈论这些问题的最好方法是勾勒出早期微积分的使用方法。我们将要做一个有点不标准的、求积分的推导，尽量通过一次举例来阐明这个技术的几个不同方面，以便读者不必一直耐着性子听完一长串的不同例子。我们也打算把 N&L 的不同方法和术语在某种程度上结合起来，因为这里的目的不是历史的准确性而是例证的清晰性。基于同样的原因，我们将避开绝大部分教科书常用的“如何求切线”或“如何从平均速度到瞬时速度”的例子。①

第一个例子我们称为图 4a。请注意这个例子中的比例非常失调，但确实具有容易看出问题所在的优点。因为同样的原因，例 4a 中所说的“曲线”是一条直线——最简单的一种曲线。对于这种曲线来说，计算的麻烦是最小的。② 图 4a 的曲线可以看作是一个连续函数在一个闭区间上生成的一个点集，也可以看作是二维平面运动的一个点的轨迹。后一个看法就是牛顿的观点（这是现在大多数大学课堂所偏爱的），注意这里纵坐标表示位置，横坐标是时间，即，它们与我们容易接受的、学校里所学的运动图形的坐标轴相反（说来话长，和上面同样的理由）。于是：

131

① 有可能属于 **IYI**：如果你有很强的数学背景，那么下面的例子和注释随便你跳过——这种简化可能得不偿失反而给你带来麻烦。

② **IYI**：具备很强数学背景却没有跳过这些内容的读者已经注意到，图 4a 看起来非常像莱布尼茨“差分商”的一个简化图解，并且也许想知道为什么我们不直接用他的特征三角形。答案是使用特征三角形将要花费整整六页的篇幅来解释，从而使得每个人的时间都浪费在无关紧要的微积分的细节中。

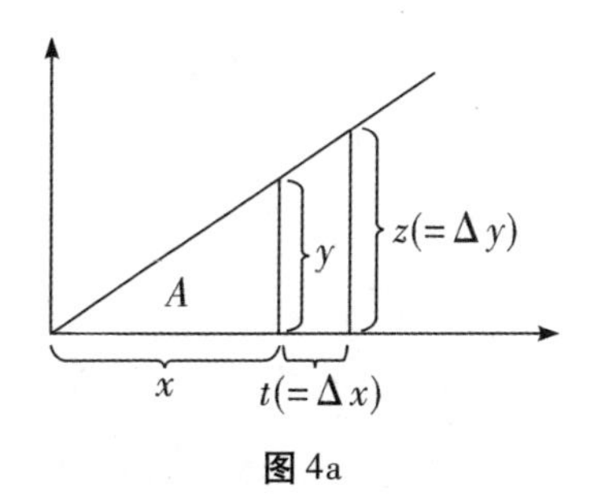

图 4a

首先，假定曲线下的面积 A，等于 x^2。（这看起来很奇怪，因为图 4a 中的曲线是一条直线，所以，似乎 A 真正应该等于 $\frac{xy}{2}$；但对大多数曲线 A 与 x^2 成比例是可以成立的，所以请先稍安毋躁，假装 y 正好等于 x。）这就意味着形式上我们假定：

132

（1）$A=x^2$。再假设 x 增加了一个无穷小量 t①，曲线下的面积相应地增加了 tz。考虑到等式和增加的面积，就得到：

（2）$A+tz=(x+t)^2$。展开（2）右边的二项式，就得到：

（3）$A+tz=x^2+2xt+t^2$。因此，由等式（1）$A=x^2$，我们可以把（3）化简为：

（4）$tz=2xt+t^2$。现在看得仔细点。我们在等式（4）两边除以 t 得到：

（5）$z=2x+t$。再看得更仔细点：因为我们已经把 t 定义为**无穷小**，所以在有限的情况下，$2x+t$ 就等价于 $2x$。于是，相应的方程就变为：

（6）$z=2x$。就此结束。我们马上就会看到这些表明了什么。

---

① 如果把图 4a 看做是变化率的问题，那么 t 就是一个无穷小的瞬间。**IYI**：如果你遇到过某个和经典微积分有段的有点过时的术语："无穷小微积分"（infinitesimal calculus），那么现在你就会明白这个术语来自于像 t 这种无穷小的量或时间。

你可能注意到在这个推导过程中对无穷小量 t 的处理耍了一些花招。从（4）变到（5），t 必须大于零才可以作为一个有效的除数。然而，从（5）推到（6），t 似乎应该 $=0$，因为 t 加上 $2x$ 就等于 $2x$。换句话说，t 在需要它等于 0 的时候就当作 0 来处理，而在需要大于 0 的时候就当作大于 0 来处理。① （$t=0$）并且（$t\neq0$），这显然产生矛盾。想起我们前面讨论过的归谬式的证明，这好像有充足的理由说在使用像 t 这样的无穷小量时有些错误的地方。至少有一点，t 这个东西看起来像一种符号上的把戏，就像窜改财务报表一样。②

133

暂且把这一点放在一边。如果你无视这个一眼就能看出的矛盾，或者至少抵制这种归谬的证明，那么像图 4a（虽然这类似于莱布尼茨的特征三角，但实际上是牛顿在《运用无穷多项方程的分析学》③ 中用过的简化版本）这样的导数就成为一种真正的不

① 注意：根据莱布尼茨，这正是无穷小量——它们是听你使唤的牛马。下面一段节录自莱布尼茨 1690 年左右写给沃利斯的一封信：

> 考虑这些无穷小的量是非常有用的。当想求它们之间的比时，它们不等于零。但，当它们和一些远大得多的量一起出现时，又可以略去。因此，如果我们有 $x+t$，那么 t 可以略去。但如果我们想求 $x+t$ 和 x 之间的差，情况就有所不同。

② 也许一个更好的比喻是，一个实验科学家伪造实验数据来证实他想证实的猜想。

③ **IYI**：牛顿在该书中给出的例子更混乱，也更依赖于二项式定理。借这个定理，可以展开一个诸如 $z=rx^n$ 这样的等式以表明 rx^n 的变化率就是 nrx^{n-1}。这就是为什么在大学数学中理论上允许无穷多次的“高阶导数”。比如，$y=x^4$ 的一阶导数等于 $4x^3$，二阶导数等于 $12x^2$，如此等等。通过比率 $\frac{d^n y}{d^n x}$ 可以得到任意 n 阶的导数。虽然在一般的微积分中我们通常用不到大于 2 阶的导数。

可思议的数学武器。它至少产生两个重要的结果。第一个结果就是，如果你接受算式$\frac{(x+t)^2-x^2}{t}$可以表示x在t“瞬间”的变化，那么x^2的变化率就等于$2x$。[①]第二个结果是，可以表明面积A的变化率是包围A的“曲线”，即图4a中的y（记住直线也是曲线的一种）。简单解释一下：计算$\frac{A+tz-A}{t}$，消掉A之后就得到$\frac{tz}{t}$，然后把可疑的召之即来挥之即去的t消去就得到z。记住z只是比y大一个无穷小量，所以这里可以认为等于y。[②]最终就得到$y=2x$，这正好是产生图4a中曲线的那个函数。结果$y=2x$所包含的真正东西就是积分的基本原理：一条曲线所围的面积的变化率就正好是这条曲线。反过来，这也就意味着一个可导函数的积分的导数就是这个函数本身。这就是微积分的基本定理[③]，即微分和积分是互逆的，[④] 就像乘和除，乘方和开方一样，也是微积分具有如此大的威力以及N&L享有这么大的声望的原因——F. T. C. 把这两个技术装进了一个大口袋里（……只要你接受关于t是否等于0的两可性）。

134

135

---

① 然而，可以观察到在计算过程中还是必须使用同样有问题的操作：

（1）$\frac{(x+t)^2-x^2}{t}$展开得到

（2）$\frac{x^2+2tx+t^2-x^2}{t}$，这就等于

（3）$\frac{2tx+t^2}{t}$。这时，你假设$t\neq0$，然而相除就得到：

（4）$2x+t$。这里你假设$t=0$，把它略去之后就得到：

（5）$2x$。

② 或者通过在最初推导的方程（6）中把z等价于y，你就可以得到一样的结果。

③ **IYI**：由莱布尼茨1686年第一次完整清楚地表述。

④ **IYI**：这就是为什么把积分称为“反微分”（antidifferentiation）。

但是，这不是学校向我们大多数人解释这些东西时用的方式。如果你选了初级微积分，很可能你是通过速度和加速度的图形来学习“取 Δx 的极限”，或者“$\frac{dy}{dx}=\lim_{\Delta x\to 0}\frac{\Delta y}{\Delta x}$”。公式中的$\frac{dy}{dx}$是莱布尼茨的符号，而极限的思想是微积分之后数学分析的结果，用来巧妙处理整个无穷小量的问题。你也许知道或记得在绝大部分的教科书里，一个无穷小量定义为“一个量在经过一个极限过程后变为0”。如果你通过了初级微积分的考试，你肯定也记得极限是如何不近人情般地抽象和违背直觉：几乎没有人会告诉大学生这个方法的理由和根源，① 或者提到这个理解 dx、Δx 和 t 的更容易或者至少是更直观的方法，即作为$\frac{1}{\infty}$的量级。相反，绝大部分老师试图转移学生注意力，用漂亮的例子来说明微积分解决形形色色的复杂的现实世界问题的能力——从作为一阶导数的瞬时速度和二阶导数的加速度，到开普勒的椭圆轨道和牛顿的 $F=m(dx)$，再到伸缩的弹簧和弹跳的球的运动，月蚀的半影，计算音量旋钮旋转时的响度的函数；更不用提当你学到 $d(\sin x)=\cos x$ 和 $d(\cos x)=-\sin x$，正切正是正割的极限等等的时候，

136

① 在这段话中，极限方法的真正实质是一种哲学解释的诡计，即把无穷大/无穷小解释为一种计算过程的属性，而不是计算的量的属性。现在应该很清楚，通常的算术法则并不能用于∞相关的量；但是经过充分的计算后，基于极限的微积分把它自己限制为部分求和，从而使得这些法则仍然可以用。然后，一旦基本的计算完成，你就“取极限”，让 t 或 dx 或任何东西“趋于0”，便能外推得到你的结果。用教育学的话来说，学数学的学生这里先是要求假定某些量在计算过程中是有限和不变的，但在最后得出结果的阶段又要求它们非常小和可变化。这样一个智力上的转弯使得微积分看起来不仅很难，而且是怪异的、毫无意义的难。这也是微积分I是一门如此令人生畏的课程的原因之一。

展现在你眼前的三角函数的优美。这些通常都用来诱惑你掌握极限概念，一个这样抽象和令人痛苦（如同使劲去想象 dx 或 t 是难以置信无法理解地小一样）的概念。

根据上文所说应该可以理解，考虑到命题“（$x=0$）&（$x\neq 0$）”破坏了各种各样基本的 L. E. M. 式的公理，微积分的极限方法背后的真实动机是，N&L 的无穷小量和符号诡计揭露了数学基础里一些令人厌恶的漏洞。就本书到目前为止的内容来说，最容易给出的解释似乎是：所考虑的绝大部分问题实际上都是由数学没有能力处理无穷大量所引起的——也就是，像芝诺的二分悖论和伽利略悖论一样，真正的困难在于仍然没有人能理解 ∞ 的运算。这样的解释是不会有错的，但对我们希望达到的目标来说，它无味得像白开水一样。[①] 就像微积分出现后数学里的其他任何东西一样，这里的深层次问题和危险更为复杂。

4.2　无穷小的幽灵

让我们重申并总结一下。微积分的绝对力量和重要性暴露出近代数学的一种危机，它与芝诺的悖论给古希腊数学所带来的危

137

① **IYI**：（也许提及这点是很不合适的）事实上，有一个不平凡的方法能得到同样的结果。但它涉及非标准分析。这是鲁宾逊（A. Robinson）在 20 世纪 70 年代的一个创造。他通过在分析中使用超实数而声称能使无穷小严格化。超实数基本上就是结合了实数和康托尔的超穷数——也就是说，非标准分析强烈依赖于集合论和康托尔，而且有很大争议，非常专业，完全超出了我们讨论的范围……但稍微提及它也不是显得那么突兀。如果你对此有强烈的兴趣，可以推荐鲁宾逊的《非标准分析》（*Nonstandard Analysis*，1996）。

机属于同一类型，在某种程度上甚至还更糟糕。因为芝诺的悖论没有解决数学上任何尚存的问题，而微积分解决了。微积分给这个世界带来的璀璨夺目的成果，及其出现时机的恰到好处已经说得很详细了——每一种应用科学都直接面对着连续现象的问题，就如同 N&L，以及他们各自的支持者接连遇到了如何在数学上描述连续性的问题一样。[①] 微积分的方法有效，并且直接导致了物理定律伟大的现代解释，即用微分方程来描述物理定律。

然而对数学的基础来说它是一场灾难——整个微积分就是一座空中楼阁。莱布尼茨们[②]不能解释或推导出莫名其妙的不等于0但又无限地接近于0的真实的量。而牛顿们[③]声称微积分真正依赖的并不是无穷小量，而是“流数”（fluxions）——这里流数的意思是一个基于时间变量的变化率——只要这些流数消失为0或从0开始增长时（也就是说，它们大于0时的最初或最后的瞬间），它们之间的比存在，那么微积分就是正确的。这当然是用无穷短的瞬间来代替无穷小的量。而且，相对于莱布尼茨们对无

138

① 这可能需要的是解释而不仅仅是一次次地下论断。在经典的微积分中，连续性本质上是作为函数的一种性质：一个函数在某点 p 是连续的，当且仅当它在 p 点可微。这就是为什么波尔查诺和魏尔斯特拉斯在19世纪发现了连续但不可微的函数是如此的至关紧要，为什么连续性的现代分析理论如此的复杂。

② **IYI**：主要就是两个 J. 伯努利（J. Bernoullis）和第一个伯努利的儿子 D. 伯努利，以及后一个伯努利的（伯努利家族的人都不太安分）保护者洛必达（G. F. A. L'Hôpital），他们在18世纪早期都风光一时。

③ **IYI**：主要有英国的哈雷（E. Halley），泰勒（B. Taylor）和麦克劳林（C. Maclaurin），同样活跃于18世纪早期。

穷小量的解释，牛顿们没能更好地解释这些瞬间的比。[1] 牛顿式微积分仅有的好处（除了学习微积分 I 的学生之外）是，在一定程度上，极限的概念已经隐含在一个不断消失的非常非常小的最初/最终瞬间的想法之中——这个概念主要是柯西和后来的魏尔斯特拉斯从中提取出来的。顺便说一句，魏尔斯特拉斯是康托尔的老师。 139

关于连续性、无穷小量和微积分，很有必要简单介绍一下芝诺否定运动悖论中的一个。这个悖论通常称为飞矢悖论，因为它

---

① **IYI**：正好贝克莱主教（G. Berkeley，1685—1753，重要的经验哲学家和基督教护教者，也是一个世界级的话痨）在 18 世纪的一本小册子（它的名字有 64 个字那么长，名字开头是“分析……”）中对经典微积分作了有名的批评。其中，有代表性的一段如下：

> 没有什么比用流数和无穷小量设计表达式和符号更容易的了……但是，如果我们揭开它的面纱，看看里面的东西，如果我们先把表达式放一边，让自己专注于思考这些应该被表达或厘清的事物本身，那么我们就会发现如此多的漏洞、错误和混乱；而且，如果我没弄错的话，完全就是不可能的和自相矛盾的。

贝克莱的谩骂在某些方面是基督教徒对伽利略和现代科学的反击（读起来确实让人忍俊不禁，虽然这是无关紧要的）。他的整个观点就是：18 世纪的数学，尽管名义上是演算的，但实际上和宗教一样依赖于信念，即“能够接受二阶、三阶流数或‘导数’的人，在我看来，也就无须对上帝说三道四”。

另一方面，达朗贝尔（J. L. R. d’Alembert，1717—1783，后微积分时代的大数学家，多才多艺的知识分子，也是最早反对“微积分的真正哲学基础是建立在极限的思想上”观点的人之一）。在和狄德罗于 18 世纪 60 年代一起编撰的著名的《百科全书》中，他从整个 L. E. M. 的逻辑基础上反对无穷小量。比如：“一个量是有或无；如果它是有，那么它就不会消失；如果它是无，那么它确实会消失。想象在两者之间存在一种中间的状态，既是有又是无，简直是异想天开。”

关注的是一支箭从引弓发射开始直至到达目标所经历的时间间隔[①]。芝诺观察到在这个间隔的任一指定瞬间，这支箭占据着“等于它自身的一个空间”。他说这和箭处于“静止状态”是一样的。问题在于，这支箭不可能真的在一个瞬间里运动，因为运动需要一段时间，而一个瞬间不是一段时间；瞬间是可以想象的最小的时间单位，并且它没有持续，就好像一个几何点没有大小一样。所以，如果箭在每一个瞬间都是静止的，那么这支箭就永远不会运动。照这样说，没有什么东西真正能运动，因为在任何给定的瞬间任何东西都是静止的。

在芝诺的论证中至少有一个隐含的前提，把它系统写出来有助于明白其中的玄机：

（1）在每一个瞬间，箭都是静止的。

（2）任何时间段都是由瞬间组成的。

（3）因此，在任何时间段内，箭都没有运动。

140 隐含的前提是（2），这正是亚里士多德在《物理学》中所攻击的。他基于“……时间不是由不可分的瞬间组成的”[②]（即某个东西在一个瞬间里要么运动要么静止的观点在逻辑上是不一致的）而不承认 Z. P.。然而，我们注意到，恰好是“一个瞬间的运动”这个概念，能够弄清楚 N&L 微积分的数学意义——不仅是

---

① **IYI**：和二分悖论一样，飞矢悖论也在亚里士多德的《物理学》第六卷中有过讨论；它也以零散的形式见于第欧根尼（Diogenes Laertius）的《名哲言行录》（*Lives and Opinions*）中。

② **IYI**：不用说，这个观点和亚里士多德在 2.2 节中用时间级数来反对二分悖论的观点有点不一致。有些方法来调和亚氏的这两个观点。但这些方法是非常复杂的，并且也不能百分之百让人信服——不管怎么样，这是亚里士多德哲学的核心问题，已经超出了我们的范围。

一个瞬间的一般运动，而且还有一个瞬间里的精确速度，更不用说一个瞬间的速度变化率（ = 加速度，二阶导数）和加速度变化率（ = 三阶导数），等等。

对飞矢来说，经典微积分能够准确处理亚里士多德认为无法处理的东西，这个并不是巧合。先暂时看看124页所说的一个瞬间“没有持续”，你会注意到这个术语有点模糊。事实表明，芝诺所谈论的这种瞬间，至少在数学上，不是某种零长度的东西，而是一个无穷小量。肯定是这样。再思考下初中学的老掉牙的运动公式：速率 × 时间 = 距离，或 $r=\frac{d}{t}$。显然，一支静止箭的 r 为0，因而 d 为0。但是，如果在时间上，一个瞬间 = 0，那么芝诺的悖论中最终就假定在 $r=\frac{d}{t}$ 中0作为除数。这在数学上是违规或错误的，因为“$0=\frac{0}{0}$”是规则不允许的或错误的。

141

只是这里，就像处理其他Z. P. 一样，我们不得不再次小心翼翼。在前面各种不同的语境中已经讲过，只是在表面上“处理”某件事情和真正去处理它是有所区别的。即使我们赞同芝诺的瞬间是一个无穷小量，因而适合于作为牛顿的流数或莱布尼茨的 dx 来处理，你也可能已经注意到，一个飞矢悖论的微积分式经典“解决方案”和二分悖论中的“$\frac{a}{1-r}$”一样，往往是乏味的，因为飞矢悖论实际上是一个形而上学的悖论，准确地说，是微积分无法给无穷小量一个准确的哲学解释。没有这样的一个解释，我们所能做的就是，用一些看起来很花哨的公式来处理飞矢悖论。这些公式依赖于芝诺首先使用的、同样神秘和似是而非的无穷小量；而且，仍然存在令人不安的问题：一支箭如何能经过一段包含着无穷多个无穷短瞬间的时间而真正到达目标。[①]

问题是，形而上的飞矢悖论，同时也是极其微妙和抽象的。比如考虑另一个隐含的前提，也许是隐含在飞矢悖论前提（1）中的子前提：一个东西真的不是在运动就是处于静止吗？假如我们把“静止”作为“不在运动”的同义词，那么第一眼看起来会觉得它非常正确。毕竟，我们有 L. E. M. 。毫无疑问，在任何给定的瞬间 t，一个东西不是在运动就是不在运动，也就是说在 t 时刻，它的速率大于 0 或者等于 0。实际上，这个析取命题是无效的——L. E. M. 不能用在这里——这一点可以通过考察数字“0”和抽象概念“无”的差别看出来。这是一个棘手但又重要的差别。古希腊人没能搞明白，可能导致了他们的数学里排除了 0。这让他们付出了昂贵的代价。但 0 和无之间的差别，是那些几乎不可能直接讨论的抽象差别中的一个。我们不得不使用例子来说明。设想有一门数学课，这门课有一场非常难的期中考试，满分为 100 分。再设想你和我在这次考试中 1 分都没有得到。不过，你我之间还有一个差别：你不在这个班，甚至没有参加考试，而我是这个班的学生并参加了考试。因此，你这门考试得到的 0 分和 0 是不相干的——你的 0 分意味着“无”——而我的 0 分是一个真正的“0”。假如你不喜欢这个例子，再设想你和我分别是女人和男人，身体都很健康，年龄在 20—40 岁之间。我们都去看医生，在最近的十周里都没有来一次月经。这个例子里我的月经总

142

① **IYI**：无妨回顾下 2. 1 节中关于使用公式和真正解决问题的长篇阔论。这里正好用在刀刃上。

次数是“无”，而你的是0——这更能说明问题。举例结束。

所以，某个东西要么等于0要么不等于0是不正确的；它也可能是“无”。[①] 在这种情况下，对芝诺的前提（1）有一个重要的回答，就是：箭在 t 时刻不在运动并不意味着它的 r 在 t 时刻为0，而应该是“无”。没有一下子发现前提（1）中的这个漏洞，部分归因于0与无的区别，部分归因于令人头晕的第四层中像“位移”（movement）和“运动”（motion）这样的抽象词。例如，名词“运动”是不干不脆的，因为它看起来不是那么抽象；它好像直接表示某些单一的物体或过程——而如果你仔细思考它，[②] 甚至最简单的一种运动也真正是一种处于（a）一个物体、（b）多个位置、和（c）“多个时刻”三者之间的复杂关系。结论是：飞矢悖论的谬误就在于芝诺提出的问题是“这支箭是否在瞬间 t 运动”。这并不比“你没有选的那门课你得了多少分”或“一个几何点是弯曲的还是直的”在逻辑上更合理。这三个问题的正确答案是：无。[③]

143

严格说来，必须承认这个回答是哲学的而不是数学的。一个经典的微积分式的解答也是哲学的，因为它不得不用哲学来声明无穷小量的存在。现代分析对付 Z. P. 的方法是非常不同的，并

---

① **IYI**：考虑到第123页注释①中达朗贝尔对无穷小量的反对，这第三种正好可能使他的观点站不住脚。

② **IYI**：这是一个很好的例子，说明早上躺在床上的抽象思考还是能带来益处的。一旦我们起床走动，并打算用我们自己的语言，那么几乎不可能想起它们的真正意思。

③ **IYI**：请注意到，这和亚里士多德的“飞箭在瞬间 t 运动吗？”的反驳完全不同。他认为真正有错的地方是前提（2），即时间由无穷小的瞬间组成。这是一个时间连续的观点。在这个观点的解释下，飞矢悖论可以用一个简单的微积分公式来解决。你可能开始明白，亚里士多德在时间趋于∞时，错得一塌糊涂。

且纯粹是技术性的。如果你在大学数学中思考过飞矢悖论，那么你可能懂得 Z. P. 中似是而非的前提是（1），但一点都没听说过（heard nothing[①]）一个瞬间可以作为一个无穷小量。这又是因为分析本身在表示连续性中找到了方法，可以避开除数既无穷小又是 0 的问题。因此，在现代数学课上，前提（1）通常被认为是错误的，因为箭在瞬间的速度能够作为“收敛到 0 但又始终包含 t 的一系列嵌套的时间段上的平均速度的极限”，或者某些类似的东西。请注意，这个解答的语言[②]是魏尔斯特拉斯式的：正是他提炼的极限概念[③]使得微积分可以处理与无穷小量以及芝诺式的无穷分割的相关问题。

144

这些问题之间的特别的关系是错综复杂和抽象的，但对我们来说它们都是适宜的。不管无穷小量是多么奇怪并腐蚀着数学的基础，只要把它们从数学/哲学中开除，就会生成一些邪恶的小陷阱。例子：没有无穷小量，谈论“下一个瞬间”或“挨着但又分开的下一秒”显然就没有意义——没有两个时刻可以如此近地挨在一起。解释：没有无穷小量，那么考虑任意两个相继的瞬间 t_1 和 t_2 时，就只有两种可能：或者 t_1 和 t_2 之间没有时间间隔（即 0），或者它们之间有某个时间间隔（即 >0）。如果是为 0 的时间间隔，那么 t_1 和 t_2 显然不是相继的，因为它们就正好是同一个时

---

① （不是 0）

② 虽然这个解答是 100% 技术性的，但至少能有助于认识到，“一个瞬间的运动”是一个始终牵涉到多个瞬间的概念。

③ **IYI**：我们将在第 5 章看到，魏尔斯特拉斯主要的工作就是想办法用一种消除了“趋向于”或“逐渐逼近于”这类东西的方法来定义极限。除了含糊不清之外，诸如此类的表达已经证明容易导致芝诺式的对时间和空间的困惑（比如“从哪里逼近”“以多快的速度”等等）。

刻。但如果在它们之间有一个非零的时间间隔，那么在 t_1 和 t_2 之间始终存在其他更小的瞬间——因为任何有限的时间间隔总是可以再分得更小更小，就像实数轴上的距离一样。[①] 也就是说，绝不可能在 t_1 之后有一个“紧挨着它的” t_2。事实上，只要无穷小量是不可接受的，那么在 t_1 和 t_2 之间总是存在无穷多个的时刻。这是因为如果只存在有限数目的中间时刻，那么其中肯定存在一个最小的时刻 t_x。这就意味着 t_x 是最接近 t_1 的时刻，即 t_x 正好是紧挨着 t_1 的时刻。这我们已经看到这是不可能的（当然是因为可以加上一个非零的$\frac{t_x - t_1}{2}$）。

如果你现在注意到，这个没有相继时刻的问题、Z. P. 和 2. 3、2. 5 节中所讲的关于实数轴的一些难啃问题，都是一类相似的问题。那么，可以说，这不是一个巧合。它们是连续性难题在数学中方方面面的表现。这就是，∞ 相关的实体显然既不好处理也不可以忽略。$\frac{1}{\infty}$们也不见得能好到哪里去。它们漏洞百出导致许多悖论，也无法定义。但要是你把它们从数学中驱逐出去，你最终不得不假定任意一个区间都具有无穷大的密度，[②] 连续相继的思想也就没有意义。而且点在区间的排序也是永远不可能完成

---

① 这就是问题所在，也是为什么无穷小和芝诺式可分性的关系类似于化疗和癌症之间的关系。你可以用 1 除以一个越来越大的自然数，而得到一个小于 $\frac{1}{2}$，$\frac{1}{4}$，$\frac{1}{8}$，$\frac{1}{16}$，$\frac{1}{32}$，…，$\frac{1}{n}$，但始终大于 0 的量——可是用同样的方法，通过加减一个有限数你无法得到一个超穷数。∞ 和$\frac{1}{\infty}$是唯一能躲过所有这些无穷分割和扩展的悖论的概念……即使在某种意义上它们就是这些悖论的化身。所以，整桩事情非常奇怪。

② 也就是时间、空间或实数轴上的区间——这三者都逃不出连续性的掌控。

的，因为任意两点之间不仅存在一些其他点而且存在无穷多个点。

小结：虽然微积分擅长定量处理运动和变化，但它无法解决连续性的真正悖论。无论如何，缺乏一个逻辑一致的∞理论是不可能解决这些问题的。

数学的严格化

5.1 应急词汇表II

146 戴德金和康托尔革新方式的出现与微积分的出现多少有点类似，接下来两章便是展现这种相似性——即如何处理某些需要迫切解决的问题，如果不真正面对它们，数学就不能取得真正的进步。第5章的安排是概略地叙述后微积分时代的某些发展和争议。这些发展和争议为超穷数学的出现创造了一个可能的环境。这个环境也是必需的。另外，请注意是“概略地叙述”。在1700年到1850年之间没有办法画出一根即使是很粗略的时间轴。事情太多，发生太快，让人目不暇接。

大体上，1700年后，数学的局面是非常奇怪的。这种奇怪之处再次与经验现实和概念性抽象之间的关系有着许多的瓜葛。[①]从高中升入大学的人都懂得，分析学比以前所学的任何东西更抽象更困难，[②] 不是一个级别的东西。同时，它解释世界的力量又是前所未有的，它的实际应用已经到登峰造极的地步。这主要是147 因为分析学能够量化运动、过程和变化，也因为用微分方程和/或三角级数来表示物理定律的方法极大地增强了它的普适性。同时，正如经典微积分的发展一样，从1700年到至少1830年，数学的许多进步是为了回答科学问题——当然，其中一些进步已经

---

① 如果我们在每一个谓词后加上“尤其如此”，那么重新把3.2节后三段的内容放在这里也是再合适不过了。

② **IYI**：这种困难，不是像文科生所经常认为的那样，来自于光翻翻大学数学书就使人望而生畏的沉闷的符号。分析学中的这些特殊符号实际上是表示知识的非常简洁的方法。与似乎更容易看懂的自然语言比较起来，也不见得多了多少符号。问题不在于符号，而在于用符号表示的知识的极端抽象性和普适性。正是这些使得大学数学如此难学。希望我把这点说清楚了——因为事实就是如此。

讲过了。甚至这里比3.2节所讲的更为迫切：从天文学到工程学，从航海到战争等的每一件事情，分析工具都发挥着巨大作用。其结果就是值得尊敬的克莱因所说的“数学和科学的广大领域的实质融合”。

这种融合的好处明显大于它的危险性。再次回想下，数学的一个无比宝贵的性质就是，它是一门演绎学科，可以从定理演绎得到先验真理。科学的真理是建立在经验的基础上的；它们是归纳得到的真理，因而受制于在第1章详细介绍的所有在早晨抽象思考过的不确定性。从逻辑上说，归纳是不需要基本公理的，而数学真理需要建立在坚如磐石的公理和推导规则的基础上。所有这些都已经讨论过了，包括数学基础和严格化之间的联系，还有在3.3节中应急词汇表I里，分析学试图给微积分注入更多严密性时用的那些东西。

关键是，这不足以保证数学理论正确，数学理论也应该是严格定义的，并能用一种符合伟大的古希腊演绎标准的方法证明。可是，这并不是18世纪的主旋律。它真的就像股市里的泡沫，暂时看起来很漂亮。这种“实质性的融合”使得数学发现能够促进科学进步，而科学进步本身又进一步激发了数学的发现。[①] 然而这种“融合”也给数学创造了一种困难的局面，就像一棵枝繁叶茂却没有根的大树[②]。微分、导数、积分、极限，或收敛/发散级数都没有坚实的、严格的定义，甚至包括函数。人们总是无休

148

① **IYI**：也就是说，不仅在已建立的数学学科，而且在整个新的后微积分领域，包括微分方程、无穷级数、微分几何、数论、函数论、投影几何、变分法和连分数等，新的结果层出不穷。

② **IYI**：注意我们回到树的这个比喻。

止地争论，然而同时好像又没有人在乎。[①] 事实是，就算没有任何逻辑一致的基础，微积分的无穷小量（现在还包括∞类型的极限，可以一直逼近某个变量，但永远到达不了）也是如此有效——这是感染着整个分析学的某种精神。数学开始靠归纳的方法运作，没有人公开说出这点。

正是在函数、微分方程和三角级数的领域，许多18世纪最有意义的进步和可怕的混乱都出现了。对我们的故事而言，看看这些概念所应用的某些特定的数学和科学问题，是很重要的。反过来，这就需要另一个相关的（虽然要更难一点[②]）应急词汇表。对这张表，同样欢迎你根据自己的背景和兴趣来付出相应的时间/精力进行了解（但是你至少要略读一下，如果后面遇到什么困难的话，往回翻时能有所准备）。

149

应急词汇表 II

——导数和微分 这两者是需要区分开的，即使它们联系如此紧密以致一个导数有时也叫做一个“微分系数”。根据应急词汇表I可知，一个“导数”就是一个函数相对于自变量的变化

---

① 参阅：这里不仅包括达朗贝尔指出极限概念缺少一个严格证明时所说的名言：“向前进，向前进，信念自然就会来临。”而且包括克莱罗（A. -C. Clairaut，1713—1765，伟大的数学物理学家）18世纪40年代风格的声明：“（过去习惯于认为）为了反驳吹毛求疵的人，几何学必须像逻辑一样依赖于形式推理。但规则已经发生了变化。所有与常识所预知的东西相关的推理，只会使得真相被掩盖，让读者感到疲倦，现在应该放在一边。”

② 必须承认：坦白地说，应急词汇表II有些部分，从总体上看，也许是整本书中最困难的部分，因而这里要表示下歉意。但把这部分内容完整放在一个没有上下文的篇章里比在讲解数学家的实际工作时不断停下来插入一些定义和注释确实要好得多。这两种方式在本书的草稿中都试过，后者确实更让人厌恶。

率。对一个简单的函数比如 $y=f(x)$，[1]它的导数就是$\frac{dy}{dx}$。不过，单独分开的 dy 或 dx 就叫“微分”。而在像 $y=f(x)$ 这样的东西里，x 是自变量，x 的微分（也就是 dx）是 x 值的任意的变化。在这里，dy 定义为 $dy=f'(x)dx$。其中，$f'(x)$ 是 $f(x)$ 的导数。（弄懂了吗？如果 $f'(x)=\frac{dy}{dx}$，那么 dy 显然就是 $f'(x)dx$。）

让这两个 d 量直观的一个简单办法就是记住：从字面上说，一个导数就是两个微分之比——这就是为什么许多莱布尼茨们实际上首先定义的是导数。

150

——偏导数和全微分　这组概念在“多元函数”（即自变量个数多于一个的那些函数）中才有所区别。[2] 一个“偏导数”是多元函数在其中一个自变量变化而其余的自变量视为常数时的变化率——所以，一般说来一个函数有和它的自变量数目一样多的偏导数。我们用一个被戈里斯博士称为“反 6”（把 6 翻转过来）的特别符号用来表示偏导数。比如，一个直立圆柱的体积函数 $V=\pi r^2 h$ 的偏导数就是$\frac{\partial V}{\partial r}=2\pi rh$ 和$\frac{\partial V}{\partial h}=\pi r^2$。此外，一个全微分就是一个多个自变量的函数的微分——通常就等于说它是因变量的微分。∂ 也用来表示全微分。对一个多元函数 $z=f(x, y)$，z 的全微分 dz 就等于$\frac{\partial f}{\partial x}dx+\frac{\partial f}{\partial y}dy$。

这两个术语也许讲得有些过分地高深，但也是实际所需。

——微分方程　有（a）、（b）、（c）三条说明，其中（b）

---

① **IYI**：函数的这个通用符号应归功于前面提到过的欧拉，18 世纪数学家中的顶级人物。

② 也就是学校里所说的多变量微积分，本质上就是 3 维空间中的曲面数学 $f(x, y)$ 和 4 维空间中的立体数学 $f(x, y, z)$ 等。

的内容比较广泛。

微分方程是解决物理学、工程学、遥测技术、自动化和各种自然科学问题时的头号数学工具。你一般是在大学一年级的数学课结束时开始受到微分方程的吸引。但在微积分 II 时你才发现它真的是无所不在和多么的艰深。

(a) 泛泛来说，微分方程涉及的是一个自变量 x，一个因变量 y，以及 y 对 x 的一些导数关系。微分方程可以看成关于某种让人极度昏厥的积分计算，或者（更好[①]）作为“函数的函数”，也就是从常规的函数抽象到更高一个层次——反过来也就是，如果一个常规的函数是一种机器，你放一些数进去，它就能吐出其他一些数。[②] 那么，一个微分方程就是一种机器，放某些函数进去，出来的是其他一些函数。这样，一个特定的微分方程的解始终是某个函数。也就是说把一个函数代入微分方程后，能使方程两边相等，那么这个函数就是它的解。这从本质上讲是一种数学上的同义反复。

这也许还不是很有帮助。用更具体的[③]话来讲，一个简单的微分方程，比如 $\frac{dy}{dx}=3x^2-1$ 的解是一个函数，其导数等于 $3x^2-1$。这就意味着现在需要的是积分，即找到一个函数等于 $\int(3x^2-1)dx$。如果你还保留着一些大一的数学知识，你可能知道 $\int(3x^2-$

① **IYI**：下面就是戈里斯博士解释微分方程的方法。这比大学数学里到处都是公式的方法更清楚也更有意义。

② **IYI**：戈里斯博士趣闻：日文中“函数”这个表意符号的字面含义就是“数字盒子”。

③ 可以这么说。

1) dx 等于 $f(x) = x^3 - x + C$（C 就是有名的积分常数[①]），也就是 $y = x^3 - x + C$，后者恰好是微分方程 $\frac{dy}{dx} = 3x^2 - 1$ 的通解。而微分方程的特解则是 C 取某个特定值所对应的函数，比如像 $y = x^3 - x + 2$，等等。

152

（b）用几何的话来说，因为 C 和通解/特解这些东西，微分方程得到的解往往是"曲线族"。另一方面，方程的扩展解，通常得到的是"函数序列"——需要提出忠告的是，在分析学中从数量的序列/级数发展到函数的序列/级数，这一点对∞的故事是至关重要的。从历史角度来说，这种发展反映了数学从 18 世纪欧拉式的分析学转移到 19 世纪早中期柯西式（Cauchyesque）分析学的特征。在第 3 章已经简单提到过，第一次真正使分析学严格化的努力，应该归功于柯西。他提出了一种复杂而精致的、基于收敛的极限概念，并能够用它来定义连续、无穷小量，甚至∞。[②]

柯西也是第一位对函数级数做了严肃认真工作的人。这里真正的关键问题也牵涉到收敛。

关于（b）的短插曲

微分方程（b）的内容就要变得复杂了。除了请你跳回到合适的应急词汇表 I 中，这里你还要注意到两个相关的事实：

（1）函数序列/级数的收敛与数量序列/级数差异相当大（至

---

① 说来话长——你只需要知道有这么一回事就行了。

② 所有这些见于柯西著名的《分析教程》第一章，比如对 $\frac{1}{\infty}$："当一个变量的数值以一种趋于极限 0 的方式无穷地减少，它就是无穷小。"以及∞："当一个变量的数值以一种趋于极限∞的方式无穷地增大，它就是无穷大。"当然，克莱因特别指出："∞不是指一个固定的量而是某种无穷大的东西。"

少看起来是如此）。比如，一个收敛的函数级数会收敛到一个特定的函数，或者更精确地说，一个收敛的函数级数之和始终收敛到一个函数。[①]

（2）在函数连续的概念和函数级数收敛的概念之间存在许多混乱的关系。幸运的是，只有很少的一些涉及本书的内容。但是，这些关系直入19世纪分析学所存在的问题的核心，并且其中有些非常棘手。一个例子是柯西所犯的一个有名的错误。在这里讲出来只是表明，和函数相关的连续性和收敛是如何搅成一团的。柯西认为，如果一个连续函数的序列 c_0，c_1，c_2，…之和在一个给定区间的任意点收敛到一个函数 C，那么，函数 C 在该区间也是连续的。这一点不正确但又很重要的原因，在后两章有希望变得更清楚。

插曲结束，返回到（b）第2段

既然你不能真正求函数级数的部分和，那么找到一个通用的测试这些级数/序列收敛性的方法就变得很重要。19世纪20年代提出的一个开拓性方法，称为柯西收敛准则（简写为“3C”）：一个无穷序列 a_0，a_1，a_2，…，a_n，…收敛（即存在极限），当且仅当 n 足够大时（$a_{n+r}-a_n$）的绝对值对每一个 r 都小于任意给定的量。[②]

154

关于函数和收敛的最终事实是（这也许应该包含在上面的插

---

① 把微分方程看做是函数的函数的另一个好处就是，既然函数的序列/级数就是微分方程展开所得到的，那么把出现在这样的序列/级数末尾的东西说成是一个函数，也确实有道理。

② **IYI**：你也许知道今天的大学数学所教的判断收敛的一般方法根本不是这样。原因是柯西犯的半个错误：可以严格证明，他最初提出的3C仅仅是收敛的一个必要条件。收敛的真实性检测也必须提供一个充分条件（参见第24页注释③对必要条件和充分条件的简要介绍）。因为它最终需要实数理论，在19世纪70年代前还没有这样的理论。

曲中)：为了表明一个函数 F 可表示（=可展开）为一个无穷级数，你不得不去验证这个级数在所有点都收敛到 F。这显然不可能通过求无穷多项的和来实现。你需要一个抽象的证明。这点在我们讲到康托尔在分析学中的早期工作时也是重要的。

(c) 在学校里微分方程如此之难的原因之一是，它们有许多不同的类型和子类型，用各种高度专业的术语——“阶”“自由度”“可分离的”“齐次”“线性”“滞后”“增长因子”与“衰减因子”等——来分类。对我们来说，最重要的是“常微分方程”和“偏微分方程”之间的区别。一个偏微分方程涉及多个自变量，因而也有多个偏导数（偏微分方程的名称由来），而一个常微分方程没有偏导数。绝大多数的物理现象都复杂到需要多元函数和偏导数，所以，那些真正有用和意义重大的微分方程都是偏微分方程也就毫不奇怪了。另外，与微分方程有关的两个术语是“边界条件”和“初始条件”。它们与确定 y 的许可解或方程解中的常数有关。这两个术语是有密切联系的，因为这些条件和一个函数解所能变化的实数轴范围之间有着重要的关联。后者对5.5节将要讲到的19世纪中期的魏尔斯特拉斯式分析学是至关重要的。

155

——波动方程　这是一个特别有名的、威力巨大的偏微分方程。在纯粹数学和应用数学中都有重要的影响，特别是物理学和工程学中。[①] 对我们的目的来说，有关的方程形式是一维或“非拉普拉斯”(nonLaPlacian) 形式的波动方程，形式如下：

$$\frac{\partial^2 y}{\partial x^2}=\frac{1}{c^2}\frac{\partial^2 y}{\partial t^2}$$

---

① **IYI**：关于后两者，或许你已经在天文学的课上学到了，波动方程是和Bessel函数联系在一起的。Bessel函数是以一种特殊的3维坐标系统表示的波动方程的特解。

——**三角级数**　这也可能在应急词汇表Ⅰ中讲过了，本质上这个级数的每一项都是不同角度的正弦或余弦。[①] 一般的形式通常是：$\frac{a_0}{2}+\sum_{k=1}^{\infty}(a_k\cos kx+b_k\sin kx+\cdots)$。三角级数在我们的书中扮演了一个主要的角色，不仅是因为它们包含了一个作为其子类的傅里叶级数，[②] 而且某些非常重要的函数可以用三角级数和偏微分方程来表示。结果表明，偏微分方程和三角级数之间的联系将引导我们进入函数的核心。实际上，函数的现代数学定义是详尽研究函数和它们的级数表示之间相互关系后的结果——这不同于应急词汇表Ⅰ中特别说明的每一个 x 和它的 $f(x)$ 之间的对应关系是百分之百任意的，没有什么规则甚至不需要解释。[③]

156

——**一致收敛**　［以及一些相关的秘密（a－e）］这些术语涉及应急词汇表Ⅰ中对区间和连续函数的定义，以及在上面微分方程（b）中柯西部分里说到的函数级数的收敛。除理解后面章节中某些重要的康托尔之前的结果外，这个术语还可以为你提供19世纪分析学中让人头昏目眩的一些抽象思想。

（a）核心定义：一个 x 的连续函数级数在某个区间（p，q）内是一致收敛的——如果它对 p 和 q 之间的每一个 x 都是收敛的。

---

① 严格地说，当然应该是三角函数。所以，你就会明白为什么三角级数是上面微分方程（b）中讨论过的函数级数的一个经典例子。

② 实际上，翻回到应急词汇表Ⅰ再对照一下也无妨——傅里叶级数实际上就是周期函数的展开式。这是因为三角函数自己就是周期的，也就是说它们基本上是在一段一段地重复同样的波形——“周期”就是一个完整的振荡所需要的时间。而 $y=\sin x$（也就是正弦波）就是周期函数的一个原型。**IYI**：如果你碰巧记得振荡级数这么一个术语，那么这两者是完全不同、毫不相干的东西，在本书的剩下部分也要涤清这种想法。

③ 说来话长，在接下来的两章里或多或少要阐明。

另有一些描述级数“余项”① 任意小的公式化语言，不过我们可以跳过不谈。重要的是，一个一致收敛的级数之和本身也是区间（p，q）上的连续函数。 157

（b）正如不是所有的级数都收敛一样，不是所有的收敛级数都是一致收敛的。所有的收敛级数也不都是单调的。单调的本质意思就是始终在同一个方向变化。单调递减级数的一个例子：二分级数$\frac{1}{2}+\frac{1}{4}+\frac{1}{8}+\frac{1}{16}+\cdots$②。

（c）一个函数在分段连续的给定区间（p，q）与一个级数在给定区间（p，q）收敛是相关的，把（p，q）划分成有限个子区间，只要$f(x)$在每一子区间都连续，并且在下端点（p）和上端点（q）都有一个有限的极限时，那么它就是分段连续的。[注意这里“分段”也可以改为/指定为单调性，③ 即有些（但不是所有的）单调级数是*分段单调的*——5.4 节有一部分内容需要这一知识点。]

（d）出于一些很复杂的原因，如果一个函数是分段连续的，那么它在相应的区间（p，q）就只有有限个*间断*（discontinuities）。间断的意思非常明确：一个间断就是一个点，④ 函数在这个点不连续。比如：类似傅里叶的 $y=\frac{\sin(x-\alpha)}{1-\cos(x-\alpha)}$ 很明显在所有使 158 $\cos(x-\alpha)$等于 1 的 x 处都是不连续的。间断有许多不同的类型，

① 不要问为什么。

② **IYI**：此外，一个单调函数的一阶导数不会改变 +/- 号，无论它的导函数是否连续。[可以非常肯定的是，我们不用和单调函数打交道，虽然魏尔斯特拉斯的分析学除了收点（the sink）几乎无所不包。]

③ **IYI**：主格的形式应该用“monotony”？确实没错。任何来源的数学名词都说不出所以然来……

④ 这里是说$f(x)$的定义域上的一个点。

这一个事实我们多半不会注意到。从图形上看，一个间断就是一个点，一条曲线在该点不光滑，即在该点有个跳跃，或直线下降，甚至有个洞。请注意它在语义上的一些细节：因为“间断”这个词在更高的抽象层次上也可以指某些不连续东西的一般情况，所以，“异常点”（exceptional point）有时也用来指一个特定的间断点。要记住的就是，分析学往往交互使用“间断”和“异常点”。

（e）最后：和“一致收敛”一样容易让人从字面意思上弄错的还有“绝对收敛”。后者的数学含义与字面上完全不同。一个收敛的无穷级数 S 可以有负数项（比如，3.1 节里的格兰迪级数）。如果把 S 的所有负数项都变为正的（也就是，能够对它们取绝对值），而 S 还是收敛，那么它就是绝对收敛；否则它就是条件收敛。

应急词汇表 II 结束

5.2 弦的振动

到目前为止，第 5 章的大部分内容的要点是：贯穿于 18 世纪的一些重要但又一直在变化的是关于函数、连续函数、收敛函数等概念。当分析用来解决不同的实际问题时，它们各自所有不同的定义和性质，一直在不断地变化和提炼。前面已经说过，正如 17 世纪一样，很多这些问题都属于科学和物理学范畴。以下是几个在 18 世纪比较重要的问题：悬挂在两点之间的柔性链的运动（也叫做“悬链线问题”）、沿着下降曲线的一个点的运动［即“最速降线”（the brachistocrone）］、张力下的弹性梁、在有阻力的

159

介质中单摆的运动、风压力作用下的风帆的形状［即“拟缘膜”(velaria)］、行星相对另一颗行星的轨道、光学中的焦散曲线、球体上一个固定罗盘的运动［即“恒向线”(rhumb lines)］。对我们来说，这些问题中最重要的是大名鼎鼎的“振动弦问题”，这一问题在某些方面还需要回到2.1节中毕达哥拉斯发现的全音阶。振动弦问题一般是指：一条给定长度、初始位置和横向张力的弦，如何计算它被释放并开始振动后的运动。这些运动就是一些曲线，也就是说一些函数。

弦振动问题经常是大二数学的主流，其原因是它标志着偏微分方程第一次真正应用到一个物理问题。这里有一段历史：在18世纪40年代，达朗贝尔提出一维波动方程本质上就是弦振动问题的正确表示，并以此得出[①]通解 $y=f(x+ct)+g(x-ct)$，其中 x 是长度为 π 的弦上的一个点，y 是 x 在时刻 t 横向上的位移，c 是一个常数，[②] f 和 g 是由初始条件决定的函数。这里有争议的是 f 和 g 的允许范围。结果证明达朗贝尔的解只有在弦的“初始曲线”（也就是它最初的拉伸形状）是一个周期函数的条件下才存在。这就对初始的拉伸施加了一个很大的限制。而对数学和自然科学来说最想得到的当然就是任意条件下的解。所以，“拨弦”的一些重要的数学家，比如欧拉、伯努利、拉格朗日、拉普拉斯，开始和达朗贝尔[③]展开激烈的争论，能否以及如何使得弦的初始拉伸为任意的一种曲线/函数，而波动方程仍然可以应用。

160

① 下面的细节属于 **IYI** 的内容。

② **IYI**：这个 c 和波动方程中的相同——定义为“波的传播速度”或某种类似于此的东西。

③ **IYI**：因为某种原因，这一时期重要的数学家几乎都是法国或瑞士人，而下一个世纪的主宰则是德国人，对此也没有文献给出很好的解释。也许数学类似于地缘政治或职业运动，总是有不同的王朝盛衰更替。

最终得到的一致意见概括起来就是：不管弦的初始形状如何，它的振动曲线都将是周期函数，特别是正弦波形。出于一些复杂的原因，我们可以从这一点推导出，不管弦一开始拉伸成什么样子——也就是说任意的连续函数——这条曲线都可以表示为一个三角级数。

概括地说：许多关于函数的本质及关系、微分方程和三角级数的重要发现，都是来自于对弦振动问题意见不一致的这出表演。对我们的故事非常关键的一个构想是，任何连续函数[①]都可以表示为一个三角级数。最初是欧拉，然后是达朗贝尔、拉格朗日和前面提到的堂吉珂德式的克莱罗都开始提出把“任意函数”表示为三角级数的方法。真正的问题在于，这些方法都是从某个特殊的物理问题得到并应用于这个问题的，而这样一个物理问题的解，就成了这种方法正确的理由。没有人能证明函数可以表示为三角级数这件事情是一个抽象定理。这就是整个18世纪末期所发生的事。

161

到了19世纪早期，柯西和挪威的阿贝尔（N. K. Abel）[②] 开始从事意义深远的有关级数收敛的工作。这项工作最终在1822年有所进展。就在这一年，正致力于解决金属热传导问题的法国男

① 这和曲线是一回事（戈里斯博士常常重复和强调这一点。因为他说如果我们不理解这一点，我们就绝不可能理解弦振动问题和波动方程是如何与三角级数联系在一起的）。

② **IYI**：阿贝尔（1802—1829）和伽罗瓦（E. Galois）一样是19世纪悲剧式的伟大天才——很长、很悲伤的故事。阿贝尔死后所留下的知识深深影响了魏尔斯特拉斯。

爵傅立叶[1]在他的《热的解析理论》（*Analytic Theory of Heat*）中宣布，连续函数和非连续函数,[2] 甚至"随意画的"函数实际上都可以表示成三角级数。傅里叶在该书中的证明太专业化了，这里不多作涉及。但基本上，他所做的就是寻找一个级数的和与一个函数积分之间的关系：他意识到如果要使任意的函数能够表示成级数，就需要忽略 F. T. C.，而且要用几何的方式[3]而不是以微分逆运算的方式来定义积分。

因为许多课程在教授傅里叶级数时没有解释其数学理论的来源，所以，至少值得在这里提一提：傅里叶是从一个二阶偏微分方程$\frac{\partial^2 y}{\partial x^2}=\frac{\partial y}{\partial t}$（这里，$y$ 是某点 x 在 t 时刻的温度）着手研究一个一维物体中热的扩散的。[4] 然后，他使用了一种称为"分离变量法"的求解微分方程的标准技巧，加上初始条件 $y=f(x)$，导出了现在被称为傅里叶级数的三角级数，它的形式就如例 5b：

162

$$f(x)=\frac{1}{2}a_0+\sum_{n=1}^{\infty}(a_n\cos nx+b_n\sin nx),\ 0\leqslant x\leqslant 2\pi$$

傅里叶因此能够计算这个级数在 0 和 2π 之间每一个值的系

---

① **IYI**：对第 143 页注释③中未解之谜的更多补充：这一时代的许多杰出的法国数学家都是贵族——拉普拉斯是侯爵，拉格朗日是伯爵，柯西是男爵，等等——当然，其中有些人的头衔是拿破仑所授予的，比如傅里叶的男爵称号，他的父亲是一位裁缝。

② 傅里叶对间断函数 $f(x)$ 感兴趣的一个简短的背景故事：显然，当一个物体受热时，其温度的分布是不均匀的，也就是说不同的点在不同时间具有不同的温度。傅里叶真正感兴趣的正是热的分布。

③ 即一个面积或者多个面积之和。

④ 这个偏微分方程通常称为扩散方程（diffusion equation），你也许注意到它类似于波动方程。从数学上说，傅里叶级数能够描述这种相似性。

数①，此外，这个傅里叶级数恰好非常接近于伯努利在 18 世纪 50 年代提出的弦振动问题的一个解。比如，$b_n = \frac{1}{\pi}\int_0^{2\pi} f(u)\sin nu\,du$ ——即，如果你逐项积分，系数 b_n 就等于$\frac{1}{\pi}$乘以曲线$f(u)\sin nu$ 在 0 和 2π 区间上的面积。可以用类似的公式计算 a_0 和 a_n。

不知道看傻没有，关键之处在于通过这些傅里叶系数的计算公式，每一个可想到的单值函数——代数的、超越的、连续的、甚至不连续的②——在区间［0，2π］上都可以表示成一个傅里叶式的三角级数。这就是这个技术所有惊人的力量和优势（傅里叶创建了这个技术主要是想给出他确实给出了——扩散方程的一个通解）。举个例子：用几何的方式来理解积分，并想象用一个函数的值而不是它的解析表达式③来表示这个函数。这使得傅里叶可以只在有限区间上考虑函数的级数表示。这让 19 世纪的分析学在灵活性上有了很大的进步。

163

虽然，傅里叶级数再次反映了微积分的早期实践中有效性对演绎推理严格性的要求。特别是，经过泊松（S. D. Poisson）在 19 世纪 20 年代的进一步改进，傅里叶级数成为求解偏微分方程的首选方法——像前面提到的那样，这也就是数学物理、动力学

---

① 因为我们在应急词汇表 I 中保证过要避开傅里叶级数，所以下面几行内容归为 **IYI**。

② 这里，不连续函数最好看成是无法表示为单一的“$y=f(x)$”形式的方程的函数——见下面一段的主要内容。

③ 解析表达式的基本意思就是可以写成“$y=f(x)$”这种形式的东西。表述这句话的另一种方式就是，傅里叶解释的是一个函数的内涵，即数值之间特定对应关系的一个集合，而不是它的外延，即生成这个对应关系的规则的名称。我们将在下一章看到，这是思考函数的一种非常现代的方式。

和天文学等学科的金钥匙——并且它们几乎在整个数学和自然科学中引起了根本的变化。但是，它们也没有严格的数学基础，并没有一个严格的、关于傅里叶级数的数学理论。用一位数学史学家的话来说，傅里叶的级数“导致的问题比他有兴趣回答或能够解决的问题还多”。这是谨慎的，也是真实的：傅里叶的《热的解析理论》中提出一个“完全任意”的函数可以表示成例 5b 那样的级数，却没有给出证明，也没有清楚说明一个函数可以如此表示所需要满足的特定条件。更重要的是，傅里叶声称和他同名的这个级数在一个区间内总是收敛的，无论这个函数是什么或者它是否能表示为一个单值函数“$y=f(x)$”；虽然这对函数的理论有着重要的内在意义，这个 100% 收敛的论断却没有证明，甚至没有得到验证。

164

IYI：对傅里叶积分来说也有类似的问题。关于傅里叶积分，我们需要知道它们是偏微分方程的一种特别的“封闭形式”的解。傅里叶同样声称这对任意的函数都成立，并且看起来的确好像也成立，特别是对物理问题。但在 19 世纪 20 年代，任何人，包括傅里叶在内，都没能证明傅里叶积分对所有 $f(x)$ 形式的函数都成立。部分原因是人们对如何定义数学中的积分还有很深的困惑……但不管怎么说，我们提及傅里叶积分问题，是因为柯西对它的研究引导他走向为人津津乐道、使他获得盛名的分析严格化研究。其中的某些严格化研究涉及把积分定义为“一个和的极限”，但大多数严格化涉及在应急词汇表 II 微分方程（b）部分及其小插曲中提到的收敛问题，特别是那些属于傅里叶级数的问题。[1]

还有另一个方法来讲述遇到的一般困难。傅里叶（非常像莱布尼茨和波尔查诺）用一种本质上是几何的方式来理解问题，偏爱几何式的论证而不是正式的证明。在许多方面，这些问题源自经典微积分和18世纪重结果轻证明的精神传统。但这样的方法

165

现在日益站不住脚了。傅里叶所在的19世纪20年代也是发现第一个非欧几何（人们发现几何原本中的平行公理[2]不是必要的）的十年。几何可以作为任何事物的一种固定、单一基础的思想已经被正式抛弃。这里有一个相关的问题：从牛顿到欧拉再到高斯，这些数学家在使用级数时，没有考虑到收敛和发散的问题，[3]从而陷入了让人头痛的悖论中。而傅里叶和柯西对整个区间收敛性的强调，现在有助于揭露以前分析学在使用级数时是多么地随意。总体的结果就是开始对分析学中如同股票市场泡沫的东西进行修正；或者，如克莱因所说："数学家开始关心分析学各种分支中概念和证明不严谨的地方。"正是在19世纪20年代，一些批判开始出现，比如"这是一个严重的错误，认为一个人可以只在几何式的证明或感觉上的证据中发现确定性"（柯西）；"在高级的分析中几乎没有几个定理是用逻辑的可靠的方法来证明的，每一个地方都可以发现从特殊归纳到一般的[4]这种差劲的方法"（阿贝尔）。这些呐喊成为19世纪缩影，就像达朗贝尔的"向前

---

① 对这一句只有表示万分的歉意。

② **IYI**：参见1.4节。

③ **IYI**：回想一下3.1节中有关欧拉$\frac{1}{1-x}$的谣传，或者麻烦的格兰迪级数。

④ 重要提示：阿贝尔所用的这个词组实际上是拐弯抹角地在说"归纳法"。

进，向前进”成为18世纪放任政策一样出名。

本节要点：傅里叶级数的任意函数和收敛问题伴随着欧几里得落幕，它使得这个时代的数学家意识到，像“导数”“积分”“极限”“函数”“连续”和“收敛”这样的基本概念必须要严格定义。而这里，“严格的”意味着把分析置于形式的证明和算术化的推理的基础之上，以取代几何的、直觉的或从特殊的问题归纳的方式。 166

不过，话说回来，“算术化”就意味着实数系统。而这个时候的实数系统还是一团没有基础的乱麻，比如令人讨厌的负数问题——欧拉确信负数实际上是大于∞的，即，它们应该位于实数轴右边很远的地方。甚至在19世纪40年代，德摩根（A. De Morgan）还坚持认为负数和$\sqrt{-1}$一样是“虚构的”；更甭提围绕复数所掀起的轩然大波了。但最糟糕的问题是，因为还没有定义无理数，“实数”平方根的概念本身就不清不楚。如果不能逻辑一致地定义诸如$\sqrt{2}$或$\sqrt{3}$这样的数，就无法证明像$\sqrt{2}\times\sqrt{3}=\sqrt{2\times 3}$这样的任何基本算术法则。[①] 这些都不利于分析向严格化发展。这一时期得到了一定数量的关于超越和代数无理数[②]的有价值的副产品。但是在很大程度上，每一个人力图将其作为分析基础的实数系统，从逻辑上说，还是空中楼阁。 167

① **IYI**：你无法通过计算来验证这个等式，因为“$\sqrt{2}$”和“$\sqrt{3}$”都只能表示成无穷的十进制小数。用分析学的话来说就是，你无法证明这两个无穷的十进制小数的乘积收敛于$\sqrt{6}$。

② **IYI**：这个工作是刘维尔（J. Liouville，法国人）和埃尔米特（又一个法国人）做出的。关于超越和代数无理数可以回顾3.1节的第91页注释①。后面在7.3节将会有刘维尔重要证明的更多内容。

5.3 数学神童

花絮：把这部分内容提前放在这里是因为再往后放的话，就会浇灭人们对康托尔之前的数学成就疯狂崇拜的热情。

大约在1940年，御用国家社会主义数学史学家“发现”康托尔是一个弃婴，出生时是在一艘正驶往圣彼得堡港的德国船上，父母不详。这完全是在编造故事。德意志帝国显然害怕康托尔可能是犹太人；当时他被认为是有史以来德国最伟大的知识分子。弃婴的故事还时不时在传播——它迎合了我们自己的以及纳粹的某些刻板印象。还有一个流传甚广的故事说康托尔在一家精神病院里推导出了他最著名的关于∞的证明。这也是胡说八道。康托尔第一次住院治疗是在1884年，这时他已经39岁了。他绝大部分重要的工作在那时都已经完成了。第一次治疗后一直到1899年，他才再次住院治疗。在生命里的最后20年，他一直都在进进出出这些地方，直到1918年1月6日，他卒于哈雷精神病疗养院。

168 康托尔在亨德尔思特塞（Handelstrasse）的老家在二战期间至少被短时占领过。没有证据表明纳粹分子知道那栋房子是他的家。尽管如此，康托尔的主要亲笔文稿显然都丢失或烧毁了。保

169 留下来的大部分在哥廷根的科学院，并且只能隔着玻璃细读。还有一些康托尔的书信集，这些信件是当时有文化的人在正式誊写信件之前写的草稿，再加上一些与他通信的人保留的信。这些就是主要的资料来源。

这里有一段引自美国研究康托尔的资深专家道本（J. W.

Dauben）的话："保留下来的信息如此少以致没法具体评价康托尔的性格。这使得历史学家要么对这个话题无话可说，要么尽其所能地猜测。"许多书中公布的臆测都涉及康托尔的父亲，格奥尔格·W. 康托尔。现在关于他的最大的问题是，是否"老格奥尔格·康托尔对他儿子的精神健康有着完全负面的毁灭性影响"[①]，或是否"在现实中，老格奥尔格是敏感有天赋的人，是一位深爱他的孩子，希望他们过着幸福、成功和有价值生活的父亲"。无论他是哪一种人，可以确信的是有两位商人对康托尔的生活产生了深远的影响，一位是他的父亲，另一位是克罗内克（Leopold Kronecker）教授。后者的身影在第6章开始赫然耸现。 170

老格奥尔格夫妇有六个孩子，康托尔是老大。他们整个家族都具有艺术天赋，且造诣很高：几位亲戚是有名的小提琴家和有名气的画家；一位叔曾祖父是维也纳音乐学校的校长，教过演奏家约阿希姆（J. Joachim）；一位叔祖父是托尔斯泰在喀山大学时的法律教授。康托尔出生于1845年3月3日，双鱼座，是位小提琴神童什么的。没有人知道为什么他放弃小提琴，但在大学的一场古典四重奏表演后，就再也没有提到小提琴。他也是一位天生的艺术家，有一幅年幼时非常出色的素描保存下来了；它出名的原因是因为他父亲的一份言不由衷又令人悚然的"声明书"。因为康托尔终身把它带在身边（同样令人悚然），这一声明书保留下来了：

171

鉴于格奥尔格·费迪南德·路德维希·菲利普·康托尔并没有在临摹和研究前人的绘画作品上花费几年的工夫；鉴

① 另一段来自贝尔（E. T. Bell）的话值得推荐："假如康托尔受的是一种独立的教育，那么他绝不会胆怯地屈从于令他一生如此悲惨的权威人物。"

> 于这是他的第一件作品，并且在这件高难度的艺术作品中展示了一种只有在付出超常的刻苦之后才能达到的完美技巧；更有甚者，鉴于目前为止他一直不太看得起这件美丽的艺术作品；全家族——我指的是家庭——因为这第一件精心的作品一致地把希望寄托在他身上。这件作品已经表明他的前途不可限量。

所有的现存资料都认为老格奥尔格以一种有点生硬笨拙的方式监督他孩子的宗教发展。请注意，以今天的眼光来看，我们很容易认为这是一种压抑的或神经质的行为。而实际上，这在当时当地的社会环境下是很正常的。这很难说清楚。事实上，格奥尔格·W. 康托尔先生“对（小格奥尔格）的教育特别关心，小心地引导他的个性和智力的发展”。

当小格奥尔格 11 岁时，康托尔一家从圣彼得堡迁往德国西部。据历史学家说，原因是老格奥尔格“糟糕的健康问题”，这在 19 世纪 50 年代意味着肺结核。这就有点像今天从芝加哥搬到斯科茨代尔（Scottsdale，美国亚利桑那州中南部的一个城市）一样。他们大部分时间住在莱茵河畔的法兰克福。康托尔在达姆施塔特（Darmstadt）和威斯巴登（Wiesbaden）的预备学校就读。和绝大多数伟大数学家的故事一样，康托尔的分析学天赋在他十多岁的时候就被发现了；他的数学老师欣喜若狂的信件仍然摆在科学院的玻璃橱里。故事的标准版本是老格奥尔格想让小格奥尔格的天赋用到实际的技艺中，就迫使他学工程。而小格奥尔格铁了心要从事纯粹数学，不得不用威吓和乞求等方式。当老格奥尔格最后让步时，反而给他脆弱的儿子施加了更大的压力，逼迫小格奥尔格不断努力和精进。这个说法的真实程度，以及父子之间的心灵纽带有多独特，同样也说不清楚。①

康托尔在苏黎世完成他的毕业论文，然后在柏林大学获得硕士和博士学位。柏林大学当时就是欧洲的麻省理工学院。他在柏林的老师有库默尔（E. E. Kummer）、克罗内克和魏尔斯特拉斯。克罗内克正是康托尔博士论文的指导老师，也是他在系里真正的导师和支持者。但与之相反的结果将出现在第6章。

5.4 证明至上

现在我们回到19世纪20年代时的傅里叶和三角级数，以及随即而来的所有挑战和机遇。如果对5.2节傅里叶级数和应急词汇表II的讨论（介绍微分方程时所插入的关于连续和收敛之间联系的那些东西）听懂了一点的话，那么，看过《热的解析理论》后你肯定能知道，傅里叶提供了收敛的第一个现代的定义，并引入了一个区间上收敛性的非常重要的概念。但（再说一次）傅里叶没能给出

173

① **IYI**：父子之间的另一次信件往来是经常被引用的。这两封信不同寻常，非常重要。原文如下：

老格奥尔格→小格奥尔格：

……我用这些话作为信的结尾：你的父亲，或者更确切地说是你的父母和家族在德国、俄国和丹麦的所有其他成员都把希望寄托在你这个长子的身上，期望你成为不亚于舍费尔（Theodor Schaeffer，小格奥尔格的老师）那样的人物。如果发展顺利的话，以后也许就是科学界的一位耀眼的明星。

小格奥尔格→老格奥尔格：

……现在我很高兴，因为我看到我遵循自己的意愿所做出的决定不再让你感到伤心。亲爱的父亲，我期待有一天你为我而感到骄傲，因为我的灵魂，我的整个生命都投入了我的事业；无论一个人想做和能够做什么，也无论所做的事是否有明确的未来，神秘的声音（?!）在召唤着他，在支撑着他直到成功！

一个严格的证明，甚至没有清楚说出使这样一个证明变得可能的收敛准则。事情现在就变成我们正在谈论的有关收敛性的问题。

波尔查诺①和更有名的柯西首先做出了关于收敛的条件或判别的第一项重要的工作。像前文几处地方所提到的那样，柯西的许多结果都是价值连城的。虽然他的大量工作是关于函数的级数，但他也犯了奇怪的错误，导致了进一步的问题。比如柯西选择用变量而不是函数来定义“极限”。一个更好的例子是，他试图通过函数的序列或级数在收敛和连续之间建立完全的等价性。柯西声称，如果一个连续函数的序列在一个区间 I 收敛到一个函数 C，那么 C 在 I 上也是连续的。② 但这个结论被证明是错误的，除非这个收敛的函数序列并非一致收敛。阿贝尔通过这个例子证明了柯西的错误，③ 并改进了这个定理，建立了现在被称为阿贝尔一致收敛判别法④。与这个例子类似的是，19 世纪不同领域的

174

① **IYI**：我可以有把握地说，3.3 节中波尔查诺对连续性的定义和结果，只需非常小的改动就可以扩展应用到级数收敛的概念。

② **IYI**：参见应急词汇表 II，微分方程（b）中快速简短的插曲。

③ **IYI**：这是在 1826 年。阿贝尔给出的特殊反例是级数 $\sin x-\frac{\sin 2x}{2}+\frac{\sin 3x}{3}-\cdots$这正好是函数 $y=\frac{x}{2}$在区间 $-\pi<x<\pi$ 的傅里叶级数展开式，并且可以验证是收敛的。但是，当 n 是整数时，在 $x=\pi(2n+1)$ 这点级数的和是不连续的。

④ **IYI**：今天仍然在使用阿贝尔一致收敛判别法，你也许在学校里学过它。如果你没有的话，这里可以讲一下这个方法大致是怎么一回事：假设 $c_n(x)$ 是区间 $[a, b]$ 上的一个函数序列。如果，(1) 这个序列可以写成 $c_n(x)=a_nf_n(x)$；(2) 级数 $\sum a_n$ 是一致收敛的；(3) $f_n(x)$ 是一个单调递减的序列，即对所有的 n，都有 $f_{n+1}(x)\leqslant f_n(x)$；(4) $f_n(x)$ 在区间 $[a, b]$ 有界。那么，(5) 对 $[a, b]$ 上的所有点，级数 $\sum c_n$ 都是一致收敛的。[如果条件 (2) 要求级数 $\sum a_n$ 是一致收敛的看起来有点奇怪或循环定义的话，请记住这是纯粹数学中的一种常见的技巧，也就是用某种简单或容易证明的性质——$\sum a_n$ 无疑是 $c_n(x)$ 在 (1) 的分解式中更简单的部分——来证明一个更为复杂的东西也具有相同的性质。实际上，这种技巧正是数学归纳法的核心。归纳法是非常有名的一种证明技巧，将在第 7 章中登场。]

数学家，在努力清扫其他数学家的错误和/或用更好的方法解决问题时，提出了各种判别三角和多项式级数不同类型收敛性的准则和条件。

这个时代最重要的数学清道夫之一是傅里叶的一位朋友狄利克雷（1805—1859）。他在1829年的《关于三角级数的收敛性》（*Sur la convergence des séries trigonométriques*）中，做了很多工作来详细阐述和严格化后来被称为傅里叶级数的广义收敛问题。在这篇论文里有几个重要的进展，例如狄利克雷第一个发现并区分了绝对收敛和条件收敛；他还证明了柯西的单调递减级数等同于收敛级数的观点是错误的。然而，最重要的是，他在《关于三角级数的收敛性》中建立并证明了一个傅里叶级数收敛到它的原函数 $f(x)$ 的第一个充分条件集。[1]

最后的这个结果和本书是相关的，需要说一些细节。狄利克雷用区间 $[-\pi, \pi]$ 上的周期函数 $f(x)$ 主要证明了：如果（1）它的傅里叶级数是分段连续的，因之在这个区间只有有限个间断点[2]，并且如果（2）这个级数是分段单调的，那么（3）这个级数总是收敛到 $f(x)$，即使这个函数在该区间不一定能用“$y = f(x)$”这种形式来表示。

175

狄利克雷也证明了还有一个附加的必要条件。函数 $f(x)$ 必须是可积的——即，$\int_{-\pi}^{\pi} f(x)\,dx$ 必须是有限的——主要是因为相关级数的傅里叶系数是用积分来计算的，而这些需要“定义很明确”（说来话长）。为了举出一个不可积、因而也不能用定义明确的傅里叶级数来表示的函数的例子，狄利克雷构造了一个病态函

① **IYI**：请回顾第138页的注释②。

② **IYI**：也称为异常点。

数 $f(x)$。它在 x 为有理数时的值为常数 c，在 x 为无理数时的值为常数 $d(d \neq c)$。这个函数确实是不可积的。很大程度上，正是这个病态函数导致狄利克雷 8 年后给出了现代数学仍然在使用的“函数”的定义[①]：“当一个给定区间的每一个 x 的值都对应一个唯一的 y 值时，y 是 x 的函数。”最关键的是，对应可以是完全任意的；y 对 x 的依赖是否遵循任何特定的规则是完全没有关系的，甚至它能否在数学上表示也是没有关系的。[②] 虽然这听起来很奇怪，但在数学上这是 100% 的严格，因为任意性可以产生最大的一般性，也就是所谓的抽象性（狄利克雷的定义碰巧也非常接近于波尔查诺－康托尔两个实数集之间 1－1C 的思想，当然那时数学上都还没有定义“集合”和“实数”）。

176

狄利克雷在他 1837 年的文章里还表明可以放松（2）对单调性的要求，在他 1829 年的证明中，甚至允许（1）中有更多数目的间断。只要间断的数目保持有限，这样仍然能保证一个傅里叶级数收敛到它的可积函数 $f(x)$ ……然而，这和证明任意 $f(x)$ 的傅里叶级数的收敛性不一样——特别是当你试图对理论分析和数论中，可怕的和经常不听话的间断函数做傅里叶展开时。[③] 对这些复杂的函数来说，狄利克雷永远无法回答的问题是，条件（1）

① **IYI**：在 1837 年的一篇标题为“Über die Darstellung ganz willkürlicher Functionen durch Sinus-und Cosinusreihen”的发音有趣的文章里。翻译过来大致就是“用正弦和余弦级数来表示完全任意的函数”（令人印象深刻的是，这个时代的数学家好像会用法语和德语两种语言写文章。这取决于他们把文章投到什么杂志）。

② 也就是说，现在在分析学里，一个函数实际上既不是某个东西，也不是一个过程，而只是一个定义域和一个值域之间对应的一个集合。

③ 我们应该注意到，傅里叶、柯西和狄利克雷所遇到的都是数学物理中的函数。相对来说，这些函数比较简单，具有很好的性质。

的准则放宽到允许区间内有无穷[1]多个间断后是否仍然构成收敛的一个充分条件。

现在是黎曼（G. F. B. Riemann，1826—1866，纯粹数学的巨人，从函数到数论再到几何，[2] 他给这一切都带来了革命性的变化，是这个世纪仅有的能和康托尔比肩的数学家）出场的时候了，虽然他只是一位短暂的起过渡作用的角色。黎曼比康托尔大

177

178

---

① **IYI**：这里第一次真正预示着分析必然会导致超穷数学。

② 你可能会犹豫是否阅读这部分内容。但事实上，黎曼的非欧几何——有时称为“一般微分几何”，可追溯到1854年（黎曼的光辉年代）——也构成了为什么在19世纪迫切需要实数和∞的严格理论的另一个解释。它有点离题，也非常抽象，你完全可以置之不理，但在这里很重要。

言归正传，黎曼几何涉及几个方面：（a）高斯的复平面（即由一个实数坐标和一个虚数坐标构成的笛卡尔坐标系）；（b）一个黎曼球面，基本上可以看成是一个二维的欧几里得平面弯曲成的球体，然后放置在高斯复平面上。这个注释在技术上不属于**IYI**，但你可以随时跳过。黎曼球面上的每一点在复平面上都有一个“阴影”。这一点把黎曼几何和前面提到的德萨格的投影几何联系起来了。而这些“阴影”之间的三角关系最终就成了∞的渊薮。比如，复平面上的一根线是黎曼球面上称为大圆（Great Circle，也就是一个圆周穿过黎曼球面北极点的圆，而这个北极点可以按照字面意思定义为“无穷远点”）的东西的阴影。实际上，整个黎曼球面可定义为“带有无穷远点的复平面”，也称为扩充复平面。0是黎曼球面的南极，根据微分几何的定义，∞和0是互逆的（因为在复平面上取一个数的逆就相当于把黎曼球面倒过来——说来话长）。所以，在黎曼几何里，“$0=\frac{1}{\infty}$”和“$\infty=\frac{1}{0}$”不仅是合法的，而且还是定理。

这个特别的讨论就说到这里，希望它能起到某种一般性理解的作用。一个要点：扩充复平面用符号$\mathbb{C}_{\infty}$表示，与康托尔用著名的符号“$\boldsymbol{c}$”来表示所有实数的集合（也称为连续统，我们可以将其理解为第二层次的∞）并不是偶然的。在黎曼几何和康托尔的集合论之间有各种各样的令人着迷的联系。不幸的是，大部分都超出了我们设定的讨论范围。

20 岁，是狄利克雷在柏林大学的一个学生，也是戴德金的一位朋友。[①] 在 1854 年的一篇开创性论文中，[②] 黎曼用一个全新的方法攻下傅里叶级数的广义收敛问题。他专注于“一个可以表示为傅里叶级数的函数必须是可积的”这个限制条件，推导出了任何函数积分存在所必须满足的一般条件。这些条件对积分的分析理论和级数的收敛都是重要的。其实，“任何函数必须满足的一般条件”就是必要条件，而狄利克雷在 1829 年的证明中所说的是充分条件。黎曼正是通过反向使用他老师的方法并集中于收敛的必要条件，才解决了狄利克雷的大问题：他构造了一个在每个区间都有无穷多个间断但仍然可积的函数，而且在每个点上都是

179

100% 收敛的。[③] 这个结果的一个推论就是所谓的黎曼局部化定理，该定理指出，一个三角级数在某点的收敛性完全依赖于函数 $f(x)$ 在这点的任意小邻域[④]上的性态。而这个“任意小邻域”最

---

① **IYI**：这一时期，积极参与了超穷数学创建的所有主要成员都还健在，绝大多数在数学领域都很活跃。1854 年，黎曼 28 岁，戴德金 23 岁，魏尔斯特拉斯 39 岁，克罗内克 31 岁。尚未提及的海涅（E. H. Heine）33 岁。康托尔才 9 岁，正在他父亲威严的眼光下拉小提琴。

② **IYI**：这篇文章长长的标题以“Über die Darstellbarkeit…”（“关于……的表示”）开头。它实际上是一篇未经整理的博士论文，而不是一部正规的专著（说来话长）。黎曼死后，文章的手稿一直在数学家中流传，直到戴德金设法把它出版。

③ **IYI**：壮胆也好，稍微补充一点背景知识也好，又或者只是想陶醉在分析学的符号运算中，以下内容你会感兴趣：黎曼用一个标准的三角级数并对每一项积分两次就得到了这个函数，并得出：$f(x) = C + C'x + \frac{a_0}{2}x^2 - \sum_{r=1}^{\infty}\frac{a_r\cos rx + b_r\sin rx}{r^2}$。这里，他能够证明只要 $\lim_{\alpha\to 0,\beta\to 0}\frac{f(x+\alpha+\beta)-f(x+\alpha-\beta)-f(x-\alpha+\beta)+f(x-\alpha-\beta)}{4\alpha\beta}$ 满足某些条件，那么这个三角级数收敛（再一次，我们没有概念性的工具来讨论这些条件。但它们并非不可信或奇怪的，只是技术上的原因）。

④ **IYI**：定义见应急词汇表 I。

终使得傅里叶和狄利克雷关于级数可以表示完全任意函数的声明成立：通过局部化定理，即使高度不连续或病态的函数也可表示为三角级数，并且只要它是可积的，就可以表示为傅里叶级数。

然而，就像是标准程序一样，黎曼的工作回答了历史遗留问题的同时，也引发了新的问题，也正是这些问题使得他1854年的论文如此重要。举个例子：局部化定理有一个隐含问题，即两个不同的可积函数可以用相同的三角级数来表示，即使它们在非常多但有限的点上不相等——两个在无穷多个点上不相等的函数有没有办法得到相同的结果呢？另外的几个重要问题：是三角级数的什么性质，使得它们甚至在每一个区间存在∞个异常点时也收敛？$f(x)$ 的连续性、区间和邻域的概念又是如何与三角级数的理论发生联系的呢？每一个三角级数都是一个傅里叶级数吗（即每一个三角级数都收敛到一个可积函数吗）？并且如果不同的函数可以用同一个三角级数来表示，那么反过来是不是对的呢？每一个唯一的 $f(x)$ 都只有唯一的一个三角级数的表示吗？① 180

在黎曼的论文之后，纯粹数学的研究者的下一个重量级工作是寻找解决这些问题所需要的技术。同时还有一个特别挑战——如何将这些技术建立在严谨的基础上，而不是依赖于已经给分析学打上如此多烙印的归纳法或基于信念的直觉。请注意，对基础/严格性的重视，部分是因为黎曼完全抽象的函数最终把傅里叶级数从物理学的应用数学王国赶入本质上更高级的数学。但考虑到我们现在是在19世纪50年代，对严格性的要求（就像5.2节里讨论的19世纪20年代）甚至更为紧迫。历史上，这一阶段经历了几十年，但“结果至上”所带来的繁荣景象，现在正完全让

---

① **IYI**：再给点提示：这些问题中的第一个和最后一个将是康托尔早期工作想要回答的，而正是这个工作把他引向∞。

路于更为谨慎的“证明至上”的精打细算的局面。这就是数学史家称之为分析学的算术化时代。

5.5 魏尔斯特拉斯的极限

这时的关键人物是魏尔斯特拉斯（1815—1897），如今戏剧性地成为了2.1节中罗素谈论Z.P.那段话中的英雄之一。这是那段话的其余部分：①

> 从（芝诺）到我们今天，每一代最杰出的知识分子都反过来攻击这些问题。但，宽泛地说，一无所获。然而，在我们所在的时代，三位杰出的人物——魏尔斯特拉斯、戴德金和康托尔——不仅推进了这些问题，而且完全解决了它们。这些解答，对熟悉数学的人来说，是如此地清楚以致不再有任何最轻微的疑问或困难……在这三个问题当中，魏尔斯特拉斯解决了无穷小的问题；其他两个问题的解答是由戴德金开始，最后由康托尔完成的。

181

魏尔斯特拉斯不是一开始就走在傅里叶—柯西—狄利克雷—黎曼这条学术路线上——直至40多岁时，他还和波尔查诺一样远在人们视野之外。他的早期职业是在西普鲁士高中教书（并不

① **IYI**：这段引言的前面部分出现在第43和47页。

是一个严格意义上的学术中心)，[①] 据说他穷得连投寄文章的邮资都付不起。最后他在 19 世纪 50 年代后期开始公开发表论文，执数学之牛耳，后来被享有盛誉的柏林大学聘为教授——这是一段很长的有几分浪漫的故事。**IYI**：魏尔斯特拉斯是数学家中的异类。他身材高大，是天才的运动健将，大学里喜欢派对和吹牛的人，对音乐不感兴趣（绝大多数数学家都痴迷音乐），一个快活的、无忧无虑的、合群的、品行良好的、人见人爱的家伙。普遍认为他是这个世纪最伟大的数学教师，即使他从未发表过他的讲稿甚至不让他的学生做笔记。[②]

182

我们现在谈论魏尔斯特拉斯的特别原因是，他的发现使得数学家可以解决狄利克雷和黎曼对傅里叶级数广义收敛问题的工作所引发的问题。事情正如数学史学家格拉顿 - 吉尼斯（I. Grattan-Guinness）所说：“19 世纪 70 年代数学分析的历史，用引人注目这点来衡量，就是数学家应用魏尔斯特拉斯的技术解决黎曼问题的故事。”在这些技术背后的真正灵感不是傅里叶或黎曼，而是前面提过的没多大关系的阿贝尔（魏尔斯特拉斯是阿贝尔的一位超级崇拜者）。特别是阿贝尔 1825 年左右从椭圆积分导出来的、称为椭圆函数的一个革新方法。长话短说，椭圆积分和计算一个

---

① **IYI**：备注：然而，即使以今天的标准来看，德国的高等技术学院也是水准非常高的研究机构，微积分和基本的分析学都是必修课程的一部分（不过，教师的薪水低得难以想象）。

② 有一位研究生悄悄地做了笔记，并且也是魏尔斯特拉斯后来的函数理论广为人知的主要原因。这个学生就是米塔 - 列夫勒（G. Mittag-Leffler，1846—1927）。他后来创办了著名的期刊《数学学报》，并在绝大部分数学期刊认为康托尔的∞工作是精神错乱的时候，公开发表了它。在历史上，米塔 - 列夫勒被认为是康托尔继戴德金之后的第二重要的笔友。

椭圆弧长的问题有关，在纯粹数学和应用数学中都是非常重要的①。魏尔斯特拉斯第一个重要的工作（回到西普鲁士时期，借着烛光给学生的试卷打分的间隙）涉及的是椭圆函数的幂级数展开。这一工作引导他进入关于幂级数收敛的问题，② 从此进入到收敛性、连续性和函数领域。

183

罗素在无穷小问题上赞美魏尔斯特拉斯的原因也正是他在分析算术化上先拔头筹的原因。他第一个给出了完全严格的在哲学上没有污点的极限理论。因为它是如此重要，现在我们绝大多数人在学校都是以此为基础来学习微积分的。所以，至少让我们快速地观察一下魏尔斯特拉斯对极限的定义。他用小 ε、δ 和绝对值符号“| |”取代阿贝尔/波尔查诺/柯西采用的“趋向一个极限”和“变得比任意给定的量小”之类自然语言的术语。魏氏理论的一个附带的好处就是它以这样一种方式来刻画极限和连续性：两者可以相互定义。比如看看他那个在150年后仍然是数学标准的连续函数定义③：$f(x)$ 在某些点 x_n 是连续的，当且仅当对任何给定的正数 ε，都存在一个正数 δ 使得对区间 $|x-x_n|<\delta$ 内任意 x 都有 $|f(x)-f(x_n)|<\varepsilon$。*

① **IYI**：在很大程度上，椭圆积分就是反三角函数的推广。它们在各类物理问题中抛头露面，从电磁学到引力论。如果你在数学课上遇到这些积分，那么它们一般是和勒让德（A. M. Legendre，19世纪的另一位法国数学家）的名字一起出现的。他对椭圆积分的贡献就像傅里叶对三角级数的贡献一样。他发展了第一、二和三类勒让德标准的椭圆积分。**IYI$_2$**：如果你碰巧知道黎曼也做了许多椭圆积分的工作，并在变分法中联系起这些积分，那么可以告知的是我们不准备涉及这个内容。

② **IYI**：可以非常肯定，应急词汇表I中说过傅里叶级数是一种幂级数。

③ 因为下面某些显而易见的原因，这个非常专业的定义不是 **IYI**。

*半 IYI 的插曲

如果对魏尔斯特拉斯的定义不是很明白，请不要跳过下面这三段。

这并不是一条 **IYI**，因为我们需要考虑有这样的可能性，即有人对它为什么如此重要不是百分之百地清楚。我们可以谈谈，为什么魏尔斯特拉斯的定义就是对柯西在《分析教程》中的说法“$f(x)$ 是 x 的一个连续函数，如果 $f(x+\alpha)-f(x)$ 的差值随着 α 的减小无限地减小”的严格化定义——魏尔斯特拉斯的妙招在于，他提出了“无限地减小”的一个严格的、完全算术的替代物。但如果我们不知道魏尔斯特拉斯的新定义实际上是如何起作用的，那这些就没有什么意义。这反过来要求我们剖析这个为数学家特别设计的、高度专业化的句法。它高度抽象的语言让这个定义看起来平淡无奇（比如，既然 ε 和 δ 彼此没有定义直接的关系，你当然可以为任意能想到的 ε 挑选到一个 δ，这不是非常明显的吗?）或者让人完全百思不得其解（比如，如果你不知道 x 等于什么，如何确定 $|x-x_n|$ 的值?）。至少我们班对戈里斯博士最初的抱怨就是如此。他是用他通常令人无法忘记的方式来处理它们的，有点像下面[1]这样：

184

首先，回想一下应急词汇表 I 中连续函数的意思：函数自变量（x）的微小变化只能产生因变量 $f(x)$（也记做 y）的微小变化。“微小的变化”是这里真正重要的东西：它引导你走向定义里像 $|x-x_n|$ 这样可以想多小就多小的差值。关于 x_n 和 x：x_n 是一个特定的点，即我们要评估这个函数连续性的那一点；而 x 在技

---

① 必须承认：下面讲的要比戈里斯博士自己对这个定义的解释更不正式、更不严格。我们的目标是用本书迄今为止已经建立的词汇和概念来给出一个能得到最大限度理解的解释。

185 术上是函数所在区间上的任意点，不管连续函数指什么，最好还是认为 x 是“充分接近” x_n 的任意点。这是因为魏尔斯特拉斯定义的关键点就是，验证 x 和 x_n 之间的一个微小的差值只会导致 $f(x)$ 和 $f(x_n)$ 之间的一个微小差值。验证工具就是正数 ε 和 δ，理解这两个数和它们之间关系的最容易方法就是通过一个游戏：选取任意一个你想要的正数 ε，不管是多么小，然后我试图找到一个正数 δ 使得复合命题 $(|x-x_n|<\delta)$ & $[|f(x)-f(x_n)|<\varepsilon]$ 为真；① 并且如果对你选的任意 ε，我都能找到这样的一个 δ，那么 $f(x)$ 在 x_n 就是连续的，否则就不是。

像戈里斯博士所做的那样，让我们用一个不连续函数的例子来说明不是对一个给定的 ε 都能找到这样一个 δ。这个函数是这样定义的：如果 $x\neq0$，$f(x)=1$；如果 $x=0$，$f(x)=0$。我们将判断这个函数在 $x_n=0$ 这点的连续性。规则就是你可以给 ε 选取任意的正值，比如说你选 $\varepsilon=\frac{1}{2}$。于是，现在我必须找到一个正的 δ 使得 $(|x-x_n|<\delta)$ & $[|f(x)-f(x_n)|<\frac{1}{2}]$ 为真。但现在请回

186 到24页注释③的规则，仅当“&”符号之前和之后的项都为真，一个逻辑的复合命题为真。现在看看我们例子中“&”之后的项，“$|f(x)-f(x_n)|<\frac{1}{2}$”。根据该函数的定义，我们知道 $f(x_n)=0$；同样根据定义，我们知道除 x_n 之外的其他 x 都有 $f(x)=1$

---

① 完全从技术上说，魏尔斯特拉斯定义中的“对任意……，必定存在这样的……”确实展现了一阶谓词演算中的一个蕴涵关系。这更多涉及逻辑中对“∀”和“∃”这样的量词的使用。不过，除了第7章一两处简单的知识之外，本书不会涉及过多的谓词演算。所以，这里我们只是把定义中 ε 和 δ 的关系用符号表示成一个逻辑的复合命题。对我们用作演示性证明来说，这已经足够好了。命题的真假结果都是一致的。

（因为 x_n 是 0 所在的唯一一点）。所以当 $x_n = 0$ 时，$|f(x) - f(x_n)|$始终等于 1，这显然大于$\frac{1}{2}$。无论我选取$|x - x_n| < \delta$中的 δ 为何值，只要 $x_n = 0$，$|f(x) - f(x_n)|$都不会小于$\frac{1}{2}$。既然第二项总是错误的，那么无论 δ 等于多少，复合命题$(|x - x_n| < \delta)$ & $[|f(x) - f(x_n)| < \frac{1}{2}]$ 必定是错误的。结果就是对 $\varepsilon = \frac{1}{2}$，不存在这样一个 δ。于是定义中的条件“对任意的正数 ε，存在这样一个 δ……”不满足。所以，这个函数在 x_n 是不连续的（我们一开始就知道它不连续，但整个目的是用一个简单明了的例子来解释魏尔斯特拉斯的定义）。游戏结束。

插曲结束，继续回到 5.5 节的讨论中

可能有一个疑惑没有包括在插曲中：前文中魏尔斯特拉斯定义的只是一点的连续性——但既然你可以选择一个给定区间的任意一点作为 x_n，显然也可以定义一个 $f(x)$ 在一个区间上的连续性，只要它在这个区间的每一个点都是连续的。于是，我们就从函数连续性最初的定义中得出了一个一般定义。并且极限的定义——正是他震撼了数学世界——也是如此：根据魏尔斯特拉斯的原始定义，如果你用 L 取代 $f(x_n)$，只要对任意给定的 ε 能找到一个 δ，使得 $(|x - x_n| < \delta)$ & $[|f(x) - L| < \varepsilon]$ 为真，那么定义 $f(x)$ 在 x_n 有一个极限 L。

这些看起来如此令人讨厌得抽象的原因就是，它本来就是抽象得令人讨厌。然而，正是这种抽象性使得魏尔斯特拉斯的理论成为前人所有有关连续/极限的理论中，最没瑕疵、最清晰的一 187

个。[①] 这里没有自然语言的模糊，定义只用到实数及“-”和“<”这样的基本运算。因为它是如此没有瑕疵、如此抽象和算术化，这个理论也使魏尔斯特拉斯能够严格定义收敛、一致收敛、绝对收敛，并提供真实的验证，[②] 还能够证明前人没能明确的连续和三角级数的很多东西。举两个恰当的例子：（1）他证明了一个连续函数的级数[③]可以收敛到一个间断函数；（2）如前文所述，他给出了一个处处连续但处处不可导的函数，否定了连续性 = 可微性的理论。如果你好奇的话，这个函数 $f(x)$ 的形式为 $\sum_{r=0}^{\infty} b^r \cos(a^r \pi x)$。其中，$a$ 是奇数，$0 < b < 1$，$2ab > 2 + 3\pi$——顺便说一句，如果你把 $f(x)$ 画出来，你就得到一条根本没有切线的曲线。你可能记得在 3.3 节，波尔查诺提出过一个类似的函数（没有证据表明魏尔斯特拉斯知道它），但这里有一个很重要的区别。波尔查诺只是提供了例子。但是，魏尔斯特拉斯借助其纯粹形式的定义，切实证明了他的 $f(x)$ 是连续不可微的。另一个主要的进步是：在魏尔斯特拉斯的分析学里，具体的例子总是与抽象普适的证明一致。

188

3.3 节还提到过，波尔查诺和魏尔斯特拉斯都对一个连续函数极限的重要定理做出了贡献。[④] 把这个定理放在这里，部分是因为它设想了一个作为实数轴上某无穷点集（第一种让康托尔感

---

① **IYI**：事实：分析学和数论中的大量相关证明都使用“对任意的 ε，存在一个 δ……”这样的方法（用时髦点儿的话来说，可以称之为伊普西龙证明），这让魏氏的理论显得如此重要。

② **IYI**：他的一致收敛的判别法被称为魏氏 M 判别法，今天的分析课上仍然在教授。

③ 比如：一个傅里叶级数。

④ **IYI**：历史事实：魏尔斯特拉斯对这个定理的贡献实际上也是他定义实数的不成功尝试的一部分——参见下文 6.1 节。

兴趣的无穷集合正是这些点集）中的实无穷级数或序列。回想一下应急词汇表 I 中区间和极限 - 界限的说明。正式地说，波尔查诺 - 魏尔斯特拉斯定理（Bolzano-Weierstrass Theorem，B. W. T. ）认为，每一个有界的无穷点集至少包含一个极限点，也就是存在一个点 x_n，使得包含 x_n 的每一个区间都含有这个点集中的无穷多个点。① 也许不能立刻看出它的意义，但 B. W. T. 是一个真正能带来光明的定理。比如，它为解决 4.2 节中的“下一瞬间”悖论（这个悖论不好对付的地方是，它导致实数轴上无穷多个点难以置信地密集）提供了一个强有力的、不需要无穷小的方法。

189

如果你对此有点困惑，这里说一下是怎么回事。B. W. T. 实际上包含了两个定理，一个是 1830 年左右的波尔查诺定理。该定理指出，给定一个闭区间 $[a, b]$，如果这个区间上的一个连续 $f(x)$ 对某些点 x 取正值，对其他一些点取负值，那么 $f(x)$ 必定在某个点取 0 值。② 用几何的方式，我们能够明白这一点：观察一条连续曲线，如果它从 x 轴的上面某个地方跑到 x 轴下面的某

① 这样做实质上就是用点集和实数轴上的区间来重新诠释“收敛到一个极限”的概念。比如拉文（S. Lavine）给出的例子：“1 是集合 $\{0, \frac{1}{2}, \frac{4}{3}, \frac{7}{8}, \cdots\}$ 的一个极限点。可以直观地看出，这个集合有很多点紧挨着 1。”话说回来，这不是极限点的一个完全严格的定义，但肯定是关键之处。这里请注意，一个无穷序列的极限点就是这样一个点，在这个点周围有无穷多个这个序列中的元素——也就是说这种定义效果同样非常好，在 7.1 节将派上用场。

② **IYI**：波尔查诺定理的一个直接推论通常称为介值定理（Intermediate Values Theorem）。这是函数论中的一个主要定理，本质上说就是，如果函数 $f(x)$ 在区间 $[a, b]$ 上连续，并且 $f(a) = A$，$f(b) = B$。那么，$f(x)$ 取遍 A 和 B 之间的所有可能值。如果我们取一个连续函数 $f(x) = 2x$，$[a, b]$ 为 $[0, 1]$，$[A, B]$ 为 $[0, 2]$。那么，你就会看到介值定理的一个最好的实例就是 3.3 节中波尔查诺对 $[0, 1]$ 和 $[0, 2]$ 之间存在 1 - 1C 的证明。既然“A 和 B 之间的所有可能值”不是我们能用计数来检验的一个量，反过来，这又使得为什么波尔查诺定理需要一个实数理论变得更清晰。

个地方，那么它必然在某个点和 x 轴相交。严格地说，波尔查诺的问题在于，这个定理的证明需要他证明每一个有界的值/点的集合必须有一个最小上界。① 而后者的证明受困于缺少一个极限和实数的逻辑一致的理论。所以，又一次，波尔查诺只能提出他的定理，然后用几何的方式验证它是正确的，而不能形式地证明它。不过，20 年后，作为其“极值定理”（Extreme Values Theorem，E. V. T.）的一部分，魏尔斯特拉斯用严格的极限理论证明了波尔查诺的“最小上界引理”。这个定理也是 B. W. T. 的另一个重要部分。正是 E. V. T. ［如果一个 $f(x)$ 在 $[a, b]$ 连续，那么在 $[a, b]$ 内，必定至少存在一个点使得 $f(x)$ 取得它的绝对最大值 M，还有一个点使得 $f(x)$ 取得它的绝对最小值 m］，和魏尔斯特拉斯威力无比的连续性定义结合在一起，提供了走出“没有下一个瞬间”的陷阱的数学方法。也就是说：既然时间明显是一个连续流动的函数，② 那么我们可以假设，任意两个瞬间 t_1 和 t_2 之间的一个有限的区间 $[t_1, t_2] > 0$。现在，感谢 E. V. T.，可以证明在 $[t_1, t_2]$ 内必然存在一个点，使得时间函数取绝对最小值 m，因而这个 t_m，从数学上讲，就是 t_1 之后的下一个瞬间。

190

从这个结果，你也许能明白，如何使用 E. V. T. 来反驳芝诺的二分悖论（因为 $\frac{1}{2^n}$ 是一种连续函数的原型）。然而在严格的魏氏分析学里，E. V. T. 甚至不是必须的，因为极限的算术理论使得我们可以旗帜鲜明地解释，为什么收敛级数 $\frac{1}{2^1}+\frac{1}{2^2}+\frac{1}{2^3}+\cdots+\frac{1}{2^n}$ 的和为 1。

---

① **IYI**：参见应急词汇表 I 中极限－界限部分。

② **IYI**：确实，只要宇宙还在运行，时间就是一个连续函数的范例。

关于魏氏分析学和芝诺的插曲

前文中我们已经尝试求助于$\frac{a}{1-r}$和其他各种公式来解答二分悖论，但最终发现它们都不能“清楚地说明所涉及的困难”，比回答你如何能够穿越街道这么简单的问题所给出的解释还要少。前面的这些尝试，现在或多或少都可以忽略了——当然重温一下第69页注释②中关于十进制小数如何表示收敛级数的内容也无妨。当然，考虑到前面几页，我们就得到一个对二分悖论的魏氏分析学式解答。①

191

二分悖论真正讨论的是一个特定的有理数 s（s = 街道的宽度，从膝盖到鼻子的长度）。芝诺让我们用另一个有理数 s_n 的收敛幂级数去逼近，这里 n 代表无穷序列 1，2，3，…。用这种抽象的方式也许有点雾里看花，但许多有理数可以用这种方式逼近。比如，有理数 $s=\frac{2}{3}$，可以用下面的收敛级数 s_n 逼近：$\frac{6}{10^1}+\frac{6}{10^2}+\frac{6}{10^3}+\cdots+\frac{6}{10^n}$。二分悖论只是比$\frac{2}{3}$这个事情多用了点障眼法——通过2.2节中更抽象的、“修正”的二分悖论，我们可以把一些障眼的东西去掉。这个修正的悖论中没有时间或运动而只是一些量 s，二等分、再二等分、又再二等分……直到最小的部分开始等于$\frac{1}{2^n}$，这里 n 是任意地大。② 把用这种方式得到的每一

---

① 接下来又是一段非正式的，根据我们迄今所建立的数学和逻辑概念来定制的内容。**IYI**：魏尔斯特拉斯对无穷序列极限的定义将用到一个完全严格的回答之中。这和伊普西龙证明的形式有点不同。我们不准备使用一段插曲来详细解释。对我们来说，函数极限的定义足够用了。

② 也就是说 n“趋于∞”，就像整数序列 1，2，3，…一样。**IYI**：我们在第2章提到过，新版本的二分悖论和欧多克索斯自己的穷竭法是如何危险地接近吗？

192 部分加起来就得到二分悖论的 s_n，就像下面的收敛幂级数：$s_n = \frac{1}{2^1}+\frac{1}{2^2}+\frac{1}{2^3}+\cdots+\frac{1}{2^n}$。可以看出，$s_n$ 就是 1 的一个逼近，和 0.999 99…的方式一样。也就是，s_n 的和与 1 只相差一个$\frac{1}{2^n}$，而这个差当 n 无限增大时变得任意小。

不过话说回来，柯西风格的“任意地”和“无限地”在这里似乎是模糊的，不能令人满意的——和芝诺所想的一样。“$\frac{1}{2^1}+\frac{1}{2^2}+\frac{1}{2^3}+\cdots+\frac{1}{2^n}$”中有无穷多项，现实世界中你绝不可能真的完成将它们求和的工作。他希望这个事实能使我们陷入困境——在这种情况下，魏尔斯特拉斯成了救星。

两个基础的预备知识能让我们很容易就看出魏尔斯特拉斯的方法是如何奏效的。首先，注意下标 n 也是作为这个级数 s_n 中任一给定项的序数①，即，$\frac{1}{2^1}$是第一项，$\frac{1}{2^4}$是第四项，$\frac{1}{2^{47}}$是第四十七项……同时也请注意，越往这个级数的后面走，s_n 的任意两个相邻项之差变得越小。“差”在这里代表的是实数轴上的一段距离，也就是我们正在谈论的区间。

193 让我们继续。我们知道二分悖论中级数 s_n 的和与 1 的差仅为$\frac{1}{2^n}$，这里 $n=1, 2, 3, \cdots$。为了证明 1 实际上是 s_n 的和，我们必

---

① 也许你已经知道，这个词来自“顺序”。序数的意思就是第一个数，第二个数，第三个数，等等。与此相对的就是基数：1，2，3，等等。换句话说，序数关心的是数字在一个给定的序列中位于什么地方，而不关心它是多少。基数和序数的区分在康托尔的集合论中占据极其重要的地位。这可以从罗素的一段话中看出端倪：“在［∞］的这个理论中，必须要分别处理基数和序数。它们的性质在超穷的情况下比有限时要丰富得多。”

须证明1是函数（$1-\frac{1}{2^n}$）的极限，这里 $n=1, 2, 3, \cdots$。[①]我们的证明方法来自魏尔斯特拉斯的定义："$f(x)$ 在一点 x_n 有一个极限 L，当且仅当对任意正数 ε，存在一个正数 δ，使得对区间 $|x-x_n|<\delta$ 内的任意点 x，有 $|f(x)-L|<\varepsilon$。"对任意的 ε，我们需要找到一个 δ，使得逻辑的复合命题（$|x-x_n|<\delta$）&（$|f(x)-L|<\varepsilon$）成立。然后，另一个预备知识是绝对值符号的含义：$|1-10|$和$|10-1|$都等于9，$|f(x)-L|$和$|L-f(x)|$也是相等的。因为我们现在谈论的是数轴上的区间，即不同点之间的数值距离，它无论从正方向还是负方向都是相等的。所以魏尔斯特拉斯用的是绝对值。这里的"| |"是让我们交换两个不同的做减法的项。这更容易清楚地表示正在谈论的、实际的数轴区间。

194

对不起说了这么多空话——这确实比我们说的要容易。所以：为了证明1是二分函数（$1-\frac{1}{2^n}$）的极限，为了让任意正数 ε 都能实现 $[1-(1-\frac{1}{2^n})<\varepsilon]$，我们必须找到一个正数 δ 使得 $[(1-\frac{1}{2^n})<\delta]\&[1-(1-\frac{1}{2^n})<\varepsilon]$ 成立。结果表明这不是很难实现。对 ε 和复合命题的第二项，这个情况正好和插曲中的例子相反：$[1-(1-\frac{1}{2^n})<\varepsilon]$ 是永远不会错的，不管你选的正数 ε 等于多少。比如说，$\varepsilon=0.001$。你可以令 n 等于10，使得［1-（1

① **IYI**：这当然就相当于证明0是$\frac{1}{2^n}$（$n=1, 2, 3, \cdots$）的极限。我们用（$1-\frac{1}{2^n}$）作为例子是为了最大限度地理解二分悖论。

$-\frac{1}{2^n}) < \varepsilon$］成立（它是在 s_n 的第十项）。在这种情况下 $\frac{1}{2^n} = \frac{1}{1\,024}$，$(1-\frac{1}{2^n}) = \frac{1\,023}{1\,024}$。这时 $[1-(1-\frac{1}{2^n})] = (\frac{1\,024}{1\,024} - \frac{1\,023}{1\,024}) = \frac{1}{1\,024}$，也等于0.000 976 562 5，确实是 <0.001。关键在于不管你选的 ε 是多么小，你总能调整 n 的值使得 $[1-(1-\frac{1}{2^n})]$ 结果小于 ε。

所以，复合命题的第二项总是成立。现在我们需要担心的是命题的第一项，找到一个 δ 使 $[(1-\frac{1}{2^n}) < \delta]$ 对一个给定的 ε 成立。很明显，在选取 δ 时，我们没有和选取 ε 时一样的自由处理权，因为我们对 ε 的选取决定了 n 的赋值，因而也就决定了 $\frac{1}{2^n}$，而 $(1-\frac{1}{2^n})$ 是 δ 需要大于的值。但结果是，δ 对 ε 的依赖反而使得很容易找到一个相关的 δ。让我们再看看 $\varepsilon = 0.001$，因而 $n = 10$，$\frac{1}{2^n} = \frac{1}{1\,024}$的这个例子。这里我们需要一个正数 δ 使得 $[(1-$

195

$\frac{1}{1\,024}) < \delta]$ 成立。在这个特殊的情况里，$\delta = 1$ 将满足得非常好。实际上，可以证明 $\delta = 1$ 对每一个可能的 ε 的值都使得不等式成立。你可能明白为什么如此。这是因为，根据定义，所有可能的 ε 的值都是正的。即使 ε 变得越来越小——并且 ε 越小，n 就必须越大以使得 $[1-(1-\frac{1}{2^n})]$ 小于 ε；而 n 越大，$(1-\frac{1}{2^n})$ 就越接近于1——$\varepsilon>0$ 的前提条件仍然保证 $(1-\frac{1}{2^n})$ 总是小于1。而

且，既然不管你选取的正数 ε 为什么值，$\delta=1$ 都能确保复合命题 $[(1-\frac{1}{2^n})<1]\&[1-(1-\frac{1}{2^n})<\varepsilon]$ 成立，那么定义的首要标准"对任意正数 ε，存在一个正数 δ"就可以满足。因此，$\operatorname{Lim}_{n\to\infty}(1-\frac{1}{2^n})=1$。因此，1 就是 s_n 的和。因此，你确实可以穿过街道。

二分悖论的核心困惑现在一清二楚了：从点 A 运动到点 B 的任务涉及的不是 ∞ 多个必须完成的子任务，而是一个简单的任务。这个任务的"1"可以通过一个收敛的无穷级数来有效逼近。正是这个逼近的机理，使得魏尔斯特拉斯的分析学能够真正解释二分悖论，也就是 100% 算术的，没有无穷小、类比或任何芝诺式层出不穷的自然语言的模糊性。毫不夸张地说，在魏尔斯特拉斯之后，二分悖论只不过是一个文字游戏而已。

不过，还有一个尾声。我们刚给出的证明是非常详细的。在大学课堂上，$\operatorname{Lim}_{n\to\infty}(1-\frac{1}{2^n})=1$ 或 $\operatorname{Lim}_{n\to\infty}(\frac{1}{2^n})=0$ 的证明实际上很少涉及魏尔斯特拉斯的定义或 ε/δ。这些现在似乎就是极限概念隐藏的基础，就是它逻辑演绎的正当理由；这些概念本身依旧可以用"无限地"和"趋向于"之类的自然语言来表达。这也许是正确的。在第 163 页插曲的第二段之后，我们就发现，一堂标准数学课基本上就可以终结二分悖论，而无须任何很专业的和天才的冗长回答。也就是，数学课上老师会先建立一个收敛级数 $s_n=\frac{1}{2^1}+\frac{1}{2^2}+\frac{1}{2^3}+\cdots+\frac{1}{2^n}$，再指出 s_n 与 1 的差等于$\frac{1}{2^n}$，然后证明，当 n 无限增大时这个差将变得任意小。而且，他还会教你处理这类级数的正确方法是："当 n 趋于无穷大时，s_n 的和逼近极限 1，并写成

196

$1=\frac{1}{2^1}+\frac{1}{2^2}+\frac{1}{2^3}+\frac{1}{2^4}+\cdots$。”双引号中的这句话来自 1996 修订过的数学课本（原文就用了斜体）①。课本继续说到：

> 这个“方程”不是说我们真的必须对无穷多项求和；它仅仅是“当 n 趋于无穷时（决不是等于无穷），1 是 s_n 的有限和的极限”这个事实的一个缩写表达式。无穷只出现在这个没有终结的过程里，而不是作为一个实际的量。

让我们用一种非常平静和低调的方式宣布，如果你觉得，在这些迫不及待斩钉截铁的话（∞在像二分悖论这样的问题中不必作为“一个实际的量”来处理）中，你闻出了一丝亚里士多德主义的味道。那么，你还没有闻到真正的东西。这不是现在的大学生所受的程式化数学教学的问题。它比这更深刻、更久远。关于 19 世纪分析学和函数理论的一个令人吃惊的事情就是：它们变得越复杂，它们处理∞的方式就越危险地类似于亚里士多德的老得不能再老的“潜无穷”概念。而这种复杂性和相似性的极致就是魏氏分析学。

不过，如果你通过其他偶然的机会注意到，二分悖论和它公认的课堂解答只涉及有理数和数轴——更不必说 5.5 节的例证中 ε 和 δ 也都是有理数——那么，你就能够体会到一种嘲弄的意味。

① 原版中斜体在本书中均调整为着重号。——编者注

无理数的定义

6.1 无缝的实直线

比任何具体的结果更为重要的是魏尔斯特拉斯重新定义极限和连续函数的精神，也就是说他对数学学科基础的严格化及其健康发展等发面的贡献。魏尔斯特拉斯对分析算术化的工作是完全务实的。他的目标不仅是从证明中消除几何式的概念和归纳式的直觉，并且是以与算术基础化同样的方式，把所有后微积分时代的数学置于实数系统的基础上。但实数系统意味着实直线，正如我们所看到的，它到处是∞类型的陷阱。

数学史学家阐明这点有各种不同的方法，比如克莱因："正是魏尔斯特拉斯首次指出，精确地建立连续函数的性质需要算术连续统的理论。"或者贝尔："无理数给我们带来极限和连续概念的无理数，导致了分析学的诞生，然而从无可动摇的推理来看，无理数必定又要回到整数。"结果是第 5 章结尾所暗示的具有嘲弄意味的东西：魏尔斯特拉斯严格的极限概念，看起来已经一劳

198

永逸、逻辑一致地消除了分析学对∞和$\frac{1}{\infty}$类型的量的要求，但最终还是需要一个清晰的、严格的实数（即无理数和实数轴的连续统）理论。还有，数学哲学家拉文的话："（魏尔斯特拉斯的）这个理论马上又把无穷引入了分析学中。无穷小和无穷大数的旧无穷性只不过被无穷大集合的新无穷性代替了。"

事实上，有几个各不相同又相互关联的原因，使得无理数/实数现在成为一个火烧眉毛的问题。正如提到过的那样，其中一个是基础性的。而另一个涉及应用：实际的情况是，在现实问题的极限中露面的魏尔斯特拉斯的 ε 和 δ 经常是无理数，这使得在确定任意的 ε 对应 δ 这样的东西时变得更加困难。另外还有前面

所说的傅里叶级数的广义收敛问题，对欧几里得公理信心的丧失等问题。关于数学对严格性和形式一致性的新要求还有很多事实，它们揭露了自从毕达哥拉斯学派第一次遭遇无理数以来（见2.3节）在其处理方式上的一个逻辑问题。正如我们所看到的那样，这种遭遇，是几何意义上的不可通约量、$\sqrt{2}$、欧多克索斯比率等等——而且，数学中所使用的无理数定义从那时起也一直是几何的。用罗素透彻的话来讲，事实就是：

> （这是）非常不合逻辑的；因为，只有把数应用到（几何）空间而绝不会产生同义反复的条件下，被应用的数才是可独立定义的；而且，假如只可能有几何定义的话，那么，正确地说，就不存在数的定义所自称定义了的那个算术实体。

这样的论证将花费太长的时间，这里无法全面展开，但你可以看到大致的要点。

在19世纪60年代和70年代，不同的数学家开始努力建立无理数/实数的严格理论。大名鼎鼎的有哈密顿（W. R. Hamilton）、科萨克（H. Kossak）、魏尔斯特拉斯、林德曼（F. Lindemann）、梅雷（H. C. R. Meray）、康托尔、海涅和戴德金。猜猜哪些人是我们感兴趣的。

199

最初，魏尔斯特拉斯的学生和追随者在研究他在柏林大学讲稿中简单叙述的理念时，显然曾试图使用他的关键定义，把一个无理数本质上定义为一个特定类型的有理数的无穷级数的极限。这个定义的技术细节专业得令人发晕，但幸运的是，我们可以不必深究它。因为结果证明这个理论解决不了问题。它是循环论证的。[①] 这是因为，从逻辑上说，在给出一个无理数的定义之前，魏尔斯特拉斯的无理数极限不可能存在。这里，“存在”的准确含义是罗素在前文中说的“不存在数的定义所自称定义了的那个算术实体”里的意思。你不可能逻辑一致地在“无理数”的定义中使用一个无理数的概念，就好像你不能逻辑一致地用“一条黑狗的颜色”来定义“黑色”一样。所以，简单地说，魏尔斯特拉斯式的努力绝不可能真正得到什么结果。

康托尔的实数理论来自于他关于三角级数唯一性定理（Uniqueness Theorem，U. T.）方面的工作背景。我有充分的理由暂停一小会儿来聊聊 U. T.。

这个最有潜力、意义最重大、看起来最奇怪的定义无理数的方法是戴德金提出的。他比魏尔斯特拉斯年轻 12 岁，但两人很像。他和蔼可亲，善于调节自己，一生大部分时间都在不伦瑞克（Brunswick）和苏黎世的技术高等学院教书。他终生未婚[②]，和姐姐住在一起。戴德金很长寿，非常喜欢夸耀他自己纵贯了数学的摩登时代：他是狄利克雷和高斯在哥廷根的学生，狄利克雷《数论》（*Zahlentheorie*）的编辑，黎曼一生的朋友，魏尔斯特拉斯的半个朋友，克罗内克在代数几何上的早期合作者，康托尔的合作者和朋友——康托尔可不是个好相处的朋友。有个故事一直让数学史学家们津津乐道：戴德金寿命长得让人难以置信，结果托伊布纳（Teubner）出版社著名的《数学日历》（*Mathematical*

200

---

① 第一个指出这点的数学家正是康托尔。

② **IYI**：奇怪的事实：历史上几乎所有伟大的哲学家都未结婚。海德格尔是仅有的例外。伟大的数学家大约是一半对一半，结婚率依然低于一般人的水平。对这一点没有令人信服的解释，大家可以自由发挥。

Calendar）一直误将他去世的日子印成1899年的某一天。直到有一年，戴德金写信给编辑说他还活着，而且还和“尊敬的朋友、哈雷的康托尔共进午餐，在关于‘系统和理论’的令人兴奋的对话”中度过愉快的一天。

戴德金的著名文章《连续性和无理数》[①]（*Continuity and Irrational Numbers*）出版于1872年。它对康托尔无理数定义作出了部分回应。康托尔的定义在一年前就出现在有关U.T.的一篇重要论文中。但有证据表明，早在1860年戴德金就已经完成了基本的理论了。和魏尔斯特拉斯一样（但和康托尔不同），他也不是非常热切地希望出版他的东西。戴德金的动机——又和魏尔斯特拉斯一样——来自他教的高中微积分：他越来越难以忍受使用未定义的几何式概念来定义极限和连续性。虽然不是专注于极限的算术化，但戴德金深入到芝诺、毕达哥拉斯派、欧多克索斯、亚里士多德和波尔查诺曾经思考过的一个本质问题，一个从F.T.C.以来一直笼罩着分析学的问题：出现在运动和连续的几何结构（比如线、面和体）[②]中的纯粹连续性与微积分关系密切，但从来没有非常清晰和严格的定义，使得微积分中的证明真正可靠，那么，如何才能得到纯粹连续性的一个百分之百的算术理论呢？

201

戴德金用来代表算术连续性实体的是又好用又古老的实直线——从技术上讲，我们仍然可以称之为数轴，因为只有在建立

---

① **IYI**：德文名是“Stetigkeit und irrationale Zahlen”。英文版收入戴德金的《实数理论文集》（*Essays on the Theory of Numbers*）——参见后面的参考书目。这里也请注意，虽然戴德金的文章内容深刻，但是写得很清楚，也容易懂，几乎不需要什么超出高中数学的知识。这一点与康托尔的文章不同，后者的语言和符号几乎像美杜莎一样可怖。

② 另一方面，魏尔斯特拉斯主要关心的是函数的连续性。这最终又依赖于算术的连续性（像克莱因在6.1节的开头指出的那样），但两者不是一回事。

康托尔－戴德金公理之后才能足够严格地讨论实直线，所以称它为数轴（戴德金只把它叫做 L），2.3 节中提到过，它是有序、无限稠密和可无限延伸的，我们可以通过它给每个有理数赋以数轴上唯一一点，并在两者之间建立一个对应。可是，分析比有理数要求更高的整个原因就在于，像所有线一样，数轴具有一种有理数集合所欠缺的连续性。戴德金的描述方法最终又回到古希腊人——“然而，最重要的事实是，在直线 L 上有无穷多个点不和有理数对应”。这里可以给出一个再合适不过的例子：单位正方形的对角线。所以，他的策略就是，只解释 L 的什么性质使得它是连续且没有缝隙的，而无穷稠密的有理数集却不是。当然，他和我们以及其他所有人在当时肯定都知道是无理数，但没有人能够直接定义它们。于是，戴德金打算扮演苏格拉底，假装他从来没有听说过无理数，只是问：L 的连续性天生就存在什么东西里？① 他对这个问题的解答使得实直线成为一个数学实体，并和康托尔的理论一起，证实所有实数的集合构成了连续统。

202

6.2 插曲

今天被称为戴德金分割的东西，是戴德金用来构建实数轴的工具。这个工具非常精巧和不同寻常。在我们折服于它的复杂精

---

① 假如你觉得戴德金在非几何的连续性理论中使用几何数轴是某种循环论证或窃取论题的话，那么，要知道数轴只是一个示例性的工具。戴德金在《连续性和无理数》的后面更喜欢直接使用数的“任何有序系统”。甚至在引入数轴后，戴德金依然强调说：“为了避免这种印象，即算术性质似乎需要算术之外的东西，非常有必要把相应的纯粹算术性质阐述清楚。”

巧之前，需要指出：在深层次的意义上，正是由于戴德金愿意去处理实无穷，他的证明才能取得成功。在第 5 章和其他地方已经提到过，极限的概念在分析学中大受欢迎的原因之一就是，它非常契合古老的潜无穷思想——∞能够“接近”但实际上不必达到的这个思想，好像在《形而上学》里差不多说得很明白了。高斯（没错，就是戴德金的老师）约在 1830 年讲的一段经常被引用的话，清楚地暴露了数学暗地里采纳亚里士多德对无穷大的区分的事实：

203

> 我反对把一个无穷的量作为一个现实的实体来使用；这在数学中是绝不允许的。数学中的无穷大只是一种叙述的方式。用这种方式，我们可以正确地说某些比值可以非常接近于一个极限。而其他的无穷大则允许没有界限的增长。

当然，这也是有讽刺意味的。在魏尔斯特拉斯驱散了极限头上最后几片∞乌云之后不过几十年，顶尖的数学家就接受了实无穷而且把它用在证明中，戴德金就是其中之一。但他没有像康托尔、波尔查诺等人一样兜售无穷集合逻辑一致性。根据 2.1 节中的定义，戴德金是一位柏拉图主义者。他肯定相信，数学的世界不像可感知的世界那样是经验性的：

> 在我说算术（代数和分析）是逻辑的一部分时，我的意思是说我完全独立于空间和时间的概念或直觉来思考数的概念，认为它是一个从思维规律得出的直接结果。

或许更为合适的是称他为一位现象学主义者，因为对戴德金来说，创造的和发现的数学世界之间的差异似乎没有太大的关

204

系："数是人类心灵的自由创造物；它们是一种更容易和更清晰地理解事物差别的方式。"

或者再看个例子。在《连续性和无理数》的姊妹篇《数的本质和意义》（*The Nature and Meaning of Numbers*）① 中，戴德金展示了一个非凡的论证，证明他的"定理 66，即存在无穷系统"，其证明过程是这样的："我自己的思想王国，② 即我思想中所有对象的整体系统是无穷的。因为如果 s 表示 S 的一个元素，那么's 是我思想的一个对象'的这个思想 s'，也是 S 的一个元素……"如此等等，也就是说无穷级数［(s) + (s 是一个思想的对象) + ("s 是一个思想的对象"是一个思想的对象) + ……］存在于思想王国中，使得思想王国本身也是无穷的。对于这个证明，请注意：（a）它非常类似于 2.1 节中芝诺式的 V. I. R.；（b）我们可以非常轻易地反驳说，这个证明只有当戴德金的思想王国是"潜无穷"（并且是在亚里士多德所说的精确意义上）时才成立。因为在现实中，没有人能够坐下来，一直思考这样一个（$s + s' + s''$）式的无穷级数——即，这个级数完全是一个抽象物。

关键是，戴德金在《数的本质和意义》中的证明，不打算让

205

每一位拒绝承认实际的无穷系统/级数/集合……存在③的人心服口服——虽然戴德金和康托尔都承认这些东西的存在。不过，在很大程度上，康托尔往往（不像戴德金）把自己说成是被强逼着无可奈何才进入实无穷的：

---

① **IYI**：这篇 19 世纪 80 年代的文章总共包括 171 条定理和证明，以及一个"总结"。这里不再给出它的德文标题。英文版是第 179 页注释①中提到的《文集》的另一部分。

② 德语的 Gedankenwelt，意思就是"思想王国"。

③ 也就是数学意义上的存在，尽管在这一证明中，戴德金的"无穷系统"S 是否可表示为一个严格的数学实体或更一般的柏拉图的形式，并不清晰——这是戴德金的论证中的另一个问题。

> 无穷大不仅可以看成不断增长的量的形式或类似于收敛的无穷级数的形式……而且也可以在数学上用数定格为已完成的无穷大的确定形式。这个思想是从逻辑上强加于我的，几乎是违反我的意愿的。因为它与我在多年的科学努力和研究过程中曾经拥有的那些值得珍惜的传统相违背。

这种表达的差异，部分在于康托尔是一位比戴德金更聪明的修辞学家，部分在于他以一种戴德金未曾有过的方式，被迫处于∞的数学论战的最前线。

然而，还有一件事情需要记住。康托尔的超穷数学最终完全削弱了亚里士多德式——详参前文中的（b）——的对戴德金证明的反驳。因为康托尔的理论直接证明了实无穷的集合是可以理解和操作的，可以真正地由人类智力来处理，就像速度和加速度可以用微积分处理一样。所以，预先认识到的一点就是，无论无穷系统如何抽象，在康托尔之后，它们绝对不是非现实的或不现实的独角兽的那种抽象。

6.3 分割实直线

206

回到戴德金开启的话题：是什么东西使得数轴 L 具有连续性？实际上，伽利略、莱布尼茨和波尔查诺都曾尝试过基于组成其点的无穷致密性，来假定L的连续性——即在数轴上的任意两个点之间，你总能找到第三个点。然而，我们已经见到过，所有

形如$\frac{p}{q}$①的有理数也有同样的性质。因为（1）每一个有理数都

207 可以表示为$\frac{p}{q}$的形式；②（2）我们已经知道所有的有理数集合不是连续的。所以，戴德金抛弃了 L 的连续性根源于任何种类的致密性或"凝聚性"的想法："只是模糊地观察到（L 的）最小组成部分之间不可分的连接性，显然是一无所获的。关键在于指出连续性的可作为严格演绎基础的一个准确特征。"

戴德金的妙招不是把这个"准确的特征"定位于 L 的致密性或凝聚性，而是一个相反的性质，可分性。这反过来正是数轴的有序性和相继性（即数轴上，每一个点的左边是一个更小的点，右边是一个更大的点）的一个结果。这就意味着，在任意给定的

---

① **IYI**：你也许记得在2.5节中用$q+\frac{p-q}{2}$证明过数轴上的两点之间存在第三个点。这在当前的内容中看上去有点是循环论证。这种情况下，寻找中间值有一个完全算术化的公式。比如两个相邻的表示为分数形式的有理数，$\frac{41}{77}$和$\frac{42}{77}$。把它们的分子分母都乘以2，就自然得到$\frac{82}{154}$和$\frac{84}{154}$，两者之间允许插入一个数$\frac{83}{154}$。

② **IYI**：有一种算法，对这些内容感兴趣的人会觉得很有趣：任何表示为有限或无限循环小数的有理数可以写成$\frac{q}{p}$的形式。做法是（a）把这个十进制小数乘以10^n，这里 n 是这个小数最小循环周期的数字个数（比如，0.11111…的周期是1，876.9567567567567…的周期是3）；（b）从（a）得到的量中减去原来的十进制小数；（c）然后再除以（10^n-1）；（d）消去所有相同的数字后再化简就得到结果。比如：$x=1.24242424\cdots$；那么 $n=2$，$10^n=100$。

$$\begin{array}{rl} 100x = & 124.242424\cdots \\ -\quad x = & 1.242424\cdots \\ \hline 99x = & 123 \end{array}$$

于是，$x=\frac{123}{99}$，化简后就得到 $x=\frac{41}{33}$。

点，我们似乎能够用一种东西把数轴切割[①]成两个部分，得到两个互斥的无穷集合[②]，A 在左边，B 在右边。其中，B 中的每一个有理数都大于 A 中的每一个有理数。《连续性和无理数》（前面提到过，作为专业的数学论文，它不是一般的唠叨）里有一整段的题外话。在这段话里，戴德金有点扭捏作态，假惺惺地为切割这种方法是如何地不完美和浅显而道歉："我的大多数读者在得知揭示连续性秘密的竟是这么平淡无奇的发现之后，将会感到非常失望。"他所指的发现就是上面可分性陈述句的逻辑逆命题，也就是：

208

> 如果直线上的所有点都落入两个类，第一类的所有点都位于第二类的所有点的左边，那么就存在唯一的一个点把所有的点划分成两类，从而把直线分割成两部分。

这就意味着：通过定义集合 A 和 B 的成员和边界，你可以定义这点的值。就在这点，我们把 L 分割成 A 和 B。而且，就像 2.3 节中说的那样，定义一个点就是定义一个数。

不过，因为这条正在讨论的直线就是数轴，其对应的只是有理数，你肯定会问：分割是如何有助于定义无理数的？而无理数当然是真正的"连续性的秘密"。每一个有理数都对应一个分割，但不是每一个分割都对应一个有理数。这也许看起来不过是在重

① 戴德金自己用的动词是 geschnitten（名词形式是 schnitt）。这个词涵盖了从切片到劈开的所有意思——一个非常具体形象的单词，比"cut"有趣得多。

② **IYI**：《连续性和无理数》的译本中用的是"类"（classes）。这是数学中集合最初的说法。康托尔、罗素等倾向于用"类"——虽然实际上，康托尔有时也用"复体"（manifold）或"聚合体"（aggregate）。强制性决议：从现在起，我们只使用"集合"（set）。

述我们无法用有理数来定义无理数的论断。答案是，戴德金从数轴被无理数划分成的两个集合的性质出发，清楚地建立了无理数的定义。

设想数轴上的一个分割，把所有的无穷多的有理数分为两个集合 A 和 B，使得 B 的所有元素 b 都大于 A 的所有元素 a。更特别的是，考虑 A 和 B 是否能有最大/最小元[1]。根据分割在哪里以

209 及如何被定义，只存在三种可能，其中只有一种是正确的。可能性一：集合 A 有一个最大元 a'（比如，分割产生的 A 包含所有 $\leqslant 2$ 的有理数，B 包含所有 >2 的有理数）。可能性二：集合 B 有一个最小元 b'（比如，分割产生的 A 包含所有 <2 的有理数）。可能性三：A 既没有最大元，B 也没有最小元。*

*小小插曲

根据仅有的这三种选项，你可能已经清楚：因为集合 B 包含从这个分割到 ∞ 的所有东西，所以它绝不会有一个最大元。并且戴德金的 L 是实数轴，包括从 0 向左边延伸的所有有理数。所以，集合 A 也包含从 $-\infty$ 到这个分割的所有一切东西，因而也不可能有最小元。不过，万一你想知道为什么不能有第四种可能性——A 有一个最大元 a' 同时 B 也有一个最小元 b' 呢？有一个很简单的反证法证明这是不可能的：让我们假定同时有一个最大元 a' 和一个最小元 b'。但这就意味着存在特定一个有理数，等于 $\frac{a'+b'}{2}$，既大于 a' 又小于 b'，因而既不是 A 的元素也不是 B 的元素。但 A 和 B 已经定义为包含了所有的有理数。所以，可能性四是矛盾的。

---

① **IYI**：如果你看到后面，就会注意到这与下面 7.3 节中康托尔所说的无穷集合的“序”非常接近。

但为什么可能性三不是同样矛盾的呢？

小小插曲戏剧性的结束

通俗地说，戴德金所举的第三种可能性是这样一个分割，该分割的集合 A 包含所有的负有理数和所有满足 $x^2<2$ 的正有理数 x，而集合 B 包含所有满足 $x^2>2$ 的正有理数 x。如果能够证明没有有理数对应这个分割，我们就定义了一个特定的无理数，在这个例子中就是2000多年前的不可通约的$\sqrt{2}$。①

210

2.3节中有一个论证$\sqrt{2}$不是有理数的证明；② 我们可以满足于这个证明。但戴德金没有，而是提供了一个自己的独特的证明，证明可能性三的这个例子中，分割对应的不是有理数。那么它是什么呢？让我们先深呼吸放松一下，然后集中注意力。戴德金的证明是一个反证法，先假设存在一个有理数 x 对应于可能性三的这个分割。如果这个 x 存在，那么根据集合 A 的定义，要么 x 是 A 的最大元，要么它大于 A 中的任何元素（也就是说它在 B 中）。无论哪一种方式，任何大于 x 的数（可以记做 x^+），根据定义，都绝对是在集合 B 中，这也就是说 $(x^+)^2$ 一定大于2。那么，如果对任意合适的 x，我们可以生成一个大于 x 的 x^+，使得 $(x^+)^2<2$，则与 x 是有理数的初始假设相互矛盾。

所以，请接受上文关于 x 和 x^+ 的性质，定义某个正数 p 等于

---

① **IYI**：戴德金在《连续性和无理数》中使用的例子更抽象。他用到一个事实：如果 D 是一个正整数且不是任何一个整数的平方，那么存在一个正整数 λ，使得 $\lambda^2<D<(\lambda+1)^2$。这个事实现在成为数论中的一个基本定理。戴德金想得到一个完全抽象和普适的证明，因为他的真正目标是“表明存在无穷多个并非由有理数产生的分割”。然而，他自己的证明对我们来说是困难重重的，也涉及很多的数论。所以，我们只用$\sqrt{2}$作演示，并请你相信这个结果可以扩展到所有的无理数（确实能够）。

② **IYI**：回顾下第67—68页所演示的$\frac{D}{S}$的不可通约性。

211 $(2-x^2)$，定义 x^+ 等于 $(x+\frac{p}{4})$。最后一个定义也许看起来有点奇怪，但你可以根据最初的性质和 p 的取值，容易地验证 $(x+\frac{p}{4})$ 将大于 x。所以关键的 $x^+>x$ 这一点就保证了。其余的证明过程就只是单调乏味的小学数学：

（1）$(x^+)^2=(x+\frac{p}{4})^2$

（2）$(x+\frac{p}{4})^2=x^2+\frac{xp}{2}+\frac{p^2}{16}$。根据定义 x 大于1，则 $x^2>x$，就有 $(\frac{x^2p}{2})>(\frac{xp}{2})$。于是

（3）$(x^2+\frac{xp}{2}+\frac{p^2}{16})<(x^2+\frac{x^2p}{2}+\frac{p^2}{16})$。以16为公分母把较大这边通分，就得到

（4）$(\frac{16x^2+8x^2p+p^2}{16})$。根据定义，$p=(2-x^2)$，很容易得到 $x^2=(2-p)$。于是代入（4）就得到

（5）$[\frac{16(2-p)+8(2-p)p+p^2}{16}]$，展开里面的括号后就得到

（6）$[\frac{32-16p+(16-8p)p+p^2}{16}]$，继续展开就得到

（7）$(\frac{32-16p+16p-8p^2+p^2}{16})$。这可以化简为

212 （8）$(\frac{32-7p^2}{16})$，也就等于

（9）$(2-\frac{7}{16}p^2)$。根据定义 $p>0$，那么这个式子总是小于2。根据步骤（1）到（9）［特别是（1）、（3）和（9）］我们就得到

(10) $(x^{+})^2 < (2 - \frac{7}{16}p^2) < 2$。根据大小关系的传递规律，就有

(11) $(x^{+})^2 < 2$。这正是我们想要得到的结果——与最初假设的这个分割对应一个有理数 x 相矛盾。也就是说它不可能对应一个有理数 x。证毕。

戴德金在这个证明中说道："所有有理数构成的域的不完全性或不连续性，就在于不是所有的分割都是由有理数产生的这个性质。"但这只是它意义的一小部分。这个分割工具使得戴德金可以完全用有理数来定义无理数。这也是设计一个百分之百严格的、演绎的实数理论的唯一方法。这个定义，简单来说，就是一个无理数是一个分割所对应的点的值。这个分割把数轴分成两个完全的集合 A 和 B，各自都没有最大或最小元。[①] 正是这个定义建立了连续统——即所有实数的集合——并把数轴变成了实直线。[②] 其中特别了不起、特别独创性的地方是，戴德金的窍门在于把以前使得无理数如此神秘的东西——与数轴上说不出名字的点的对应性——变成了它们的严格定义的一部分。

213

6.4 无穷集合

当然，戴德金的理论也预先假设了实无穷集合的存在。不仅

---

① **IYI**：因此，戈里斯博士自己在课堂上把无理数定义为"分割三明治"，这显然大受青少年的欢迎。

② 关于第 180 页的一个简单的说明：现在我们所知的康托尔 - 戴德金公理是指，实数轴上的点可以 1 - 1C 到实数集。

是预先假设——通过这个分割的概念，他实际上把一个实数的定义变成了“具有某种特殊性质的一对无穷集合”。对于这一点，还有一些需要注意的潜在的奇怪之处。首先，考虑到数学对实无穷长期、频繁的过度反应，戴德金的理论仅仅可以看作是用一个不可定义的量来交换另一个不可定义的量，也就是说为了给无理数建立基础并定义它们，要借助于这样一个神秘思想：存在两个——而不是一个——不可想象得大却又精确有序的集合，两个都莫名其妙是无穷的，而在某些特定方面恰好又是有限的。这也许就像 Z. P. 一样再一次打击了你。如果是这样，保持这样的想法。

第二个奇怪的地方：如果你很仔细也很有耐心，也许已经观察到，在戴德金理论和 2.4 节欧多克索斯几何可通约性之间，存在令人吃惊的相似性。对于这一点，请回想或重温一下 2.4 节，再看看分割这个概念，就可以帮助大家更清楚地理解欧多克索斯的“比率”定义是如何用于标明无理数的：仅当对任意有理数$\frac{a}{b}$的析取命题（$ap<bq$）或（$ap>bq$）为真①，也就是 $ap \neq bq$ 时，用比$\frac{p}{q}$来表示的数才是无理数（即，p 和 q 是不可通约的）。这里并不是非难戴德金剽窃了欧多克索斯或者肯定知道有欧多克索斯这么一个人。事实上，戴德金在《数的本质和意义》的序言引用了《几何原本》中欧多克索斯的定义 5。但他显然不知道欧几里得是从什么地方得到它的。这个引用清楚地表明了戴德金和欧多克索斯之间最大的不同，以及古希腊数学和现代分析学之间的不同：

214

① **IYI**：逻辑上说，如果其中至少有一项为真，那么这个析取命题就为真。

> 如果有人把无理数视为两个可测量的比,① 那么这种方法（=戴德金自己的）在欧几里得给出的两个比相等的著名定义（《原本》第五卷）中，已经尽可能准确②地提出来了。

两者的不同在于第一句“如果…可测量的比”。欧多克索斯和欧几里得是（再说一次）几何学家，对他们来说无理数的问题涉及的是诸如线、面和体之类的几何量。而戴德金的全部工作（又跟魏尔斯特拉斯的很像）是摆脱几何，使分析完全基于算术。③ 这就是为什么戴德金一再地申明，其分割理论中的实数轴和几何点只是为了消遣。实际上，前面提到的这篇序言里有一句关于算术化美学意义的最激动人心的话：“对我来说，分析算术化更优美的地方是，人类不需要任何可测量的概念，仅仅通过简单的思维步骤的有限系统，就能进入创造纯粹连续数域的时代。”

215

此外，人们对戴德金的这种说法是否正确存在合理的疑问，即在一个数学定义中使用了实无穷的集合却又说只涉及“思维步骤的一个有限系统”，而这又回到前两段中已经搁置的问题。如果你确实反对在一个严格定义中使用无穷集合，因为你觉得这样

---

① 这就是戈里斯博士用来描述几何数量的术语。

② 准确到小数点最后一位。

③ **IYI**：欧多克索斯和戴德金之间的一个区别就是他们在各自理论中构思无穷集合的方法。回想下 2.4 节的后半部分，欧多克索斯的穷竭法所用到的无穷集合就是不断减去之后所得余项的无穷序列。当然，这里减去的是几何量，并且∞也只是潜在的——比如，本书第 73—74 页提及的《几何原本》第十卷的命题 1 中的“$\lim_{n\to\infty} p(1-r)^n=0$”。这正是戴德金之前人们分析处理穷竭法中的无穷余项的方法。

从数学和哲学上看，戴德金的观点和欧多克索斯的正好相反。戴德金认为自己理论中的几何线或点只是理论上的和示例性的：它和你能否真正构造一条完整的数轴或测量出隔离$\sqrt{2}$这点所需的准确长度是毫无关系的。毕竟“数是人类心灵的自由创造物”，数学的存在也只是“思维规律的一个直接结果”，所以对戴德金来说真正要紧的是 $x^2<2$ 的无穷集合 A 和 $x^2>2$ 的无穷集合 B。对戴德金的理论来说，最根本的是这些∞，而不是任何几何图形或量。

的实无穷类型集合在数学上是不真实或不合规则的，那么你显然是一位亚里士多德/高斯主义者，并会邀请克罗内克教授作为你的头号辩护者——前面说过，克罗内克是康托尔从前的导师，后来成为他主要的对手。而且，一些历史学家认为，在某种程度上正是克罗内克这个人让康托尔发疯。克罗内克差不多算是数学史上的第一位直觉主义者，相信只有整数在数学上是真实的。因为只有它们是“绝对直觉的”，也就是说小数、无理数，当然还有无穷集合都是数学上的独角兽。克罗内克经常因他的一句格言被数学史简要提及：“只有整数是上帝创造的，其余都是人类的工作。”① 就像达朗贝尔和阿基米德被提及的方式一样——两人的格

216

① **IYI**：关于克罗内克的另外一件可疑的重要事件涉及他对1882年林德曼证明π是一个超穷无理数的反应（这个证明宣告了古希腊化圆为方问题的寿终正寝）。在这个故事中，克罗内克未受邀请就跑到一个会议上，激动地对林德曼说：“你那关于π的有趣证明有什么用？既然无理数根本不存在，为什么要把你的时间浪费在这样的问题上？”林德曼作何反应没有相关记载。

现在简单介绍克罗内克的一些事迹。顶尖的数学家中很少有成功的商人。而克罗内克则在银行业上取得了巨大的成功，30岁就歇业，把生命投入到纯粹数学领域。他是德国哈佛—柏林大学的一位明星般的学生，后来也成为这所大学的教授。从研究领域上说，他主要是一位代数学家，专长是代数数域（解释起来很费事）——比如他最著名的发现，δ函数。这一发现在某些方面预见了当今数字化时代的二进制数学。作为一名专业的体操和登山运动员，他身高只有152厘米，但身手敏捷，肌肉发达，总是打扮得漂漂亮亮。只有152厘米，我没开玩笑。虽然他是数学和学术圈中的一条食人鱼，但看起来总是彬彬有礼。他在整个数学界非常活跃，人脉遍布——这种同事，你根本不想与之为敌，因为他是每一个委员会和编辑部的成员。他的主要同盟者：数论学家库默尔；在前康托尔时代的主要敌手：前面提到的又高又不爱讲究又不活跃的魏尔斯特拉斯。克罗内克和魏尔斯特拉斯之间的争吵，可以形象地描述为一条狂暴的吉娃娃在追逐一条大丹麦犬。交恶的原因是：（1）魏尔斯特拉斯的专长是连续函数，而克罗内克认为它是骗人的、有害的；（2）克罗内克相信魏尔斯特拉斯的分析算术化方法远远不够——参见下文。克罗内克的伟大梦想：把所有的分析建立在整数之上。克罗内克的极端保守的数学本体论现在被认为是直觉主义和构造主义的前身，不过在庞加莱（Poincaré）和布劳威尔之前没有追随者——所有这些在第7章将详细地解说。

言分别是："向前进，向前进，信念自然就会来临"和"我发现了（Eureka）!"在接下来的章节中，还有更多你可能想知道的关于克罗内克和直觉主义者的知识。现在，我们只要知道这点就足够了：正如魏尔斯特拉斯、戴德金等人想从分析中消除几何并把一切置于实数系统的基础之上一样，克罗内克甚至走得更远，他想把分析仅仅置于整数和有理数（表示为整数之比）的基础上。 217

于是，现在回到用"在一个定义中不能使用无穷集合"来反对戴德金实数理论的具体观点。至少有两个出色的方法来回应它。第一个是说（见第 191 页的注释③），戴德金的理论不是真的要我们以第 1 章所说的特别意义上的处理方式去处理无穷集合。严格地说，这个分割的技巧是不需要实无穷为先决条件，充其量和"$\lim_{n\to\infty}(1-\frac{1}{2^n})$"所需要的一样。这就是说，戴德金理论中的无穷集合 A 和 B 完全是抽象的、假设性的：我们只需知道有三种可能性，不必把它们真的标出来或描绘出来，甚至不用谈到它们。

如果你对这个回答还是觉得不满意，认为戴德金看起来很严格的定义所做的就是，用无穷集合的模糊性来交换无理数数学上的模糊性。那么，可以非常适时地指出，就在《连续性和无理数》出版的时候，康托尔开始公开发表他的研究成果，消除了戴德金所假定的那种实无穷集合的模糊性。我在第 1 章和第 4 章中曾暗示过，康托尔和戴德金在数学上几乎同时亮相，某种程度上有点像 N&L。他们的亮相明确标志着∞类型集合时代的来临。两人工作上艾舍尔式的契合让人吃惊，[1] 康托尔定义了"无穷集 218

---

① **IYI**：戈里斯博士总是说魏尔斯特拉斯、戴德金和康托尔都构造了各自的特殊收敛级数。反过来，每一个级数又为其他级数取得切实可行的进展提供了支持。

合”和“超穷数”的概念，并构筑了它们的基础，然后建立了联系、比较不同类型∞的严谨方式。这也正是戴德金的无理数定义需要支撑加固的地方。回到前面的问题，分割的技术表明实无穷集合在分析学中是真正有用的。换句话说，虽然实无穷集合必定保持着感性和认知上的抽象性，但是它们仍然可以在数学中担当实际抽象物的功能，而不仅仅作为奇怪的悖论式的胡思乱想。①

时间也有点凑巧。戴德金在1872年3月，读到康托尔在一家重要期刊上发表的一篇论文②时，才第一次知道康托尔这个人。当时，他正好快要完成《连续性和无理数》的最后一稿。书稿中，戴德金引用了一段康托尔的话，并“衷心地感谢”“这位具有创造天才的作者”，因为他文章中的无理数理论“……除了表述的形式之外，和我指出的连续性的本质是相一致的”。同年的某一天，他们在瑞士的某个休养所偶遇了。他们确实是偶遇。康托尔是哈雷大学的无薪讲师，戴德金在不伦瑞克教高中。③ 两人相见恨晚，并开始书信往来——康托尔大量最有价值的结果都写在这些信件里。但这两位绝不是真正意义上的合作者。显然在1880年到1890年之间，两人有一场很激烈的争吵，当时康托尔谎称有一个哈雷大学的教授职位，而戴德金拒绝了（如果他们在1899年有过一整天的午餐聚会的话，那么他们最后应该和好了）。

219

① 更不用说，19世纪后期有许多数学家根本不相信这点。克罗内克就是其中的一个。

② 论文题目大致翻译为“关于三角级数理论中一个命题的扩展”（On the Extension of a Proposition from the Theory of Trigonometric Series）。这是康托尔第一篇重要论文，将占据后面章节的大部分篇幅。

③ **IYI**：戈里斯博士趣闻：不伦瑞克以其妙不可言、广受欢迎的五香肝肠三明治酱而闻名。样子有点像用来固定旧运动鞋鞋尖的胶水。在上到戴德金－康托尔那一课的时候，班里每一个人都被邀请用一块威特廷（Wheat Thin）饼干沾了一点尝尝（一种额外学分般的恩惠）。

对于此类私人恩怨我们再次略过不表。

6.5 半 IYI 的小插曲

如前所述，康托尔的无理数理论，绝大部分都在 1872 年的《关于三角级数理论中一个命题的扩展》中。这个理论不仅在技术上是复杂的，而且重要性完全低于包含它的、更为宏大的集合论的工作。[①] 根据你的$\frac{兴趣}{疲劳}$比值，也许你只想跳过下面的内容。这部分内容在名字上不太好称呼，可归为半 **IYI** 的内容。

康托尔不大关心定义无理数本身，而更关心创建一种可以以相同方式定义所有实数（包括有理数和无理数）的技术。实际上，正是康托尔首先在数学中引进了包括有理数和无理数（因为很复杂的原因，戴德金反对这一点）的所有实数集合的理念。康托尔自己的理论显然也是依赖于无穷集合概念的；但是对康托尔来说，在这点上，这些无穷集合更像是有理数的无穷序列的无穷集合。这也是他的理论充满危险的一部分。另一部分就是康托尔想利用魏尔斯特拉斯的“作为极限的无理数”的思想，而又不产生 6.1 节中提到的循环定义的问题，因此他使用收敛序列而不是级数。 220

说得更明确一点，为了避免魏尔斯特拉斯定义中的同义反复，康托尔首先发现了两个事实：(1) 所有的实数都可以用无穷小数表示——有理小数总是可以无穷次地重复它们的基本周期（像第 184 页注释②所述），或者以一个无穷长串的 0 或 9 作为结尾（回忆下第 69 页注释②中的内容，这两者是等价的，比如

---

① 对我们来说，更重要的是康托尔的无理数理论不如戴德金的那么好。后者更简单，更精巧，并且（很有讽刺意味）更好地利用了无穷大集合。

0.999… =1.000…之类的东西）；（2）无穷小数可以对应为十进制分数的极限——你在四年级或五年级就学到十进制分数，我们教每个小孩十进制数时都是用分数来教的，比如 $0.15=\frac{0}{1}+\frac{1}{10}+\frac{5}{100}$。因而，这里再次说明高等数学分析的基础也只是小学生的初等算术：一般的规则就是，任何无穷小数都可以表示成收敛的无穷级数 $a_0 10^0+a_1 10^{-1}+a_2 10^{-2}+a_3 10^{-3}+\cdots+a_n 10^{-n}+\cdots$。这个级数之和收敛到最初的十进制小数，即这个十进制小数是级数的极限。[①] 那么，借用一点巧妙的数学符号学，康托尔观察到——本着 5.4 节的精神——任何有理数序列[②]的收敛等同于它可表示为一个无穷的十进制小数（因此十进制小数在数学上可以用序列来定义），因而牢牢把握住整个十进制数的性质。

221

IYI：如果上面这段看起来有点云遮雾绕的，那么我们把这个论证还原为一个简单的三段论："因为（1）所有数都可以用十进制小数来定义，（2）所有的十进制小数都可以用序列来定义，因此（3）所有数都可以用序列来定义。"这确实是 100% 正确的。

考虑到所有这些，康托尔的基本思想是，如果一个有理数的无穷序列 a_0，a_1，a_2，…，a_n，…以这种方式收敛——对任意的 m[③]，有 $\lim\limits_{n\to\infty}(a_{n+m}-a_n)=0$，那么，这个序列定义了一个实数——

---

① **IYI**：你可能注意到，十进制分数与 5.5 节的插曲中通过其他有理数的收敛幂级数来逼近有理数的内容具有明显的相似性。让我们退一步说，如果我们追求技术上的严格而不是一般人的欣赏能力，而所有这种联系都要详细描述或讨论的话，那么这本书肯定又长又难读，对读者背景和耐心的要求就更高。所以，这就是一连串的折中。

② **IYI**：确实不必再次强调一个级数就是一种特殊的序列。

③ **IYI**：如果你注意到这与 5.1 节中的柯西收敛条件［参见应急词汇表 II 的微分方程（b）］是多么地相似，那么你就会明白，为什么康托尔没有说当且仅当，而只是说当序列 a 以这种方式收敛时，它定义了一个实数。

也就是，在这个序列中走得越远，任意两个相邻项的差越趋于0① 222
(当然，这正是十进制数真正起作用的方式：在第 n 位小数，相邻两位的值相差最多为 10^{-n})。康托尔把具有这类性质的序列称为基本序列。这边是所谓的康托尔实数理论：每一个实数至少可以用一个基本序列定义。

在这点上，有两个潜在的反对意见。如果你突然间想到，康托尔把“实数”定义为“用一个基本序列定义的东西”有点循环定义或同义反复——这就很像“狗”定义为可以用“狗”的定义来定义的东西——那么，我们不得不弄清楚，对康托尔的理论来说，“定义”的确切含义是什么。它和“是”或“等于”的意思差不多。也就是说，我们换个说法就可以使这个理论避免循环定义：基本序列就是实数。这就好比 0.15 就是 Lim $[0(10^0), 1(10^{-1}), 5(10^{-2})]$ 或一个三角函数就是它收敛级数的展开。此外，因为实数包括无理数和有理数，你可能想知道，康托尔的基本序列是否以及如何定义有理数，甚至还想知道这个理念是否有意义。答案是，它确实有意义，也确实可行：康托尔规定的是当一个基本序列 a_0，a_1，a_2，…，a_n，…在 a_n 后的每一项都等于 0 或 a 时，该序列定义（等于）有理数②（注意本节的引号问题）。

为了使他的理论真正可行，康托尔仍然必须表明如何用他的 223
基本序列和这些序列定义的实数来证明算术的性质，并进行基本

---

① 当然这只是简略的表示方法。实际上，在《关于三角级数理论中一个命题的扩展》中，康托尔沿袭了魏尔斯特拉斯的方法，避开“趋于”或“逼近”这样的词，而喜欢用很好使的小 ε。于是，从技术上说，根据规则，序列的极限就定义为：对任意的 ε，这个序列中最多只存在有限个项，它们两两之间的差值 m 小于 ε。

② **IYI**：一个基本序列的例子是 $a_{n+1}=0$：0.1500000…；另一个例子是 $a_{n+1}=a$：0.66666…。

的运算。下面就是他论文中演示的两个例子，这里相关的实数记为 x 和 y：

（A）既然能够证明可以用不止一个基本序列来定义同一个实数 x，[①] 康托尔在此基础上制定了规则：当且仅当 $|a_n - b_n|$ 在 n 趋于∞时逼近于[②] 0，两个基本序列 a_0，a_1，a_2，…，a_n，…和 b_0，b_1，b_2，…，b_n，…定义同一个 x。

（B）为了证明基本的算术运算，比如说 a_n 和 b_n 分别是定义 x 和 y 的基本序列，康托尔证明了（$a_n \pm b_n$）和（$a_n \times b_n$）也是基本序列（在证明中大量使用了一个我们没用的高度专业的符号），因而定义了实数（$x \pm y$）和（$x \times y$）。在他的证明中，$\frac{b_n}{a_n}$是定义$\frac{y}{x}$的基本序列，唯一的限制是 x 显然不能为 0。

作为最后的总结，想必你已经想到另外一个潜在的反对观点，一个相当无聊的观点。然而，也许康托尔用基本序列来定义实数的理论中，唯一令人印象深刻的是——这也正是戴德金称为具有独创性的地方——康托尔的方法避免了那种致命的 V. I. R. 类型的反驳，虽然第一眼看上去，他的理论好像经受不住这种攻击。因为，如果有理数的基本序列可以定义实数，那么实数（包括有理数和无理数）的基本序列又定义了什么呢？按照康托尔的方法，你可以很容易地构造一个收敛的实数序列——许多种类的三角级数就是如此。我们需要创造一种新的数类来作为这些实数序列的极限吗？如果需要，那么我们就需要另外一个数类来作为这些新数类的基本序列的极限，然后一个接一个，无穷无尽。它完全是亚里士多德“第三形式的男人”的论证。不过，康托尔通

224

---

① 事实上有无穷多个。不过不想过多地展开这点的证明。

② 再次用简略的形式。前一个动词也一样。

过证明[1]下面的定理而阻断了这个恶性循环：如果 r_n 是一个满足对任意的 m 都有 $\lim\limits_{n\to\infty}(r_{n+m}-r_n)=0$ 的实数序列——也就是，如果 r_n 是一个名副其实的实数的基本序列——那么，存在某个可以用一个有理数 a 的基本序列 a_n 定义的唯一的实数 r，使得 $\lim\limits_{n\to\infty}r_n=r$。换句话说，康托尔能够表明实数基本序列的极限就等于实数，也就是说他定义的系统是自我封闭和 V. I. R. 证明的。

6.6 构造主义者的反驳

在 6.4 节中已经隐约提示过，戴德金和康托尔的理论与克罗内克的另一个称之为构造主义的学说（后来成为直觉主义以及集合论所引发的关于数学哲学基础争论的一个重要部分）相冲突。[2] 事情变得越来越沉重和复杂，但是很重要。下面是由克罗内克付诸实践，又经庞加莱、布劳威尔和其他直觉主义的主要人物系统化的构造主义的基本原则：（1）任何比朴素古老的整数算术更复

225

① 再次，点到为止——解释这点可能需要好几页纸和另外一张应急词汇表。我们在第 7 章谈到康托尔正式的∞证明时会花费更多的时间。

② **IYI**：有些数学史学家使用“构造主义”时也指直觉主义，反过来也行。有时“操作主义”（Operationalism）既指构造主义也指直觉主义——加上还有既相似又有所区别的约定主义（Conventionalism）——这些东西纠缠在一起让人很讨厌。从现在起，我们将用一种尽可能正常、简单的方法来分辨这些文绉绉的术语。请注意，我们所讨论的直觉主义者的论战仅限于和本书直接相关的东西。如果读者对从克罗内克开始到 20 世纪 30 年代因哥德尔引发的数学基础危机而告终的数学大论战感兴趣的话，我们很高兴推荐曼库苏（P. Mancuso）主编的《从布劳威尔到希尔伯特》（*From Brouwer to Hilbert*），克里尼（S. C. Kleene）的《元数学导论》（*Introduction to Metamathematics*）和外尔（H. Weyl）的《数学哲学和自然科学》（*Philosophy of Mathematics and Natural Science*）。这些都列在后面的参考书目中。

杂或抽象的数学陈述或定理，必定可以经过有限个纯粹演绎的步骤从整数算术明确地推导出来（即“构造”，constructed）；（2）数学中唯一有效的证明是构造性的证明，“构造性”在这里的意思是，这种证明提供了发现（即“构造出”，constructing）它所涉及的任何数学实体的方法。[①] 就数学的形而上学而言，构造主义与柏拉图主义是直接对立的：也许数学真理并不存在于人类意识之外的其他地方，除了整数。事实上，对克罗内克以及后继者而言，说某个数学实体“存在”的确切含义是说，在人类生命的时间跨度内，现实中的人可以用笔和纸把它构造出来。

226

不过，在涉及∞、无穷集合、无穷序列等的定理和证明时，你就会明白构造主义者将面临一个严重的问题——特别当这些无穷大量明确表示为实在的时候。比如，对戴德金的分割来说，构

---

① 对于克罗内克式的构造性证明的说法，英语中有一种有趣的对偶。与字面上的含义“涉及实际的构造”一样，对我们来说，“构造性的”也就意味着“非破坏性的”。我们总是选择“好”而非“坏”，“建立”而非“拆毁”，而主要的“破坏性”证明正好就是归谬法。由此可以非常肯定，构造主义不认为归谬法是一种有效的证明方法。当然，真正的原因是归谬法在逻辑上依赖于 L. E. M. 。根据这条法则（见 1.3 节），形式上说，每一个数学命题不是真就是假。构造主义者（尤其是极端古怪和严肃的布劳威尔）抵制 L. E. M. 作为一条形式公理。主要理由是，L. E. M. 无法被构造性地证明。也就是说，没有确定性的方法可以证明，任意命题 P 非真即假。加上还有各种各样的数学猜想——比如，哥德巴赫猜想，欧拉常数的无理性以及即将出现的康托尔的连续统假设（Continuum Hypothesis，C. H.）——既不能被证明，也不能进行式地证伪，等等。**IYI**：注意，无论构造主义看起来如何乖僻或偏激，它还是有一定影响和价值的。构造主义运动强调确定性的可操作方法，这一点对数理逻辑和计算机的出现是非常重要的。它对 L. E. M. 的抵制，也是导致直觉主义成为多值逻辑学先驱的部分原因，而多值逻辑学中的模糊逻辑学对今天的人工智能、遗传学和非线性系统等来说至关重要。**IYI**：非常关于模糊逻辑学，建议具有很强数学背景和大量空闲时间的读者，可以阅读克利尔（G. J. Klir）和袁波（Bo Yuan）的《模糊、模糊集和模糊逻辑：理论和应用》（*Fuzzy and Fuzzy Sets and Fuzzy Logic*：*Theory and Applications*）。这本书也列入后面的参考书目。

造主义者的缺陷显然一开始就是一个解不开的结。构造主义者的问题不仅在于无理数并不真实存在，也不仅在于戴德金用反证法来证明一些分割不和有理数对应——而是在于用其他数的无穷集合来定义一个数。首先，戴德金并没有给定一些人们得以构造出集合 A 和 B 的数学规则。他只是简单说如果数轴可以划分为 A 和 B……并没有给出任何可以实际构造出这些集合的方法或程序——无论如何，这些集合实际上是不可构造或验证的，因为它们是无穷的。其次，当我们构造集合时，从数学上说，一个“集合”究竟是什么东西呢？构造一个集合的程序又是什么呢？如此等等。

构造主义者的最后一个复合问题（得承认，这问题戴德金也回答不了[①]）提供了一个足以说明康托尔的特别天赋和为什么他配享集合论之父头衔的最好例证。回忆下 3.3 节中说过的，康托尔如何抓住一个被认为是自相矛盾、完全无法处理的 ∞ 的性质——即，一个无穷集合/类/聚合体可以和它的子集建立 1-1C 的关系——并把它变为一个无穷集合的数学上的专业定义。这里看看他是如何同样处理的：他把一个集合 S 定义为由离散个体组成的任何聚合体（aggregate）或集合体，并满足两个条件：（1）S 在人的意识中可以作为一个聚合体，（2）存在某个既定的规则或条件使得人们可以确定任何实体 x 是或不是 S 的一个成员，从而把看起来要毁灭一切的反对观点转变为严格的准则。[②]

---

① 虽然公正地说，这并不是他的研究领域。

② **IYI**：在接下来的 7.1 节中，将讲到这个定义的更多细节和内容。就目前来说，既然我们已经看到戴德金清楚地给出了判定一个给定的数是否是无理数的确定性方法，那么集合的一个很好的例子就是所有无理数的集合。

这个定义显然不是从天而降的。为了明白康托尔关于无理数和集合的研究成果真正来自哪里，重新看看 5.4 节里关于三角级数收敛和表示，以及黎曼的局部化定义等内容，会比较有帮助。

∞的理论

7.1 康托尔的第一步

228 这一节甚至连题词都有：

> “无穷大的现代理论是以与它之前的数学若即若离的方式发展而成的。”
>
> ——肖汉·拉文

> “但是，新手也许想知道怎么可能处理一个没法数出的数。”
>
> ——伯特兰·罗素

> “请每一个人扣好安全带，我们正准备急速爬升。”
>
> ——E. R. 戈里斯

因为一些众所周知的原因，下面的许多东西将讲得很快。一开始也许有点困难，但像许多纯粹数学一样，当我们越来越深入，它就变得越来越容易。前面提到过，康托尔是在魏尔斯特拉斯和克罗内克的指导下在柏林完成他毕业论文的。他最早发表的文章是关于一些十分标准的数论问题的研究。[①] 拿到博士学位后，康托尔得到一个低级的工作，在哈雷大学做无薪讲师（这似乎是

① **IYI**：更确切地说是不定方程和三元式，都属于克罗内克喜欢的代数数论主题（我提到过克罗内克是康托尔博士论文的指导老师吗？对年轻的数学家来说，研究导师熟悉的问题是司空见惯的——康托尔也接过了海涅的证明，参见下文）。

一种奇怪的来去自由的助教职位[①]），并在那里遇见了海涅——一位应用分析的专家，在热学方面有过重要的研究成果，特别是关于位势方程[②]。不管怎么说，在 1870 年左右，海涅是研究傅里叶级数和黎曼“关于……的表示”所引起的问题的数学家群体中的一员。而且，显然是他让康托尔对后来被称为唯一性问题的东西感兴趣：如果任意给定的 $f(x)$ 可以用一个三角级数表示，那么这个表示是否唯一，即是否只有一个三角级数可以表示它？海涅自己只能证明该三角级数在一致收敛的条件下才是唯一的。[③] 这结果显然不是非常好，因为有许多三角级数甚至傅里叶级数都不是一致收敛的。

229

在 1872 年，康托尔《关于三角级数理论中一个命题的扩展》[④] 的文章定义并证明了一个更一般的 U. T.，不仅不需要一致收敛性，而且假如这些异常点[⑤]以某种特定的方式分布，还允许在无穷多个点上不收敛。我们将要看到，这个精确的分布是相当复杂的——康托尔实际上是在之前的几篇文章和所发表的附录的基础上才提出了 1872 年的这个定理。这个过程中，他的唯一性准

230

---

① **IYI**：19 世纪的德国高等教育体系几乎是无法解释清楚的。

② **IYI**：一种特殊的偏微分方程，大概是在大二数学中讲到格林定理的时候会学到。

③ 你也许记得应急词汇表 II 中“一致收敛以及一些相关的秘密”的内容，意思是这个级数表示的函数必定是连续的（**IYI**：注意：海涅给出的证明要求这个级数和函数是“几乎处处”一致收敛和连续。这里的区别是非常细微的，我们可以忽略它们而不至于造成曲解）。

④ **IYI**：即，6.5 节中他发表实数理论的那篇文章（现在就可以明白这篇文章标题的意思了）。

⑤ **IYI**：至于异常点请参见应急词汇表 II 的条目“一致收敛以及一些相关的秘密（d）”。请回忆一下，它也可以称为“间断点”（注意：有些数学课也用奇点来称呼异常点。因为奇点这个术语也指黑洞，而某种意义上奇点就是间断点。所以这让人既困惑又好奇）。

则逐渐从需要给定的三角级数在所有点都收敛，发展到允许有限个点不收敛，再到 U. T. 最终的、100% 的一般形式。有趣的是，正是克罗内克教授帮助康托尔在几个早期的关键点上改进和简化了他的证明。同时，魏尔斯特拉斯关于连续性和收敛性的工作也深刻地影响了康托尔的方法。比如，魏尔斯特拉斯观察到形如 $f(x)=\frac{a_0}{2}+\sum(a_n\sin nx+b_n\cos nx)$ 的一般三角级数必须是一致收敛的才可以逐项积分（这也是海涅和其他人试图攻击 U. T. 的方法）。历史学家们注意到，这时康托尔和克罗内克的关系降温了。当康托尔对 U. T. 精益求精，开始允许 $f(x)$ 的表示或者级数的收敛性[①]在无穷多个点上有所例外时，克罗内克的信变得越来越有火药味。在这个证明的每一个后期版本中，克罗内克基本上是看着康托尔从代数的、构造主义的立场转向一个更魏尔斯特拉斯式的函数理论的立场。最终，当 1872 年论文公开发表，而且文章的第一部分全是关于 6.5 节中详细讲过的无理数/实数理论时，这种背叛彻底坐实了。

如果能理解为什么需要一个无理数的逻辑一致的理论，那么也就同样能明白康托尔关于 U. T. 的工作如何引导他走向对无穷集合本身的研究。这个讨论变得有点危险，需要你回想 B. W. T. 的规则：每一个有界的无穷点集至少包含一个极限点——当然也需要回想下一个极限点是什么。[②] 而且，你还需要记住，唯一性证明的核心概念是全都和实数轴有关（即，当使用诸如“点集”“异常点”和“极限点”等术语时，它们所指的真的是那些对应

231

① 在这一节中，重要的是要记住，对我们来说，这两者是一样的。

② **IYI**：参见第 167 页的内容和注释①。

着实数的几何点①)。也请注意，在 B. W. T. 和康托尔的证明中所考虑的“有界的无穷点集”实际上是序列。这也是理解极限点的最容易的实体——比如像数轴上的无穷点集 $\{0, \frac{1}{4}, \frac{3}{8}, \frac{7}{16}, \frac{15}{32}, \frac{31}{64}, \cdots\}$② 的极限点等于$\frac{1}{2}$，它也正是无穷序列0，$\frac{1}{4}$，$\frac{3}{8}$，$\frac{7}{16}$，$\frac{15}{32}$，$\frac{31}{64}$，…的极限。

那么，康托尔是如何得到越来越一般性的结果的呢？最初(1870 年)，他想要得到一个不是一致收敛③但是处处收敛的三角级数，即在每一个 x 值都收敛的三角级数。接下来（1871 年)④，他成功证明如果两个截然不同的三角级数除了有限个点外，处处收敛到同一个（任意）函数，那么它们确实就是同一个级数。我们将跳过这个证明，因为真正有密切关系的是接下来的一个，即1872 年的成果。这个研究成果中，康托尔允许存在无穷多个异常点，并仍然证明了这两个表示的三角级数是完全等同的。⑤ 他通过引入一个导集的概念来证明这一点。这个概念的基本定义是：如果 P 是一个点集（也就是实数点的任何集合，虽然康托尔脑子里显然是指两个三角级数的所有异常点的无穷集合)，那么导集

232

① 康托尔在《关于三角级数理论中一个命题的扩展》的开头讲到：“对每一个数，实轴上都有一个点和它对应。这个点的坐标就等于这个数。”

② 如果我们还没在其他地方使用这些奇怪的花括号，需要说明的是这对花括号就表示组成了一个集合。

③ 即，不是逐项可积的。

④ **IYI**：显然这些正是克罗内克可以派上用场的地方。

⑤ 当然，如果最终可以证明任何级数表示与 $f(x)$ 原始的级数表示相等，那么原始级数正是该函数的唯一表示。U. T. 基本上就是这么运作的——不是说只有一个级数可以表示一个给定的函数，而是说可以证明所有能表示该函数的级数都是相等的。

P'是 P 的所有极限点组成的集合。或者更确切地说，P'是 P 的一阶导集。因为只要所说的点集是无穷的，整个过程原则上说可以无穷地重复下去——P''是 P'的导集，P'''是 P''的导集，如此等等。这样重复 $n-1$ 次后将得到 P 的 n 阶导集 P^n。在前两段 U. T. 的说明里，“假如这些异常点以某种特定的方式分布”的这个条件的核心正是 P 的 n 阶导集 P^n。而关键的问题就是：P^n 是否无穷。

233

关于极限点如何运算要用到一些非常专业的数学知识。但在本质上，这里涉及的是 U. T. 中异常点的分布如何起作用。再做一次深呼吸吧。[1] 假定一个无穷点集 P，满足对某个有限的 n，P 的（$n-1$）阶导集 $P^{(n-1)}$是无穷的，而其 n 阶导集 P^n 是有限的。那么，如果除了在 P 的某些点或所有点之外，两个三角级数都收敛到同一个 $f(x)$，则这两个级数就相等。这样就证明了唯一性。这说得可能有些云里雾里，不那么生动清楚。理解它的关键部分是 P^n 有限的必要条件。为了解释这点，我们不得不引入另一个特性：对某个有限的 n，其 n 阶导集有限的任何点集 P 康托尔称为**第一类集合**，而如果对任何有限的 n，P^n 都不是有限的，则 P 是一个**第二类集合**（这也是为什么，求导集的过程在前面描述为“在原则上”是无穷的——第二类集合绝不会产生有限的导集，因而允许导集的导集这种无穷的重复）。

好的，那么为什么康托尔在他的 U. T. 证明里，要求最初的无穷异常点集 P 是第一类集合（即 P^n 是有限的）呢？这是因为，通过 E. V. T.，你肯定能够证明如果某个导集 P^n 是有限的，那么在某个更大的值 $n+k$，导集 $P^{(n+k)}$将达到它的绝对最小值 m，在

---

[1] **IYI**：如果下面几段看起来有些困难，请不要丧失勇气。事实上，从数学上看，康托尔创立∞理论的过程比理论本身要难理解得多。你真正需要的就是对 U. T. 如何导致康托尔走向超穷数学有一个大致的理解。困难的部分很快就会过去。

这种情况下就是 0，或者根本没有极限点。换句话说，也就是你只要在 P'，P''，P'''，…，P^n，…整个过程中的任意一步得到一个有限集，你就知道这个重复的过程将在某个地方停止；你最终得到一个没有成员的 $P^{(n+k)}$。而且，我们当然知道所有这些不同导集的成员都是极限点；从 B. W. T.，我们更进一步知道，任意有界的无穷点集至少有一个极限点。如果 $P^{(n+k)}$ 没有任何成员，那么它的上一级导集 $P^{(n+k-1)}$ 就没有极限点。因而根据 B. W. T.，$P^{(n+k-1)}$ 自己必定是有限的。再根据 E. V. T.，它必定在某个点取到最小值 0，即成员为空。而就在这一点，它的上一级导集 $P^{(n+k-2)}$ 是有限的，如此一直从 $P^{(n+k)}$，P^n，$P^{(n-1)}$，P'……往回追溯。所有这些就意味着——把所有这一切浓缩简化之后——在某个可证实的点上，这两个表示函数的三角级数重合为一个级数。这样就得到 U. T.。

234

然而，也许你还记得在 5. 5 节和 6. 1 节中，为了保证 E. V. T. 在任何情况下百分之百的适用，我们需要一个实数理论。而魏尔斯特拉斯提出的理论（如同康托尔自己表明的那样）能开花结果却没有根基。这也是康托尔 1872 年的证明需要它自己的实数理论的原因之一。另外一个原因是，为了使用更一般的 B. W. T. 来构造他的导集和集合类型的理论，康托尔需要协调直线上连续统点的几何性质——也就是诸如“极限点”“区间”之类的概念——与实数的算术连续统，因为分析学中涉及的实体当然是真正的数而不是点。①

① 比如道本对 1872 年证明的评论：“然而，康托尔强调的是，在这些不同（导集）中的数与它们的几何对应物是完全独立的。这两者的同构实质上只是为了帮助思考数本身。”请注意，这个观点和戴德金在《连续性和无理数》的观点在某种程度上是相同的。

235 如果我们观察到康托尔的导集是类似于子集的一般概念，并发现最小集 $P^{(n+k)}=0$ 本质上就等同于空集的定义，就有可能洞悉，康托尔的唯一性证明中萌发了现在称之为集合论①的胚芽。

236 导集、实数轴/实数连续统和U.T.也是康托尔超穷数学的直接渊源，尽管是以一种相当复杂的方法。我们已经了解到U.T.的 P^n 需要 n 是有限的，即，康托尔在证明中只使用了导集的导集这样的有限循环过程。不过，既然已经有如此多的无穷集合出现在他的证明中（比如，最初的 P 是无穷的，所有的 P'，P''，一直到 $P^{(n-1)}$ 都是无穷的，所讨论的三角级数也当然是无穷级数，更不用提涉及无穷多个区间内的点的极限点，以及这些无穷小的区间本身了），所以，康托尔开始更近距离地思考无穷次迭代下的导集的特性，也就一点都不奇怪了。

更特别的是，康托尔开始思考，经无穷次迭代后得到的第二

---

① 剧透：我们必须对你可能知道的两种不同的集合论加以区分。所谓的点集合论所涉及的集合的元素是数、空间或实数轴上的点以及它们构成的群或系统。点集合论在今天是非常重要的，比如在函数论和分析拓扑学中。另一种集合论就是抽象集合论。它如此命名的原因是它所涉及的集合的性质或元素没有给定。也就是说，它研究的是任意东西的集合。它完全是普适的，没有特指——因而称之为"抽象"。

从现在起，如果没有特别的说明，"集合论"指的就是抽象集合论。

使问题变得复杂的是，作为抽象集合论的创始人，康托尔一开始的工作（也可以说是创立）显然是点集合论。实际上，直到19世纪的最后10年他才提出了现在作为抽象集合论标志的集合的定义——"我们直觉或思维中，确定的有区别的对象组成的一个聚合体。每一个对象就称为这个聚合体中的元素。"——当然，他在七八十年代关于点集的所有重要结果都可应用于抽象集合论。最后还要注意到，对康托尔上面的定义和6.6节中的注解来说，"确定的"就是说对某个集合 S 和任意对象 x，至少在原则上可以确定 x 是否是 S 的一个元素（如果你懂得些逻辑，就会知道形式系统的这个性质称为可判定性）。而他定义中的"有区别的"是指对 S 的任意两个元素 x 和 y，有 $x \neq y$，这在形式上区分了一个序列和一个集合，因为在序列中，同一个项可以多次重复出现。剧透完毕。

类导集 P^{∞} 的无穷性，是否可能不同于或者以某种不知道的方式超过经有限迭代得到的第一类导集 $P^{(n-1)}$ 的无穷性。同样特别的是，他注意到，这些问题非常类似于比较数轴上有理数与实数轴上实数的∞问题。后一个问题关系到从 2.3 节开始一直在讨论的问题——即，有理数既是无穷多的又是无穷稠密的，但它们却不连续（即，数轴到处都是窟窿），而戴德金和康托尔刚好证明了用实数轴所表示的实数集是连续的。因此，很自然的①——他在证明 U. T. 时已经提出了检验实数与有理数、无穷集合性质的方法——康托尔想知道所有实数的无限集合是否以某种方式大于所有有理数的无限集合。这里“大于”的含义，与前面 P^{∞} 与 $P^{(n-1)}$ 问题中“超过”的含义相同，即如何能在数学上描述和解释不同的∞之间量级比。这一点可以用格利森（J. Gleason）不朽的名言来解答……

例行的插曲

现在需要提出几个程序性的问题。一部部的学术巨著都记载了康托尔的成就，② 你也可以花两个学期的时间，在逻辑、数学、哲学或计算机科学③等专业的课程中学习集合论，但仍然只能抓到一些皮毛。从历史上说，康托尔的超穷理论和证明跨越了 20

---

① **IYI**：这只是一种浓缩了的说法——而不是说康托尔就坐在桌子前，然后就顿悟到这些东西。

② **IYI**：学术方面第一流的英文书有阿比安（A. Abian）的《集合和超穷算术理论》，哈里特（M. Hallett）的《康托尔的集合论和量的极限》以及道本的《格奥尔格·康托尔：他的无穷大数学和哲学》。这些都列在参考书目中。不过，需要提醒的是，“学术”指的是艰深和专业得让人不堪卒读。特别是道本的书需要非常强的纯粹数学的背景知识。难以想象能够欣赏那本书的人会在我写的这本书上浪费时间……这使得整个的注释看起来很无聊。

③ **IYI**：这门学科和布尔（G. Boole，1815—1864）的外延逻辑有紧密联系。我们没有谈论到他真是心有愧疚。

238 年的时间[①]，涉及几十篇不同的文章，经常伴随着对早期结果的改进和修正，以致有时同样的证明有不止一个版本。很明显，这里从头到尾地讲解超穷数学，或充分地评判它在康托尔著作中的演变是不可能的。[②] 此外，最近有些通俗作品对康托尔的证明作了肤浅的和偷工减料的描写（前面提到过，这些描写通常着墨于康托尔的心理问题或想当然的神秘父子关系方面，大肆做一些普罗米修斯式的叙述）。这些描写中数学被歪曲了，它的美丽变得暗淡了。我们显然不会也这么做。

那么，我们的决定是：为了概念的透彻和连贯起见，折中的做法是牺牲时间的顺序和发展过程的脉络——也就是说，为了展示康托尔的概念、定理和证明，用一种凸显它们彼此之间以及与数学自身关系的方式。这不仅仅是跳过一些内容，而且经常不告诉你我们正在跳过某些相关内容。有时一个证明有几个版本而我 239 们只给出最好的那个，所有相关文章的准确日期和德英对照的题目也都不再赘述，[③] 等等。下面也需要一个特别的集合论的应急词汇表 III。然而，这个应急词汇表必须一点一点地在需要出现的

---

① **IYI**：更准确地说，他的主要原创性工作完成于1874—1884年。接下来的10年中发表的论文主要是前期证明的扩充和修改，以及对其他数学家的反对意见的回应。

② 也请注意，康托尔在创建这些东西的时候不是用公理化的方式进行的，大部分研究工作是基于他称之为“图形”的东西或一些粗糙的概念。而且，尽管他喜欢用符号，但他的大多数论证实际上是用自然语言——而非罗素那种简洁清晰的语言。康托尔最初的研究工作比我们将谈到的超穷数学要混乱和复杂得多，我们现在看到的超穷数学理论，是康托尔之后的集合理论家，比如策梅洛、弗伦克尔（A. A. Fraenkel）和斯科伦（T. Skolem）等人逐渐将其公理化和规范化的，但这些人在本章中没有过多涉及。

③ **IYI**：不过，所有这些内容都可以在本书的参考书目中列出的那些康托尔的著作中找到。

地方引入。因为，一些材料如果没有上下文的话，对读者来说太过抽象。

插曲结束

7.2 发现超穷数

很显然，一些非常重要的与∞相关的概念来自于一般性 U. T. 的证明。其中一个涉及有理数集与实数集的大小之比；另一个是实数轴的连续性是否以某种未知的方式与实数集的大小相关。当然还有超穷数的概念——康托尔对 1872 年证明的思考不仅让他区分了第一类和第二类无穷集合，同时也产生了超穷数的概念。

为了搞懂康托尔是如何想到并创造出超穷数的，我们首先需要确信，对一些集合论术语的了解能达到应急词汇表的级别，尽管这些术语你可能在小学里就见过了，[①] 也就是：集合 A 是集合 B 的子集，当且仅当 A 中没有元素不是 B 中的元素。集合 A 和集合 B 的并集是，A 中所有的元素和 B 中所有的元素组成的集合，而两者的交集是由既是 A 的元素又是 B 的元素的那些元素组成的集合。并集和交集通常分别用“∪”和“∩”来表示。最后，历史悠久的空集，即没有元素的集合，通常用符号“∅”表示——要注意到的是，根据上面看起来有点怪怪的“子集”的定义，无论什么集合总是包含∅作为子集。应急词汇表 III 第一部分结束。当然，这里你还得记住前一节中提到的第一类和第二类点集这些东西。实际上，我们还忽略了一些与“稠密”和“处处稠密”的

240

① **IYI**：特别是当你正处在接受新数学灌输的年龄。

准则相关的专业知识。但在本质上，康托尔想到并创造出超穷数的方法就是：[①]

假设 P 是一个第二类的无穷点集。康托尔表明 P 的一阶导集 P'是“可分的”（decomposed），[②] 也就是说，它可分解为两个不同的子集 Q 和 R，且这两个子集的并集为 P'。Q 是由 P'的第一类导集的所有点组成的，R 是由包含在 P'的所有导集里的那些点组成的。也就是说 R 是 P'的每一个导集所共同包含的那些点组成的集合。现在请花上一两秒钟，再读一读最后一句话。[③] R 是更重要的那部分，实际上康托尔正是通过导集的无穷序列 P'，P''，P'''，…（因为 P 是一个第二类的集合，序列必定是无穷的）第一次定义了集合的“交集”。不像我们的“∩”，康托尔表示交集的符号是一个奇怪的草体字母“$\mathfrak{D}$”（再次申明，我不打算这么详细介绍所有的东西）。所以，R 的正式定义就是：$R=$ “$\mathfrak{D}$”（P'，P''，P'''，…），结合第二类集合的定义，这就意味着下面都为真的：

241

（1）$R=$ “$\mathfrak{D}$”（$P^{(2)}$，$P^{(3)}$，$P^{(4)}$，$P^{(5)}$，…）…

（2）$R=$ “$\mathfrak{D}$”（$P^{(n)}$，$P^{(n+1)}$，$P^{(n+2)}$，$P^{(n+3)}$，…）[④]

内嵌的小插曲

（1）和（2）合在一起成为反证法之外的另一种有名的证明方法，即所谓的数学归纳法。为了用数学归纳法证明某个命题 C_n

---

① **IYI**：第 208 页注释①中的道歉和保证也适用于下面这段内容。

② **IYI**：康托尔的术语，在德语中并没有英语中所含有的“腐烂分解”的意思。

③ **IYI**：康托尔对 $P'=Q\cup R$ 的证明复杂到让人不堪卒读，但完全正确；请保持信心。

④ **IYI**：注意，（1）中的省略号超出了右边括弧。这表示这个序列在有限上标的增长排列之后继续增长。（2）中的省略号是完全在括弧里的。因为这里 n 本身就是无穷大。明白了吗？

对所有的 n（n 一直到∞）都成立，你要：（a）证明当 $n=1$ 时，C_1 为真，然后（b）假设 C_k 在前 k 个数都成立［你不知道 k 是多少，但从（a）可以知道 k 是存在的——如果没有特殊情况的话，它就是1］，然后（c）证明 C_{k+1} 对前 $k+1$ 个数都是成立的。不管看起来奇不奇怪，（a）-（c）保证了无论 n 是多少，C_n 都成立，也就是C是一个千真万确的定理。

小插曲结束

（1）和（2）让康托尔能够用 P 把 R 定义为：$R=P^{\infty}$，即 R 是 P 的无穷阶导集。既然 P 是一个第二类的集合，P^{∞} 就不会等于 $\varnothing$，也就意味着 P^{∞} 自己可以生成导集 $P^{(\infty+1)}$，后者又可以得到导集 $P^{(\infty+2)}$，如此等等。不过，这里“如此等等”的意思是我们可以一直生成无穷导集，其抽象形式①为 $P^{(n_0\infty^{v}+n_1\infty^{v-1}+\cdots+n_v)}$。而且，既然这个公式中 n 和 v 是变量，康托尔还能够构造以下无穷集合的无穷序列：$P^{(n\infty^{\infty})}$，$P^{(\infty^{\infty+1})}$，$P^{(\infty^{\infty+n})}$，$P^{(\infty^{n^{\infty}})}$，$P^{(\infty^{\infty^{n}})}$，$P^{(\infty^{\infty^{\infty}})}$，…。对于这个序列，他说：“这里我们能够看见一种辩证法式的概念产生过程。这个过程可以延伸得越来越远，因此必然可以自我维持并免除任何的任意性……”康托尔想说的是，这些“概念”是真正的数学实体（即超穷数），可以用 B. W. T. 以及康托尔的“实数”“导集”和“交集”的定义以及数学归纳法严格建立。

242

如果你表示反对（就像以前我们班的一些人反对戈里斯博士那样），认为康托尔的超穷数根本不是真正的数，只不过是集合。那么，请注意，比如说“$P^{(\infty^{\infty+n})}$”真正表示的是一个给定集合的成员数目，就和“3”是集合｛1，2，3｝成员数目的一个表示符号一样。既然超穷数和整数一样，可确切无误地证明并构成一个

① 下面的这些符号当然属于 **IYI**——就算什么都不明白，它还是挺漂亮的。

无穷的有序序列，[1] 那么它们实际上也是数，（暂时）用康托尔有名的阿列夫（alephs）/ $\aleph$ 的符号系统来表示[2]。并且，作为真正

243

的数，超穷数最终也是服从于和常规数一样的算术关系和运算法则——虽然涉及 0 时，$\aleph$ 的这些运算规则非常不同，必须独立建立和证明。

IYI：我们不想把这些运算规则和盘托出，但如果你好奇，这里有一些超穷数的加法、乘法和幂运算的标准定理，它们都是康托尔推导或者提出的。（请注意，这里的无穷多项求和/连乘，与分析学中无穷级数的求和/求极限没有什么关系。这些级数在康托尔之后只能称为准无穷大了。）假设 n 是任意的有限整数，我们就得到两个不同的超穷数，记做"$\aleph_0$"和"$\aleph_1$"，并且 $\aleph_1 > \aleph_0$，[3] 那么下面的每一种情况都是正确的：

（1）$1+2+3+4+\cdots+n+\cdots=\aleph_0$

（2）$\aleph_0+n=\aleph_0$

（3）$\aleph_0\times n=\aleph_0$

（4）$\aleph_0+\aleph_0+\aleph_0+\cdots=\aleph_0\times\aleph_0=(\aleph_0)^2=\aleph_0$

（5）$\aleph_1+n=\aleph_1+\aleph_0=\aleph_1$

（6）$\aleph_1\times n=\aleph_1\times\aleph_0=\aleph_1$

（7）$\aleph_1+\aleph_1+\aleph_1+\cdots=\aleph_1\times\aleph_0=\aleph_1$

（8）$\aleph_1\times\aleph_1=(\aleph_1)^2=(\aleph_1)^n=(\aleph_1)^{\aleph_0}=\aleph_1$

---

① **IYI**：实际上，还有比整数更好的东西来比喻超穷数，即某种无法真正命名或计算，但又可以抽象地生成的数，比如画出单位正方形的对角线，或者取 5 的平方根，或者描述出特定的戴德金所说的 A 和 B，以及它们之间的切割。至于所有这些都会在之后的两段内容中讨论。

② **IYI**：阿列夫是一个希伯莱字母。这有时也被历史学家牵扯到康托尔的种族和对犹太教卡巴拉教派的爱好。康托尔选用 $\aleph$ 的更合理的解释是：（1）他想用一个全新的符号来表示一类全新的数；（2）所有好用的希腊字母都用完了。

③ **IYI**：对这点的证明就在随后的 7.3 节中。

注意减法和除法只有在不同量级的情况下才是可能的，比如对一个有限数 n，有 $\aleph_0 - n = \aleph_0$、$\frac{\aleph_0}{n} = \aleph_0$，但超穷数本身之间是不可能的（再次申明，涉及 0 的算术时会有点不同）。还要注意到超穷数作为幂指数时也是特殊的，比如 $2^{\aleph_0}$，$2^{\aleph_1}$等，这一点稍后还会详细地讨论。**IYI** 结束。

244

如果你想问这些东西与其他重要的∞问题有什么关联——即有理数的无穷大与实数的无穷大之比、和无理数在实数轴连续性中的作用——要知道，康托尔最喜欢的对超穷数实在性①的一个论证就是它们在数学/形而上学上与无理数的相似性，而无理数已经被戴德金成功地用无穷集合所定义。康托尔是这样论证的：

> 超穷数本身在某种意义上是新无理数。事实上，我认为这与定义有限无理数的最好方法是完全类似的②；我甚至可以说，它原则上与我引入超穷数的方法是相同的。可以非常肯定地直谓：超穷数和有限无理数同呼吸共命运；它们在最本质的属性上都是相似的；因为前者和后者一样都是以确定形式描述的实无穷或其变形。

有趣的是，这段清晰、毫不含糊的话也出现在 3.1 节中提到的《对超穷数研究的贡献文集》中。在这本书中，康托尔引用并表扬了圣托马斯对作为无穷集合的无穷大数的反驳。然而，康托尔自己对超穷数的主要论证——这个论证从 1874 年到 19 世纪 90 年代后期反复出现——就是“无穷集合存在的抽象性直接证实了

① **IYI**：指数学上的实在性。

② 康托尔这里谈的是戴德金的分割方法。在他开始研究∞理论后，康托尔更喜欢用他自己的方法。原因是非常显然的。

245 它们的存在”[①]。因此，康托尔在1874—1884年间的核心工作目标是建立一个逻辑一致的、相容的无穷集合理论——注意句中的集合是一个复数，因为对一个非凡的理论来说，肯定需要多个类（是指数学上的类，基本上也就是指数量大小[②]）以及计算和比较它们的一套运算规则。

7.3 1－1C

246 很自然地，我们将进入下一个问题：实数轴的连续性是否意

① 因为篇幅的考虑，我们不打算对这点唠叨个不停。但这里我们再次强调，康托尔和戴德金一样是一位数学柏拉图主义者，也就是说他相信无穷集合和超穷数是真实存在的，就像它们在哲学中真的存在一样，而且相信现实世界中的无穷大就是它们的映像，尽管他后期的无穷集合和超穷数理论涉及莱布尼茨的单子，我们最好要避开它。历史上，康托尔提出了各种各样有关∞的神学命题和论证。其中一些使人信服，并且是有效的，另一些则很偏执。尽管如此，作为一位数学家和修辞学家，康托尔非常聪明地争论说，我们不必为了承认无穷集合以及与它们对应的抽象数在数学上的合法性，而接受任何特定的形而上学前提。比如，摘自康托尔在前文提过的《对超穷数研究的贡献文集》中的一段话：

> 特别地，在引入新的数时，数学家所负的责任只是给出它们的定义，这样，它们就可以获得一个定义并在情况允许时建立与旧数的关系。通过这些，在给定的条件下，就可以确切地把它们彼此区分开。只要一个数满足所有这些条件，那么数学上就能够也必须认为它是真实的存在。这里，我认识到为什么我们必须把有理数、无理数和复数当作是完全和有限正整数一样的存在。

最后这句非常明显是在对克罗内克暗送秋波。其余的话晦涩难懂，道本做了如下的解释：“对数学家来说，只有一个必要的判别标准，即任何数学理论的对象，只要是相容一致的，那么它们在数学上就是可接受的。除此之外，不再需要更多的标准。”

② **IYI**：康托尔的追随者弗伦克尔给出了一个最好的肯定评价：“人们只要知道有一个超穷量存在，那么超穷量的概念就毫无意义。”

味着，所有实数组成的无穷集合以某种方式大于所有有理数的无穷集合。长话短说，康托尔在这个问题上的工作与他发展导集和超穷数这类东西差不多是同时进行的。[①]

好了，为了找到某个方法来比较这两个都是无穷大的集合的大小，康托尔偶然发现一个再合适不过的概念。这个概念如今在小学里用来定义两个集合之间相等，即1-1C，或“1对1”（实际上，“偶然发现”不是很正确，因为伽利略和波尔查诺都曾用1-1C来建立他们各自的悖论——虽然在康托尔的理论之后，它们不再是悖论）。你也许知道，1-1C是不用数出两个集合的具体成员数，就能确定它们大小是否相等的方法。课本使用了各种不同的例子来说明1-1C是如何奏效的，比如你的左手和右手的手指头，一家剧院里的有效座位数和观众数，一家餐馆里的茶杯和茶碟。戈里斯博士自己选择的比喻是（这显然是非常贴切的）一个舞会上男孩和女孩的人数。让每个人自由配对跳舞，再看看是否还有人满脸不高兴，孤零零地站在墙边，你就明白1-1C的意思了。两个形式的定义：集合A和B之间存在一个1-1C，当且仅当存在一个方法（从技术上讲，不需要知道它具体是什么），可以把集合A的成员与集合B的成员配成一对一对，使得A中的每一个成员都恰好和B中的一个成员对应，反过来也是如此。集合A和B定义为具有相同的基数，当且仅当它们之间存在一个1-1C。[②]

247

现在，在讲下一个定义前，请回忆下1.4节中伽利略是如何得到以他命名的悖论的。记住前一节中子集的形式定义也是有帮助的。一个集合A是一个集合B的真子集，当且仅当A是B的一

① **IYI**：准确地说是“一道”(in conjunction)，而不是“同时”（simultaneously），因为这两个工作最终用各种高级的方法联系起来了。

② **IYI**：如果你曾经遇到别人谈论康托尔的超穷基数，那么这些基数就是无穷集合的基数。

个子集，并且至少有一个 B 的成员不是 A 的成员。[①] 根据定义，每一个集合都是它自身的子集，但没有一个集合是它自身的真子集。有意义吗？至少对成员数目有限的集合来说应该如此。

但康托尔在定义一个无穷集合的形式性质时假定，一个无穷集合至少与它的一个真子集之间存在一个“1 对 1”，也就是说一个无穷集合可以和它的真子集具有相同的基数，就像伽利略的所有正整数的无穷集合和它的真子集——所有完全平方数的集合，后者就是一个无穷集合。

这个性质使得比较无穷集合这种所谓的“大小”的想法看起来非常奇怪。因为根据定义，一个无穷集合可以和比它小的集合具有相同的大小（或基数）。康托尔在这里所做的[②]就是，抽取出伽利略悖论中一个要素，并把它变成一个威力巨大的重要工具，来比较∞类型的集合。如果你理解到妙处的话，就会明白这是他的不可思议的、令人难望其项背的天赋的第一次神来之笔，虽然也许第一眼看起来没有什么。这个神来之笔就是与所有正整数集合，即｛1，2，3，…｝1－1C 的思想。它很关键的原因是：所有正整数的集合在原则上是可数的[③]——也就是说可以按照“第一个数是1，下一个数是2……”一直数下去，即使在实际中这

248

---

① **IYI**：有了这个定义，伽利略悖论就可以休止了。比如，1.4 节第 35 页“同样无法否认的是，每一个完全平方数（即，1，4，9，16，25，…）都是整数，但不是每一个整数都是完全平方数”。

② **IYI**：“这里”指的是康托尔在1874 年和1878 年的两篇开创性文章，虽然他在后期更具有推论性的文章中花费了大量的时间充实这个思想。如果你想知道1874 年文章的题目，那么德语就是“Über eine Eigenschaft des Inbegriffes aller reellen algebraischen Zahlen”，翻译过来就是“所有实代数数集合的一个特性”。对于这点可以参见第 230 页注释②。

③ **IYI**：实际上，计算 n 个元素的集合的数目就是指：把这些元素与整数集合｛1，2，3，…，n｝1－1C。计数和建立与｛所有整数｝的 1－1C 之间的等价性，就是教授新数学的初级算术时所学的集合论的基础知识。

个过程也绝不可能结束。无论如何，康托尔提出了可数性（denumerability）的概念，即一个无穷集合 A 是可数的，当且仅当在 A 和所有正整数的集合之间存在 1-1C。①

所有正整数的集合也确立了无穷集合的一种最小的基数，一种康托尔用著名的符号“$\aleph_0$”② 来表示的基数。他的思想就是，其他无穷集合的基数可以通过这个基准的基数来计算——也就是说你可以拿它们与 $\aleph_0$ 比较，看看它们是否能和正整数建立 1-1C。这有一个例子（这个例子不是康托尔自己的，却是一个很好的入门介绍）：

请思考所有正整数的集合 C 和所有整数的集合 D（包括 0 和负整数）是否有相同的基数。麻烦在于这两个集合之间有一个重要的区别：C 正好有一个初始（也就是说最小）的元素，即 1，而 D，也就是集合 $\{\cdots, -n, \cdots, 0, \cdots, n, \cdots\}$ 并没有。一开始，很难看出如果其中之一没有初始元，我们如何能验证这两个集合存在 1-1C。幸运的是，我们这里谈论的是基数，它和集合成员的特定排序没有关系；③ 因此，我们可以用一种方式给集合 D 排序，使得它即使没有一个最小元，也确实可以有一个初始元。让我们用 0，建立这种非常容易的对应，然后用示意图表示出来，就成了一个非常好的“1 对 1”：

$$
\begin{array}{cccccccccc}
C=1 & 2 & 3 & 4 & 5 & \cdots & \text{偶数} & \cdots & \text{奇数} & \cdots \\
\updownarrow & \updownarrow & \updownarrow & \updownarrow & \updownarrow & & \updownarrow & & \updownarrow & \\
D=0 & -1 & 1 & -2 & 2 & \cdots & (-1)\dfrac{n}{2} & \cdots & \dfrac{n-1}{2} & \cdots
\end{array}
$$

---

① **IYI**：请注意：在康托尔的集合论中，“可数的”和“可计数的”是相关的但不是同义词。定义：一个集合是可计数的，当且仅当它是（a）有限的，或（b）可数的。

② 习惯上读成阿列夫零。

③ **IYI**：“序”在谈到康托尔的超穷序数的时候才开始变得重要。这些在 7.7 节展开。

这证明了 C 和 D 具有相同的基数。请注意，对无穷集合，你绝不可能真正完成配对的过程。只要你能建立一个 1－1C 的操作程序，使得对第 1 个，n 个，和（$n+1$）个成立，你就可以通过数学归纳法证明，这个对应对两个集合从头到尾都成立。在上面的例子中，即使我们不可能数完每一个成员，也能证明所有整数集合是可数的。① 这种证明方法的©归属于康托尔，重要的是，他再一次使用了某种隐含的属性——这里用的是能从无穷多个可能的情况中抽象出有限多个结果的数学归纳法——并且把它明确地、严格地应用于无穷集合。

250

好的，那么现在康托尔是如何比较所有有理数和实数集合的大小就很清楚了：② 他能够知道哪一个或者两者是否是可数的。接下来是一系列非常著名的证明，大部分都是在和戴德金的通信中完成的，发表于 19 世纪 70 年代，并于 90 年代的早期得到修改和扩充。首先是有理数。③ 芝诺早已发现在 0 和 1 之间的有理数点就已经是无穷稠密的了，从这一点看，似乎所有有理数的集合都不可能是可数的。它不仅缺少一个最小元，而且甚至在任意给定的有理数之后也不存在一个最大元（对此我们已经见过两个不同的证明了）。然而，康托尔注意到，通过忽略两个相继的数之间的"量的关系"，实际上能够把所有的有理数排成一行，有点

① **IYI**：注意我们现在开始能够回答罗素在第 7 章篇首题词中提出的问题。

② 命令式的决定：从现在起，当我们谈到"所有的数"时，我们指的只是所有的正数。既然我们已经证明了所有整数集的基数就等于所有正整数集的基数，只考虑正数也就包括了所有的整数。加上显而易见的是，康托尔只针对正有理数和正实数的证明，只要把相关的无穷集合放大两倍把负数也包括进来，也照样是有效的。如果你对此有疑虑，那么注意到放大两倍就相当于乘以 2。2 是有限数，根据 7.2 节的超穷定理（3）和（6）——任何 $\aleph$ 乘以一个有限的 n 仍然等于 $\aleph$。

③ **IYI**：再次请记住：我们是按能产生最清晰最有逻辑效果的顺序来给出这些证明的。也请注意，目前我们回避了某些基数和序数之间的区别。

像所有正整数排成的一行。并且在这排好的行中，有一个初始元 r_1，一个次元 r_2，等等。很自然的，我们给了这种把一个集合转换成上述一行的方法一个专业术语，即集合的可数化——这一行本身就叫做这个集合的可数行（denumeration）——也就是说，能够构造这样一个有序的行就可以证明有理数集真的是可数的（即，和所有整数的集合能够1－1C，因而就等于它的基数）。康托尔的构造——有时候被人误认为是他的“对角线证明”①（Diagonal Proof，D. P.）——差不多如下面这样：

251

正如我们在6.3节中看到的，所有有理数可以表示为整数比的形式$\frac{p}{q}$。于是，我们把所有这些$\frac{p}{q}$排成一个二维矩阵，最上面的一行是所有形为$\frac{p}{1}$的有理数（即整数），第一列是所有形为$\frac{1}{q}$的有理数，每一个有理数$\frac{p}{q}$都位于 q 行 p 列，就像这样：

$$
\begin{array}{ccccccccccc}
1 & 2 & 3 & 4 & 5 & 6 & 7 & \cdots & \frac{p}{1} & \cdots \\
\frac{1}{2} & \frac{2}{2} & \frac{3}{2} & \frac{4}{2} & \frac{5}{2} & \frac{6}{2} & \frac{7}{2} & \cdots & \frac{p}{2} & \cdots \\
\frac{1}{3} & \frac{2}{3} & \frac{3}{3} & \frac{4}{3} & \frac{5}{3} & \frac{6}{3} & \frac{7}{3} & \cdots & \frac{p}{3} & \cdots \\
\frac{1}{4} & \frac{2}{4} & \frac{3}{4} & \frac{4}{4} & \frac{5}{4} & \frac{6}{4} & \frac{7}{4} & \cdots & \frac{p}{4} & \cdots \\
\frac{1}{5} & \frac{2}{5} & \frac{3}{5} & \frac{4}{5} & \frac{5}{5} & \frac{6}{5} & \frac{7}{5} & \cdots & \frac{p}{5} & \cdots \\
\frac{1}{6} & \frac{2}{6} & \frac{3}{6} & \frac{4}{6} & \frac{5}{6} & \frac{6}{6} & \frac{7}{6} & \cdots & \frac{p}{6} & \cdots \\
\frac{1}{7} & \frac{2}{7} & \frac{3}{7} & \frac{4}{7} & \frac{5}{7} & \frac{6}{7} & \frac{7}{7} & \cdots & \frac{p}{7} & \cdots
\end{array}
$$

---

① **IYI**：康托尔真正称为“对角线法”的是他用来证明实数集不可数的方法。我们下面将看到该方法与这里的有所不同。

$$
\begin{array}{cccccccccc}
\vdots & \vdots & \vdots & \vdots & \vdots & \vdots & \vdots & \vdots & \vdots & \vdots \\
\frac{1}{q} & \frac{2}{q} & \frac{3}{q} & \frac{4}{q} & \frac{5}{q} & \frac{6}{q} & \frac{7}{q} & \cdots & \frac{p}{q} & \cdots
\end{array}
$$

252

需要承认，一个二维矩阵和一个真的可数的一维有序序列或行是不同的。但康托尔想了一个办法，通过一条连续的 Z 字型曲线把矩阵的有理数变为一个序列，就像下图这样：从 1 开始，笔直向东走一个位置到 2，然后沿对角线西南向到$\frac{1}{2}$，然后笔直往南到$\frac{1}{3}$，然后沿对角线东北向回到第一行的3，然后往东到4，然后一直往西南到$\frac{1}{4}$，再往南到$\frac{1}{5}$，东北到 5，如此等等：

$$
\begin{array}{cccccccccc}
1\rightarrow 2 & & 3\rightarrow 4 & & 5\rightarrow 6 & & 7\rightarrow & \cdots & \frac{p}{1} & \cdots \\
\frac{1}{2} & \frac{2}{2} & \frac{3}{2} & \frac{4}{2} & \frac{5}{2} & \frac{6}{2} & \frac{7}{2} & \cdots & \frac{p}{2} & \cdots \\
\frac{1}{3} & \frac{2}{3} & \frac{3}{3} & \frac{4}{3} & \frac{5}{3} & \frac{6}{3} & \frac{7}{3} & \cdots & \frac{p}{3} & \cdots \\
\frac{1}{4} & \frac{2}{4} & \frac{3}{4} & \frac{4}{4} & \frac{5}{4} & \frac{6}{4} & \frac{7}{4} & \cdots & \frac{p}{4} & \cdots \\
\frac{1}{5} & \frac{2}{5} & \frac{3}{5} & \frac{4}{5} & \frac{5}{5} & \frac{6}{5} & \frac{7}{5} & \cdots & \frac{p}{5} & \cdots \\
\frac{1}{6} & \frac{2}{6} & \frac{3}{6} & \frac{4}{6} & \frac{5}{6} & \frac{6}{6} & \frac{7}{6} & \cdots & \frac{p}{6} & \cdots \\
\frac{1}{7} & \frac{2}{7} & \frac{3}{7} & \frac{4}{7} & \frac{5}{7} & \frac{6}{7} & \frac{7}{7} & \cdots & \frac{p}{7} & \cdots \\
\vdots & \vdots & \vdots & \vdots & \vdots & \vdots & \vdots & \vdots & \vdots & \vdots \\
\frac{1}{q} & \frac{2}{q} & \frac{3}{q} & \frac{4}{q} & \frac{5}{q} & \frac{6}{q} & \frac{7}{q} & \cdots & \frac{p}{q} & \cdots
\end{array}
$$

上面这条线上的所有点组成了序列 1，2，$\frac{1}{2}$，$\frac{1}{3}$，$\frac{2}{2}$，3，4，$\frac{3}{2}$，$\frac{2}{3}$，$\frac{1}{4}$，$\frac{1}{5}$，$\frac{2}{4}$，$\frac{3}{3}$，$\frac{4}{2}$，5，6，$\frac{5}{2}$，$\frac{4}{3}$，$\frac{3}{4}$，$\frac{2}{5}$，$\frac{1}{6}$，$\frac{1}{7}$，$\frac{2}{6}$，…。然后，我们可以合法地把所有 p 和 q 具有共同因子的比去掉，让不同的有理数以其最基本的形式只出现一次。这个消元过程之后，我们就得到了一个线性的序列 1，2，$\frac{1}{2}$，$\frac{1}{3}$，3，4，$\frac{3}{2}$，$\frac{2}{3}$，$\frac{1}{4}$，$\frac{1}{5}$，5，6，$\frac{5}{2}$，$\frac{4}{3}$，$\frac{3}{4}$，$\frac{2}{5}$，$\frac{1}{6}$，$\frac{1}{7}$，…，$\frac{p}{q}$，…。这个序列构成了可数化所需要的有序行，① 也就是说，所有有理数的集合的确是能可数化的，因而和整数集具有相同的基数，即 $\aleph_0$。

253

真正的对角线证明法出现在康托尔对实数集是否大于有理数集的回答中。很显然，康托尔的证明涉及实数集的可数性，即，如果实数集是可数的，那么它的基数就等于有理数集的基数，如果它不可数，那么它的基数就大于有理数集的基数。整个证明过程是一次反证，证明中使用的对角化的方法今天被认为是集合论中一个最重要的证明技巧。先说说两件事情：（1）戴德金所见到的 1873—1874 年康托尔对实数集不可数的第一个证明涉及序列的极限，与实数轴上的“区间套”（nested interval）有关，并且复杂到令人生畏的地步。我们这里介绍的证明是康托尔 1890 年左右修改过的版本。它不仅简单得多，而且比早期的那个更有价值。

---

① **IYI**：要是你觉得这个示意性的定义是不充分的，想找出有理数集和整数集之间的 1－1C 的话，那么只要把这个有序行的第一个元素和 1 对应，第二个元素和 2 对应，等等。

（2）我们再次注意到，康托尔接下来是如何使用实数的十进制形式，并充分利用2.3节中0.999…=1.0这个事实，来说明包括无理数在内的所有实数都可以表示为无结尾的十进制小数（比如0.5=0.4999…，13.1=13.0999…等）。这种变动（这实际上是戴德金的建议）确保了每一个十进制小数只有一个合法的表示形式；我们很快就会明白为什么康托尔要以这种方式来规定实数。

254

下面展示证明过程。因为用的是反证法，所以我们首先假定实数集是可数的——即可以用一个有序的行或序列排列出来。[①] 这个序列可以包含在一张无穷多个没有结尾的十进制数的无穷大表中，这张表的开始至少可以像这样表示：

第1个实数# $= X_1.\ a_1a_2a_3a_4a_5a_6a_7\cdots$

第2个实数# $= X_2.\ b_1b_2b_3b_4b_5b_6b_7\cdots$

第3个实数# $= X_3.\ c_1c_2c_3c_4c_5c_6c_7\cdots$

第4个实数# $= X_4.\ d_1d_2d_3d_4d_5d_6d_7\cdots$

第5个实数# $= X_5.\ e_1e_2e_3e_4e_5e_6e_7\cdots$

第6个实数# $= X_6.\ f_1f_2f_3f_4f_5f_6f_7\cdots$

⋮

如此等等…

在这张表里，X 表示所有小数点前的整数，a、b 等表示小数点后的无穷数字序列；该证明假设的就是这样一张无穷大的表可以穷尽**所有**的实数。这就意味着，我们要证明这样一个表并不能

255

---

① **IYI**：这里，你很有可能预感到有一些熟悉的复杂问题，比如什么实数可能成为这个序列的第一个元素，并且想弄明白为什么前面的几种随意的排序对实数不管用。在这种情况下，为了让你安心，可以告知的是，策梅洛教授著名的集合论选择公理（这个公理是他的集合论的藩篱——参见7.6节）确保了我们总是能够找到一个真正的首元来构造一个实数的有序集合。目前来说，最好的选择是先接受这点。

真正穷尽所有的实数，来满足反证法所需要的矛盾，这就要求我们给出一个没有也不可能包含在这张表里的实数。

康托尔的 D. P. 所做的正是生成这样一个数，我们记其为 R。这个证明是天才的、完美的——是对艺术和纯粹数学共存的完全肯定。首先，再看一下上面这张表。我们可以让 R 的整数部分为任意的 X——这没什么影响。但，现在先看这张表的第一行。我们打算让 R 的小数点后的第一个数字 a 不同于表中的 a_1。很容易做到这一点，即使我们不知道 a_1 具体是什么：让我们设定 $a=(a_1-1)$ ——$a_1=0$ 时，就令 $a=9$。现在再看看表的第二行，因为我们要对 R 的第二个数字做同样的事情：如果 $b_2=0$，$b=9$，否则 $b=(b_2-1)$。证明的方法就是这样，我们对 R 的第三个数字 c 和表的 c_3，d 和 d_4，e 和 e_5 等使用同样的程序，一直到无穷。即使我们不能真正构造出整个的 R（就如同我们无法真正列举完这整张表），我们仍然能看出这个实数 $R=X.abcdefghi\cdots$ 确实不等于表中的任何一个实数。它在第一个小数位不同于这个表的第一个实数，在第二个小数位不同于第二个实数，在第三个小数位不同于第三个实数……并且，考虑到这里的对角线法，① 在第 n 个小数位也不同于第 n 个实数。因此，R 没有也不可能包含在上面的这张无穷的表里。因此，这张表没有穷尽所有的实数，证明（根据反证法的规则）初始的假设是矛盾的。所以实数集不可数，即它和整数集不是 1-1C 的。而且因为，有理数集和整数是 1-1C 的，所以实数集的基数大于有理数集的基数。证毕。*

256

***总揽全貌的快速插曲**

让我们跳回去并细想一下所有这些是多么地抽象，想一想为

① 称之为“对角线法”的原因就是第一个数字在第一行，第二个数字在第二行，正好是沿 45°构造 R。

什么集合论——现代数学最基础的（有争议）、也是最伤脑筋的部分。只要你处理的是有限集，集合论就是100%乏味的，因为这些集合之间的所有关系都可以由经验确定——你只要数完它们的成员就可以了。在真正的集合论中，我们处理的是抽象实体的抽象集合，实体的数目如此之多以致无法计数或完成，甚至不可理解……然而，我们用演绎的方法确定性地*证明了*有关这些东西（无穷集合）的组成和关系的真理。在这个证明和阐释让人头脑发热的时候，很容易忽略无穷集合的奇特性。虽然康托尔和戴德金表明这些∞就存在于数学的最基础部分，需要像处理一条直线这样基本的东西来处理它们，这种奇特性也不曾消减一分。哲学家贝纳塞拉夫（P. Benacerraf）和普特南（H. Putnam）对无穷集合的奇特性有一段很贴切的话：

257

> 有很多无穷集合：美丽的、完美的、永恒的、成员众多的、复杂连通的。它们没有织网，也没有吐丝。它们也没有用任何方式与我们交互——这就是困难所在。那么，我们为什么认为能从认识论上抓住它们呢？回答说“用直觉”是难以让人满意的。我们需要描述出我们如何能获得这些小东西的知识。

顽固的直觉主义者庞加莱则说：

> 能为心灵所想象、理解或感觉的才是实在。完全独立于心灵的实在是不可能的。一个像这样外在独立的世界，即使它存在，也永远不能为我们所接触到。

来自柏拉图主义者哥德尔的相当令人愉快的反驳：

> 尽管无穷集合远离感官经验，但从公理强迫我们认为它们是真理的这个事实可以看出，我们确实具有某种对集合论对象的知觉洞察力。与引导我们建立物理理论并期望未来的感官知觉和理论一致的洞察力相比，我看不出有任何理由认为我们应该在数学直觉这种洞察力上更缺乏自信……

插曲结束，并再回到前文的星号位置

有关这两个证明的一些附加说明：(1) 既然可数集合的基数是$\aleph_0$，看起来用$\aleph_1$来表示实数集的基数似乎也说得通。但是因为一些复杂的原因，康托尔将这个集合的基数命名为c，考虑到最终是实数集的不可数性解释了实数轴的连续性，他也称之为“连续统的幂”。这句话的意思就是，在连续体中包含的∞个点多于任何一个离散序列中的∞个点，即使是一个无穷稠密的离散序列。(2) 通过其$c > \aleph_0$的D. P.，康托尔仅仅使用有序、集合、可数等术语就成功地刻画了算术的连续性。也就是，他是以百分之百抽象的方式来描绘，而没有涉及时间、运动、街道、鼻子、馅饼或任何其他物理世界的对象——这也是为什么罗素称赞他“确定无疑地解决”了二分悖论背后的深刻问题。① (3) 对于2.5节中戈里斯博士的比喻，D. P. 也解释了为什么实数总是比红手帕多。并且，它也有助于我们理解为什么有理数在实数轴上所占

258

① **IYI**：参见5.5节的开头。

的空间大小为 0,[①] 毕竟显然是无理数使得实数集是不可数的。(4) 康托尔证明的一个扩展肯定了刘维尔在 1851 年对实数轴上的任意区间具有无穷多个超越无理数的证明（这是非常有趣的。回想一下在 3.1 节第 91 页注释①中，有两种类型的无理数，超越数是像 π 和 e 这样非整系数多项式根的数。把康托尔对实数集的 ∞ 超过有理数集 ∞ 的证明修改一下，就可以证明超越无理数实际

259

上是不可数的，而且所有代数无理数和有理数集的基数相等。[②] 这就说明最终是超越的无理的实数解释了实数轴的连续性）。(5) 考虑到 D. P. 是一个反证法，并且它的量无法构造，克罗内克教授和其他主要的构造主义者一点都不喜欢它也就毫不奇怪了（关于这一点后面两节还有更多的描述）。世人都说，从这些与 ***c*** 相关的文章开始，克罗内克公开反对康托尔的活动变得坚定。

7.4 平面等于直线

从数学上讲，很容易就能推测康托尔的下一步大动作。在用 ***c*** 证明了存在大于 $\aleph_0$ 的 ∞ 后，他开始寻找基数大于 ***c*** 的无穷集合。他的下一个主要证明（请注意这仍然和点集有关）是试图表明二维平面点集的基数大于一维实数轴的 ***c***，就和 ***c*** 大于有理数

---

① **IYI**：这个奇怪事实（出现在第 77—78 页）的证明现在当然不需要，所有的围巾、围巾的一半、围巾一半的一半都是无穷小的这个条件——我们只需借助 5.5 节（1）中魏尔斯特拉斯对 $\lim\limits_{n\to\infty}(\frac{1}{2^n})=0$ 的证明。

② **IYI**：从历史上说，康托尔得到的最早的不可数结果是，所有超越数集是不可数的，所有有理数和所有无理代数数的集合和有理数集的基数一样。参见前面的第 220 页注释②，现在应该更明白康托尔 1874 年文章题目的意义。

轴的$\aleph_0$的证明一样。这个证明的最终结果就在康托尔1877年写给戴德金的那封名为“Je le vois, mais je'n le crois pas”[①]的著名信件中，即所谓的维数证明。其主要的目的是想表明，实数集不能和n维空间（证明里用的是一个平面）的点集1-1C。因此平面点集的基数大于实数集的基数。证明用到的特殊例子是毕达哥拉斯用过的单位正方形和实数轴上的区间[0，1][回忆一下第3章的内容，波尔查诺在1850年《无穷的悖论》中已经证明[0，1]包含和整条实数轴一样多的点。现在康托尔把等价的证明正式写在他的维数文章里。考虑到我们已经在3.3节看过这个等价证明的一个几何的演示，所以我们将跳过这个证明，只指出你可能预期的东西：康托尔表明无论你用什么方式的对角化来生成一个大于1的新实数，你都能在[0，1]区间内对应生成一个新实数]。 260

对这篇文章的主要部分——维数证明来说，在一定程度上你必须把单位正方形想象为一张笛卡尔的网格，其数字坐标对应着这个平面上的每一个点。康托尔的策略是，用对角化表明存在着不能在实数集中找到却又对应着这些二维坐标的数。康托尔在写给戴德金的信中清楚地表明，他一开始就确信可以生成这样的数。因为从黎曼以来的几何学家都是在这样的假设下操作的。他们认为任何空间的维数（比如一维、二维、三维）都是由确定该空间的一个点所需要的坐标个数所唯一确定的。

不过，当康托尔试图构造二维坐标的十进制序列以便可以比 261

---

① **IYI**：即“我明白它，但我不相信它”（如果不是有点蓄意反经验主义的话，这句话是简洁有力的）。只是不清楚为什么他用法语对德国的合作者说这些——似乎是一种强调情绪的方式。康托尔的合作者也经常毫无理由地切换使用法语或希腊语——也许这就是时尚。

较平面点和实数的十进制小数时，他发现这个假设是错误的。棘手的地方在于，平面上的点需要一对实数来确定，而直线上的点只要一个实数。所以，（回到毕达哥拉斯和欧多克索斯）康托尔必须设计一种方法使这两个点集是可比较的。康托尔花了3年的时间想出解决这一问题的办法。和前面一样，康托尔采用了无限长的十进制小数来表示所有的相关数。取单位正方形上的任一点（x，y）；这些点的坐标便可以写成：

$x = 0.a_1a_2a_3a_4a_5a_6a_7\cdots$

$y = 0.b_1b_2b_3b_4b_5b_6b_7\cdots$

把它们组合在一起就构成了点（x，y）的唯一的[1]十进制表示形式：

$0.a_1b_1a_2b_2a_3b_3a_4b_4a_5b_5a_6b_6a_7b_7\cdots$

这个点数无疑对应着实数轴区间［0，1］里唯一的点 z，即

---

① 唯一性是非常重要的。你不能允许两个不同的十进制形式来表示同一个点。因为整个想法就是理解，单位正方形上的每一个特定的点是否对应实数轴［0，1］区间上的一个特定点。现在应该非常清楚，为什么康托尔需要规定，像 $\frac{1}{2}$ 这样的数只能用0.4999…来表示。如果你记得7.3节中提到过这个规定，那么现在要告知的是，正是在维数证明中，戴德金给康托尔指出，如果允许0.4999…和0.5000…两种表示的话，“唯一映射”（这是戴德金和康托尔1－1C的最初术语）就会被破坏。

点z对应实数 $0.a_1b_1a_2b_2a_3b_3a_4b_4a_5b_5a_6b_6a_7b_7\cdots$。①

于是，从单位正方形和［0，1］直接外推到平面和实数轴，二维平面上的每一个点都以这种方式和实数轴上的一个点对应，反之亦然。更进一步，康托尔把坐标组合成一个实数的（相对）简单的方法，意味着使用同样的技巧可以证明，不仅三维立方体、四维超立方体，实际上由任意 n 维图形里的所有点组成的集合都具有和实直线的实数点集相同的基数，即 $\boldsymbol{c}$。这是一个惊人的结果，也是康托尔并没有对未能证明他最初的假设而感到失望

262
263

---

① 属于 **IYI** 所以没放入正文的插曲：

技术上讲，实际比这更复杂一点。但也不是复杂很多。康托尔最初的维数证明没必要那么晦涩。这涉及把点（x，y）的十进制表示成收敛级数 $\beta_1\frac{1}{10}+\beta_2\frac{1}{10^2}+\beta_3\frac{1}{10^3}+\cdots+\beta_n\frac{1}{10^n}+\cdots$。然后，按照某种方式“把（这个级数）的项分解”，对每一项形成［0，1］上由“ρ 个独立变量”组成的一个序列。这个序列用 α_1，α_2，α_3，α_4，…，α_ρ 表示。“分解”和接下来的映射（以及逆映射，这样 $\alpha\leftrightarrow\beta$ 正反都是 1－1C）通过四个方程来得到。第一个就是：“$\alpha_{1,n}=\beta_{(n-1)\rho+1}$”。也许很难看出这是一个 1－1C。证明的真正困难（就像值得尊敬的戈里斯博士 1979 年所做的解释）就是，上面给出的平面坐标（x，y）的“$a_1a_2a_3/b_1b_2b_3$”描述有点太简单。因为这个描述看起来好像 a 和 b 是独立的数字。康托尔的方法所做的是把 x 和 y 小数点后的数字分成一小块一小块。规则就是每一个块就在第一个非零的数字结束（这是康托尔不让整数和有理数以 0.0000…结尾的另一个更专业的理由）。比如说 x＝0.020093089…和 y＝0.702064101…。这种情况下，它们就分解成：

$x=0.02\ 009\ 3\ 08\ 9\cdots$

$y=0.7\ 02\ 06\ 4\ 1\ 01\cdots$

然后把这些块用同样的方式拼成点（x，y）的唯一的十进制表示：（x，y）＝0.02 7 009 02 3 06 08 4…。中间的空格只是为了帮助理解；实际上，（x，y）的十进制表示是 0.02700902306084…。这当然是一个实数，即［0，1］区间上等于 0.02700902306084…的点 z。数字分块方法中的巧妙之处就在于，只要 z' 和 z 在小数点后第 n 位的一个数字不同（事实上，z 当然应该有∞多位），那么对应的（x，y）在包含第 n 个数位的数块也不同。因此，这个对应是双向唯一的。也就是，对每一个 z 都有唯一的（x，y），反过来也成立。因此，它确实就是 1－1C。

的原因：他已经发现了连续统的难以置信的深度和丰富内涵，而且他的证明表明（在他写给戴德金的信中）“在实数中蕴含着多么令人惊奇的力量，因为一个人能够用一个坐标来唯一确定一个 n 维连续空间的点”。

康托尔发现线、面、体和超多面体①等都是等价的点集，这就成功解释为什么集合论对数学有如此革命性的发展——在理论和实践上都是革命性的。其中的一些要一直追溯到古希腊的可通约问题和古典微积分与几何的矛盾关系。几个世纪以来，人们对在同一方程中使用诸如 x^2 和 x^3 这样的量（因为正方形代表了二维平面，立方体代表了三维体）一直感到不安，19 世纪对严格化的强调使得几何的模糊性更差强人意。长话短说，康托尔的集合论使所有数学实体从基础上可以作为同一种东西——集合——来理解，从而帮助数学在这个意义上变得统一和清晰。而且，对新的非欧几何来说，② 康托尔的发现——所有几何体的点集都是超穷等价的（即它们的基数都为 c）——具有头等重要性，特别是在维数的概念中，就如同康托尔对戴德金所说：

264

> 这种观点（康托尔的）似乎反对通常占主流地位、特别是在新几何学拥护者中的那种观点。因为他们谈的是一维无穷，二维、三维……n 维无穷区域。有时，人们甚至认为，一个（二维）平面上的点集和一个立体空间内的点集的无穷大可以分别通过一条线上点集的无穷大的平方和立方得到。

---

① **IYI**：（在编辑的坚持下加入的） = 大于 4 维的空间中的多面体，令人无穷遐想的术语。

② **IYI**：在 5.2 和 5.4 节中提到过。（在 5.4 节中，至少简略提及黎曼几何使用了 ∞ 以及 ∞ 个点。）

当然，不用说，我们的“革命性发展”和“头等重要性”这些评价是后见之明。实际情况是，如同前文已经充分预示的，主流数学并没有立即就折服于康托尔的后唯一性定理的证明。特别是对维数法证明几乎形形色色的数学家和学校都联合起来谩骂攻击它。除了7.3节里的一般反对意见之外，构造主义者特别憎恨以某种莫名的方式从其他无理数的二维组合中创造一维无理数的想法，以及维数法证明中在线的点集和面的点集之间生成的“非连续映射”。[①] 实际上，正是康托尔关于维数法证明的文章[②]使得克罗内克第一次使用不那么光彩的方式拒绝在一家杂志上（他是这家杂志的编委）刊登它。对于这件事，康托尔写了许多信来发泄怒气。但不止是构造主义或正统数学的基本教派反对康托尔，也有像杜·博伊斯-雷蒙（P. Du Bois-Reymond）这样的亚里士多德-高斯式潜无穷的主流分析家，他并非克罗内克主义者，但也对维数法证明如此评论道：

265

> 它和常识似乎是完全矛盾的。事实很简单——这是一种推理的结果，允许理想主义（柏拉图主义）的虚构的量扮演

① 这就进入了函数理论一个比较专门的领域。但本质上，非连续的映射就是说，如果你连续地遍历实轴［0，1］上的所有点，那么单位正方形上的对应点不会形成一条连续的曲线，而是散乱地分布在整个空间。**IYI**：对7.4节的第二段来说，结果就是，黎曼等人的假设以一种有趣的方式来看是错误的：一个给定点集的维数不是取决于确定一个点需要多少个坐标，甚至也不取决于整个点集的基数，而是取决于这些点分布的特定方式。后者是点集拓扑学的问题。对于这个理论，我们在本书中所能说的就是，它是数学中另一个分支。要是没有康托尔关于∞的工作，它也就不会存在。

② **IYI**：时间是在1878年，标题是“Ein Beitrag zur Mannigfaltigkeitslehre”，大致意思就是“对复体/聚合体/集合理论的一个贡献”。

真量的角色，哪怕它们甚至不是量的表现形式的真正极限。[①]

7.5　无穷大的等级

266

无论如何，我们至少已经得到两种不同量级的无穷集合 $\aleph_0$ 和 $\boldsymbol{c}$，可能最多也就这两种。[②] 现在可以合适地问，这些基数和我们在 7.2 节看到的康托尔用 R、$\mathfrak{D}$和导集的导集造出的超穷数有什么关系。随之而来的一个特别重要的问题就是，无穷集合 $P^{(n\infty^{\infty})}$，$P^{(\infty^{\infty+1})}$，$P^{(\infty^{\infty+n})}$等的无穷序列是否就对应着一个基数越来越大的无穷等级，或者 $\aleph_0$ 和 $\boldsymbol{c}$ 是否是仅有的无穷大基数，而且除了连续统的超维幂之外就没有其他实∞。

康托尔下一个重要发现是，只使用集合的形式上的性质，你就可以令人信服地构造基数越来越大的无穷集合的一个无穷序列。[③] 这些性质涉及子集和幂集的概念。幂集概念特此定义为某个集合 A 的所有子集组成的集合。也就是说，幂集 $\mathrm{P}(A)$ 的每一个元素是 A 的子集。结果表明这要比它看起来重要得多。每一个

---

① **IYI**：有可能看得出，杜・博伊斯 – 雷蒙这里所说的“虚构的量”指的就是（x，y）的合成的十进制表示。但在整篇评论中，他所指的也包括与十进制数对应的实数轴和单位正方形上的无穷点集（注意：“虚构的量”这个指控同样也可以针对于戴德金分割理论中的 A 和 B——因为某种原因，戴德金没有像康托尔一样点燃数学革命之火）。

② 康托尔经常把这两者分别称作第一数类和第二数类。

③ **IYI**：教科书上经常把这点作为一个抽象的定理，就像“给定任意的无穷集合 S，有可能构造一个具有更大基数的无穷集合 S'”。

267

集合，有限或无限，都有一个幂集①；但康托尔证明了即使集合 A 是无穷的，它的幂集 $P(A)$ 的基数也总是大于 A 的——尤其是，他能够证明 $P(A)$ 的基数总是等于 2^A。② 而且这种 $A \rightarrow 2^A$ 的思路对找到处理超穷的方法是至关重要的。在这个领域里，可以证明从一个数类到下一个数类的某种量子式跳跃之间，比如：$2^{\aleph_0} = \aleph_1$，$2^{\aleph_1} = \aleph_2$……之间没有其他的基数（可以说是这样）。

康托尔的幂集证明是极其复杂的，所以我们不得不增加点关于它们的知识。四年级的数学对每一个人来说无疑都是很久以前的事儿了，以防你没能回忆起来，让我们表示得更清楚一点：标明一个集合的形式方式是把它的成员放在｛ ｝里，“个体 a 是集合 A 的一个成员”的符号表示是“$a \in A$”。让我们进一步提醒你，根据定义，“子集”包括“真子集”，并且任意集合 A 的子集包括（1）A 本身；（2）空集，用符号“$\varnothing$”，有时也用“｛ ｝”表示。③ 因此，既然任意集合至少都有一些子集，就可以得出每一个集合都有一个幂集。用非形式的方式说明 A 的幂集的成员数量始终等于 $2^{(A的成员数)}$，可以先假设 A 是三个元素的集合｛1，2，3｝。那么，A 的子集是：｛ ｝，｛1｝，｛2｝，｛3｝，｛1，2｝，｛1，3｝，｛2，3｝，｛1，2，3｝。它们的个数正好是 8 或 2^3。证明 $P(A) = 2^A$ 的一个更严密方法是通过数学归纳法。从技术上说，这不是康托尔证明时所用的方法，但至少隐含在康托尔的证明

---

① **IYI**：这个原理在集合论中称为幂集公理。它是一个公理的原因是，它在“子集”和“空集”的定义之外。这在下面的正文中说得很清楚。当然，幂集公理也有一些问题（参见后面的 7.6 节）。

② **IYI**：严格说来，应该写成 $P(A) = 2^{\bar{A}}$。这里 $\bar{A}$ 代表 A 的基数。既然已经做了正式的解释，从现在起我们还是用不正规的写法。

③ **IYI**：严格来说，更准确的说法是“$\varnothing$”是表示｛ ｝的符号。后者才是真正的空集。不过，你应该能明白。

中，而且它相对简单。请回顾7.2节中关于数学归纳法的三个证明步骤的知识，大概就像下面这样：

(a) 证明对于只有一个元素的集合A，P(A) 的基数等于2^A。这样的集合A的子集是：∅和A本身。这也就意味着P(A) 有两个成员，即2^1个成员，也就是2^A个成员。搞定![1] (b) 假设A有k个成员时P(A) 的基数$=2^k$。(c) 证明：如果A有 ($k+1$) 个成员，那么P(A) $=2^{(k+1)}$。从 (b) 我们知道A的头k个成员可以生成2^k个A的子集。我们现在取出这2^k个子集中的每一个，组成一个崭新的子集，这样的子集正好都包含A的最后一个，即第 ($k+1$) 个元素（这个新的特别的元素用"+1"来表示）。我们正好组成了2^k个这样的新"+1"子集——每一个都对应着原来的子集。现在我们得到原来的2^k个子集不包含新的"+1"元素，也得到了新的包含"+1"的2^k个新子集，也就是 (2^k+2^k) 个子集，这等价于 (2×2^k) 个子集，也就是$2^{(k+1)}$个子集。(c) 得证。所以，足以确信P(A) $=2^A$。

268

康托尔得到的两个主要的幂集证明对我们来说很有用。然而，在每一个证明中，他都没有对2^A这种东西感到焦虑：他主要想表明的是，即使对一个无穷集合A来说，P(A) $>A$。[2] 第一个证明——大约在1891年左右提出——是很重要的，它表明了对角化的技巧是一个多么有效的反证方法。我们可以考虑先证明整数

---

① **IYI**：你可以证明P(A) $=2^A$对空集也成立。如果$A=\varnothing$，那么它含有0个元素。不过，既然空集是每一个集合的子集，那么它确实有一个子集，即∅。于是，这里P(A) $=1$，也就是2^0。

② 如果你能记起这些证明的整个背景是，康托尔试图导出其基数超过 $\boldsymbol{c}$ 的无穷集合（即数类），那么你就明白这个不等式的意义。

集的幂集是不可数的①——既然康托尔已经证明整数集是可数的，显然意味着其幂集的基数大于$\aleph_0$。　269

证明过程如下：记整数集为I；I的幂集为P(I)。我们从7.3节知道，如果P(I)是可数的，那么在P(I)和I之间就有可能建立一个1–1C。我们使用的是反证法，所以，假定在P(I)和I之间存在这样一个1–1C。这（如同我们在7.3节的D.P.中所看到那样）就意味着1–1C可以用一阵列，用图表的形式表示出来，就像下面没有全部写完的阵列#1。其中I的成员在左边，I的子集［也就是P(I)的成员，以任意一种我们所想的随机的顺序排列］在右边：

I		P(I)
0	↔	{所有的整数}
1	↔	{ }
2	↔	{所有的偶数}
3	↔	{所有的奇数}
4	↔	{所有的质数}
5	↔	{所有大于3的整数}
6	↔	{所有的完全平方数}
7	↔	{所有的完全立方数}
.	↔	.
.	↔	.
.	↔	.

① **IYI**：实际上，1891年的证明是说这个幂集是不可计数的。但我们说过如果一个集合是可计数的，那么它或者有限或者可数。而这里很容易看出这个幂集不是有限的。因为所有整数的集合{1，2，3，4，5，…}是无穷的。那么，我们只要给每一个元素加上花括号，并想到{1}，{2}，{3}等是整数集的子集，就可以证明它的所有子集的集合绝不可能是有限的。因此，真正的问题就是这个幂集是否可数。

270 实际上，我们可以通过挖掘这个阵列包含的“1 对 1”的一个性质，提取出它所包含的信息。如果你花了时间思考为什么集合和它的幂集之间的关系总是 2^A，而不是 3^A 或其他的 x^A，那么你也许已经注意到这个性质。一个有深度的答案就是：2^A 中的 2 反映了一种特别的决策过程。对某个集合 A 的每一个子集 s 和 A 的每一个成员 a，你正好有两个选择：a 是 s 的一个成员，或者不是。这句话可能需要多读几遍。很难用自然语言把它清楚地表达出来，但这个思想本身不是那么复杂。A 是一个集合，a 是 A 的某个特定的成员，s 是 A 的某个特定的子集。现在问，a 是否是 s 的一个成员。好的，它要么是要么不是。你通过把 a 包含在 s 或者把 a 排除出 s 就穷尽了所有 a 是否属于 s 的可能性——因此，相对每一个 a 来说，就生成了子集 s 和 s' 的二重奏。

半 **IYI**：这本书里有许多内容，很难说对于一位普通读者是否能明白它们的意义。此处就是其中之一。如果你对“a 是 s 的一个成员，或者不是”这样抽象的事情足够清楚，也理解为什么需要解释一个三个元素的集合 A 有 2^3 个子集的话，可以选择跳过这一段的其余部分。如果不那么清楚，我们就举一个具体的例子。比如说，A 是第 237 页提到的集合 {1，2，3}。这里我们列出 A 的子集：{ }，{1}，{2}，{3}，{1，2}，{1，3}，{2，3}，{1，2，3}。看一看这些集合，然后计算 A 的任意一个元素（比如 1）在这 8 个集合中包含了多少次。请注意，它包含在其中 4 个子集中，不包含在另 4 个子集中。再看元素 2，你将得到完全 271 一样的结果：2 出现在 4 个子集当中，缺席其他 4 个子集。3 也同样如此。你明白为什么吗？总共有 8 个子集；其中的一半包含 A 的任意特定成员，其余一半不包含。你实际上可以用这种方式构造所有 A 的子集的集合。取 A 的任一个成员。如果你的第一个子集不包含这个成员，那么你的下一个子集 s' 包含它。或者反过来。也就是，对任意给定的元素和子集，存在两种选择，而且这两种选择都包括在幂集里。每一个成员有两种选择。因此 {1，2，3} 的子集的数目就是 2×2×2，或 2^3。如果这还是没能让这个基本概念变得清晰，那么拜托你硬吞下这个概念，因为这是我们所能做到的最好解释了。半 **IYI** 结束。

好啦，现在让我们搬出阵列#1，通过描述集合 I 里的每一个整数是否属于 P(I) 那一列中对应的子集，向右扩展出一个新的阵列。如果这个整数属于那个特定的子集就在扩展的那一列写个“是”，如果不是就写“否”，就能得到下面的阵列#2：

I		$P(I)$	0	1	2	3	4	5	6	7	…
0	↔	{所有的整数}	是	是	是	是	是	是	是	是	…
1	↔	{ }	否	否	否	否	否	否	否	否	…
2	↔	{所有的偶数}	是	否	是	否	是	否	是	否	…
3	↔	{所有的奇数}	否	是	否	是	否	是	否	是	…
4	↔	{所有的质数}	否	否	是	是	否	是	否	是	…
5	↔	{所有大于3的整数}	否	否	否	否	是	是	是	是	…
6	↔	{所有的完全平方数}	是	是	否	否	是	否	否	否	…
7	↔	{所有的完全立方数}	是	是	否	否	否	否	否	否	…
.	↔	.	.	.	.	.	.	.	.	.	…
.	↔	.	.	.	.	.	.	.	.	.	…
.	↔	.	.	.	.	.	.	.	.	.	…

272　一旦阵列# 2 建立起来，我们就可以很容易看出假定的 I 与 $P(I)$ 之间的对应关系是有遗漏的，因而不是有效的 1 – 1C。我们用了不起的对角化构造一个 I 的子集来证明这一点。构造的这个子集绝不会出现在上面 $I \leftrightarrow P(I)$ 的对应表中。它是这样定义的，从阵列# 2 的“是”／“否”表的西北角开始，一直沿对角线往东南，把全部的“是”改为“否”或“否”改为“是”——就像下面的阵列# 3：

0	1	2	3	4	5	6	7	…
否	是	是	是	是	是	是	是	…
否	是	否	否	否	否	否	否	…
是	否	否	否	是	否	是	否	…
否	是	否	否	否	是	否	是	…
否	否	是	是	是	是	否	是	…
否	否	否	否	是	否	是	是	…
是	是	否	否	是	否	是	否	…
是	是	否	否	否	否	否	是	…
.	.	.	.	.	.	.	.	.
.	.	.	.	.	.	.	.	.
.	.	.	.	.	.	.	.	.

我们对这个新子集所知道的是，它包含 1，4，6 和 7，而且它和已经列出的子集，也就是最初 1 – 1C 中的 P(I) 的各个成员，至少存在一个元素的不同。当然，我们的阵列# 3 只是一部分，但通过一直进行这种对角线的“是”—“否”互换的简单过程，我们能保证这个新生成的子集与所有 1 – 1C 的子集都不相同，无

273　论我们的一一配对往下走得多么远。因此，I 和 P(I) 之间不可

能存在一个真正的 1 – 1C。这就意味着 $P(I)$ 是不可数的,[①] 也就是说它的基数大于 $\aleph_0$。证毕。

虽然我们有足够的理由用这样的图示详细地讲解这个证明，但需要提醒的是，康托尔并不是这样做的。事实是，他没有这样直接明白地展示 $P(I)>I$，进而得到 $P(A)>A$ 的 D. P.。他只是间接提到，它是实数集不可数的 D. P. 的一个“自然的延伸”。[②] 他给出的 $P(A)>A$ 的论证有点让人抓脑壳。但它最终在我们故事的结局中扮演了一个关键的角色，因此需要讲清楚。设计这个完全抽象和一般的证明只是想表明，你可以从任意的无穷集合 A 中构造某个无穷集合 B，并且其基数大过 A 的基数。请做好心理准备，

274

---

① **IYI**：来自丛书编辑对本书初稿的征询信：“第 242 页，“阵列#3” 那个图形后面的段落，换另一种方式说，就是指不管我们已经生成了 I 的多少个子集，我们总是还能生成一个新的子集吗？如果是这样的话，为了表达得更清楚，你愿意用这句话来代替吗？”

来自作者的答复：“不，我不想改用这句话。因为这样说是错误的。阵列#3 所表明的是，无论我们列出了无穷多个或者 ∞^{∞} 个 I 的子集，仍然可以证明始终存在某些子集不出现在这个阵列中。‘不可数’的含义就是——不可能把所有的子集列举/排行/列表（此外，这也是为什么，总是有比戈里斯博士在 2.5 节所演示的死亡红围巾更多的无理数——所有的红围巾，就像所有的整数和有理数，仅仅是一个可数的 ∞）。而且，‘我们总是还能生成一个新的子集’这句话犯了非常严重的错误——我们不是在生成新的子集；我们只是在证明确实存在并始终存在某些子集无法罗列或和整数 1 – 1C。要承认的是，这里‘存在’需要一种自以为是的解释，比如‘似乎如此’或‘无论这是什么意思’等——但一位激进的原教旨克罗内克主义的读者所相信的是，我们在这个证明中所做的真的就是生成新的子集。”

② **IYI**：这就提出一个重要的问题。你可能早就注意到，$P(I)$ 不可数的对角线法证明与 {所有实数} 的证明是非常地相似。现在，假设 $P(I)$ 和 {所有实数} 的基数都是大于 $\aleph_0$，你可能很想知道 $P(I)$ 的基数是否和 {所有实数} 一样也等于 $\boldsymbol{c}$。这样，你就独自得到康托尔集合论中最深刻问题之一。7.7 节中我们将详尽地讨论这个问题。你想到 $P(I)$ 的基数与 $\boldsymbol{c}$ 的关系，这是非常好的，但请先坚持一下。

因为下面这段话不得不多读几遍：

A 是一个无穷集合；B 是 A 的所有子集的集合。① 因为根据定义，所有的集合都是它们自己的子集，所以 A 是 A 的一个子集，也就是说 A 是 B 的一个元素。所以，肯定可以在 A 的所有成员和 B 的至少一个成员之间建立 1－1C 关系，但不可能在 A 的所有成员和 B 的所有成员之间建立 1－1C。我们通过反证法来证明这点。根据我们的一贯做法，假定这样的 1－1C 确实可以构造出来，并且穷尽了这两个无穷集合。现在，令 a 为 A 的任意一个元素，b 为 B 的任一元素（因此 b 是 A 的任意子集）。像我们在阵列#2 中看到的那样，A 和 B 之间的 1－1C 是完全随机的，也就是说，对每一个 $a\leftrightarrow b$，a 可能是也可能不是和它配对的 b 的一个元素。例如，整数 3 和｛所有的奇数｝配对，它自己也是奇数，而 6 和｛所有的完全平方数｝配对，但不是一个完全平方数。我们现在的 1－1C 和无穷配对 $a\leftrightarrow b$ 与此相似：a 有时是和它对应的 b 的一个元素，有时不是。这都是直接明了的。然而，现在把这个 1－1C 中所有和 b 配对但又不属于 b 的元素 a 组成一个集合。令 φ 是所有这样的 a 组成的集合。φ 当然是 A 的一个子集，也就是说 φ 是 B 的一个成员——然而，可以证明这个假定穷尽了 A 和 B 所有元素的 1－1C 表中不可能包括 φ。因为如果 φ 包括在这个表中，那么它就对应某个 a。根据前文，我们知道只有两种选择：a 是 φ 的一个元素，或者不是。如果 a 是 φ 的一个元素——但这与 φ 的定义相矛盾，所以它不是。但如果 a 不是 φ 的一个元素，那么根据定义，它应该是 φ 的一个元素——它不可能是 φ 的元素，于是它必须是，但它又不可能是……因此，每一种可能你都得到排中

275

① **IYI**：也就是说 B 等于 P（A）——但如果你把幂集那些东西忘掉，这个证明反而更容易理解。

律的矛盾。所以，A 和 B 之间的不可能真正存在 1－1C；所以，B 的基数大于 A 的基数。这点还要证明。*

7.6 集合的悖论

***这一节是半插曲式的**

请注意最后这个证明方法类似于古希腊的"说谎者"悖论[①]，即如果这句话为真那么它就是假，如果它为假那么就是真。也就是说，我们现在掉进了自我指称的裂缝中。这就是我们不辞辛苦地讲解康托尔的 $B>A$ 证明的真正原因——它揭开了现代数学中一类全新的陷阱。

虽然严格来说这不在本书讨论范围之内，但可以告诉各位读者，在 20 世纪 30 年代，哥德尔教授[②]曾用非常类似于康托尔的"$(a\notin\varphi)\rightarrow(a\in\varphi)$"方法来证明其具有毁灭性的不完全性定理。（粗略地说，哥德尔通过推导出一个定理"命题 P：命题 P 是不可证明的"，证明了某些合式的数学命题是真的，然而也是不可证明的。）对我们来说，更重要的是集合可以包含其他集合作为其成员的理念。这对幂集的概念来说是基本的，看起来确实也合法。不过，在康托尔的证明之后，这一理念最终来了一个高难度的燕子跳水后一头栽进自我指称的深渊里。例如：想想康托尔刚刚证明的定理，即集合 A 的所有子集的集合总是包含有比 A 自身

276

① **IYI**：有时也称为欧布里德（Eubulides）悖论。它有别于埃庇米尼得斯（Epimenides）"所有克里特人都是说谎者"的悖论——说来话长。

② **IYI**：生于 1906 年，死于 1978 年，现代数学中无可争议的破坏之王。1.1 节和其他地方都谈到他。

更多的元素。但现在假设 A 定义为“所有集合的集合”。根据定义，这个 A 包含它的所有子集，因为这些子集都是集合——所以这里就不会有 $P(A)>A$。结果：康托尔为了建造一个无穷集合等级所需的“集合的集合”原理立刻产生了一个悖论。

历史证据表明，康托尔在 1895 年左右就知道“所有集合的集合”会导致悖论，[①] 虽然他从来没有在他的出版物里提到它。不过，如今人们还是把它称为康托尔悖论。它也被认为是最著名的集合论悖论（通常叫做罗素的二律背反）的基础，因为无处不在的罗素用它破坏了弗雷格 1901 年的《算术的基础》（*Foundations of Arithmetic*）。[②] 我们可以简单快速地描述罗素的悖论，因为几乎每一个人或多或少都听说过它。虽然它出自于康托尔抽象的幂集证明，但这个悖论破坏了康托尔“集合”定义中的主要准则。这个准则（你可以回顾下第 210 页的注释①）就是，对任意给定的个体，始终存在一个方法，使得你总是能确定它是否是一个给定集合的元素。[③] 接下来讲讲罗素悖论。如你所见，

277

---

① **IYI**：例如，我们知道他告诉过希尔伯特，而且至少在写给戴德金的一封信中提到过。注意：后来他无意中发现了另一个悖论，现在被称为布拉利－福尔蒂悖论，与超穷序数有关，下面即将提到——同样，他也没有公开这一理论。

② **IYI**：弗雷格和罗素之间的这段故事很长也很有趣，在数学史学家中流传，很容易在其他地方找到（注意：罗素的二律背反也经常称为罗素悖论——但三番四次地用这个词让人有点厌烦）。

③ **IYI**：此外，罗素悖论所真正揭示的东西比这复杂一点。这就是集合论早期的一个站不住脚的公理，称为无限制抽象原理（Unlimited Abstraction Principle，U. A. P.）。这个公理实质上宣称，每一个可想象的性质或条件决定了一个集合——即，给定任何可想到的属性，必定存在一个集合包括所有满足这个属性的实体。对 U. A. P. 的三个简单评论：（1）令人感兴趣的是，它与 2.1 节柏拉图的 O. O. M. 的相似性。（2）为什么这个原理是错误的，并且导致了罗素悖论？在正文中应该很快就能看出这点。（3）请在读这几页时记住一个事实：集合论的策梅洛－弗伦克尔－斯科朗公理化系统把 U. A. P. 修正为有限制抽象原理——给定任意的属性 p 和一个集合 S，我们总是能用 S 中所有满足 p 的元素组成一个集合。

某些集合是它们自己的成员，某些不是。实际上，绝大多数集合都不是——所有椅子的集合自身不是一把椅子，所有能用自己的舌头打樱桃梗结的东西组成的集合自身不能打出这样的结等等。但某些集合确实包含它自己，比如所有集合的集合，所有抽象物的集合，所有不能打樱桃梗结的实体组成的集合。罗素把不是其自身的一个元素的集合称为一个**正常集合**，而自包含的集合称为**反常集合**。所以，现在设定所有正常集合的集合为 N，那么 N 是一个正常集合吗？① 好的，如果 N 是一个正常集合，那么根据定义，N 不是它自己的一个成员；但 N 是所有非自身成员的集合的集合。所以，既然 N 不是它自己的成员的话，那么 N 是它自己的成员；然而，如果 N 真的是它自己的一个成员，那么它不可能成为非自身成员的集合的集合的一个成员。所以，N 确实不是它自己的一个成员，而这样的话它又是……这样一直循环，无穷无尽。

278

这种悖论，像康托尔反证中的"$(a \notin \varphi) \rightarrow (a \in \varphi)$"困境，正式的名称是恶性循环（Vicious Circle，V. C.）论证。这个"恶性"这里的意思和 2.1 节中的 V. I. R. 差不多，即我们需要用逻辑去做的事情在逻辑上是不可能做到的。在诸如罗素和康托尔的 V. C. 悖论中，我们无法确定某个东西是或不是一个集合的元素。这就破坏了"集合"和 L. E. M.（情况更糟糕）的正式定义。所以这些都是份量很重的问题。

到现在为止，你几乎肯定已经洞悉了∞的完整发展历程：某

---

① **IYI**：如果你已经明白这个悖论是怎么一回事，那么这一段的其余部分都可以跳过。**IYI**$_2$：罗素有一个著名的方法用自然语言建立他的二律背反，也就是：设想有一位理发师只给那些不给自己理发的人理发，那么这位理发师给不给自己理发？

些悖论引发了概念性的进步，这些进步能解决这些最初的悖论，但反过来这些进步又引发了新的悖论，这些新的悖论又导致了更进一步的概念性进步，等等。如果你是一位读过那些令人厌烦的“**IYI**”脚注的读者，那么你已经看到一种对罗素悖论的技术性补 279 救措施，这就是策梅洛等人用有限制的抽象原理来代替 U. A. P. 的方法。另外一种解决方案是庞加莱提出的禁止非直谓定义(impredicative definitions)。他是拓朴学领域的一位主要人物，在克罗内克 1891 年逝世后偶然成为超穷数学的头号对手。[1] 庞加莱对“非直谓”的定义有点闪烁其词，但本质上它是说用一些对象的群体来定义其中的某个对象。更本质的说法是，一个非直谓定义依赖于自我指称的属性和描述。“所有非自身元素的集合的集合”就是非直谓定义的一个很好例子（就像“所有集合的集合”和前文中康托尔在 $B>A$ 证明中定义的集合 φ）。这些都是非常棘手的问题，但庞加莱的大致策略是，根据它们能否产生悖论式结果来刻画非直谓定义，[2] 这就构成了否决它们的逻辑证据。这类似于认定 0 作除数是非法的。不幸的是，分析中各种各样的术语和概念的形式定义，从“序列”和“级数”到“极限点”和“下界”，都是非直谓的——更不用提非直谓的概念自身会产生令人讨厌的 V. C. 论证[3]——所以，庞加莱的方案一直没有真正流行起来。

---

① **IYI**：和庞加莱结成一个反对阵营的还有有限点集专家博雷尔（E. Borel）和勒贝格（L. Lebesgue）。在数学哲学上，这三位有时被称为反柏拉图学派。

② 非常像希腊人把 ∞ 刻画为无限者（to apeiron）。

③ **IYI**：这里有一个你可能已经想到的 V. C. 论证：如果某种性质能应用于自身，那么就称其为非直谓的性质，比如说，“可用自然语言表达的”“拼写正确的”或“抽象的”；而如果不能应用于自身，那么就称为直谓的性质。于是，“直谓的”这个性质本身是直谓的呢，还是非直谓的？

罗素自己提出的、避免以他和康托尔名字命名的悖论的方法是类型论（Theory of Types）。长话短说，这是罗素构造数学基础的工程的一部分。这个工程试图表明，所有的数学都可以还原为符号逻辑。类型论是一种抽象物的语法，它不允许那些不同类型的实体可以等价处理（在本质上说是指形而上学上的等价[①]）的命题。具体来说就是，个体的集合和个体自身的实体是不同型的，集合的集合和个体的集合是不同型的，等等。并且，一个特定实体的型是这个实体抽象等级的直接函数，最终我们将得到一个集合理论的层次结构，类似于在1.2节中谈论过的非正式的抽象级别——罗素的型1＝个体，型2＝集合，型3＝集合的集合，型4＝集合的集合的集合，等等。[②] 可以使这个理论预先避免V.C.的是，命题也被赋予了同样等级的型——比如，型x＝某个特定型的某个实体；型（$x+1$）＝关于这个实体的某个命题；型（$x+2$）＝关于这个实体的某个命题的命题；等等（注意：罗素的“命题”在这里可能是一个自然语言的句子或者一个像“$a \in A$”这样的形式或数学直谓[③]）。而且，最关键的规则是，一个型为n的命题或集合不能用于另一个型为n的命题或集合，只能用于型为m的命题或集合。这里m和n是整数，并且$m<n$。 280 281

就我们所说的故事而言，类型论可以看作是通过建立规则来解决悖论的一个典范。这个理论的确提供了一个解决罗素和康托尔困境的“方案”——也就是说，它说明了这些悖论中不合法的

① **IYI**：是的，我们现在正回到第1章中提出的抽象存在和名词指代的问题。

② **IYI**：如果你想到亚里士多德“第三形式的男人”的阴影也笼罩在类型论的头上，那么你并没有想错。集合论中一些基础性的问题最终又回到古希腊哲学。

③ **IYI**：请注意，罗素冗长复杂地论证，实体和抽象物哲学上的类型论与实体、语句和元语句语义上的类型论之间的联系。确实存在两种类型论——他不可能平白无故地假设这些东西。

步骤是什么——但它也是非常非常晦涩的、笨重的，最终也和庞加莱的非直谓性理论一样损害了数学。看看例子：因为有理数定义为整数之比，而无理数定义为有理数的集合/序列。所以，这三类数具有不同的类型。根据类型论的法则，没有无穷多个不同的证明、等级和解释，我们无法断言与这三者共同相关的东西。还可供参考的是，罗素试图通过他称之为可化归性公理的理论来修补这些不足，却弄巧成拙，让事情变得更复杂了……基本上，他的整个类型论学说变成了以太式的东西，现在只有历史价值。①

我们这里只不过是揭开了一层薄薄的朦胧的面纱，如果需要再说一遍，那就当我说过了。解决悖论的特定方案，比如罗素和庞加莱的方案，都是更大更深的危机的一部分。这个危机出现于康托尔之前，但正是他的∞理论使得这个危机到了非解决不可的地步。宽泛地说，要点是：集合论的悖论，与从阿贝尔、柯西开始，于弗雷格和皮亚诺达到顶峰的对数学基础的关注一起，直接导致了20世纪早期形式主义者和直觉主义者之间的大争论。这些争论我们再次只能描绘大致的轮廓。比如，康托尔是一位顽固的柏拉图主义者，尽管形式主义和直觉主义都反对柏拉图，但是，直觉主义狂热地反对康托尔的无穷集合，而形式主义则是坚定地支持。不管你是不是头痛，这都意味着我们需要再次回到形而上学：对数学过程的现代争吵完全是关于数学实体的本体论状态的争论。

282

在第6章讨论构造主义时已经对直觉主义做了些介绍，至于形式主义，就是一只破裂了的瓶子。现在，最好的方法也许是改

---

① **IYI**：一些逻辑学家，比如拉姆齐（F. P. Ramsey）和塔斯基（A. Tarski）对罗素类型论的后续扩展和改进是如噩梦般地复杂和混乱，以致大多数数学家在有人讨论这些类型论时假装没有听到。

写上面泛泛陈述的要点，也就是：集合论悖论是数学理论一致性的这个更大问题的一部分，1900 年希尔伯特在巴黎数学家大会上将这个问题作为第 2 个主要问题[①]提出——1.1 节说过，他在这个会上对康托尔大肆赞美。希尔伯特为了避免定理产生悖论而提出了重建数学的形式主义方案，追求的目标就是使抽象性成为数学的全部和首要标准。形式主义的基本思想是把数学彻底从现实世界分离，把它变成一个游戏。从字面上说，这种游戏涉及用于操作某些符号的一些规则，使得人们可以从其他的符号序列构造新的符号序列。它是百分之百形式的——这就是这个主义名字的由来。至于数学游戏的符号是什么意思，甚至它们是否什么都不代表，都没有关系；而且，说一个数学实体“存在”仅仅是说它不会导致什么矛盾。[②] 重要的是这些规则，形式主义的整个工程就是证明理论（proof-theoretic）：目标是建立一个公理和推理法则[③]的集合，所有的数学理论都能从中推导出来。这样，整个数学就完全是演绎的、严格的和无瑕的——一个自我封闭的游戏。

283

如果你具备一些逻辑或数学哲学的背景知识，就会认识到这

① **IYI**：也就是希尔伯特在 1900 年的第二届国际数学家大会提出的 10 个未解决的主要问题中的第 2 个。他认为这 10 个问题对 20 世纪的数学来说都是决定性的——你可以在任意一本优秀的数学通史中找到这段长长的故事。$\mathbf{IYI}_2$：如果你知道或听过实际上有 23 个希尔伯特问题，那么真实的情况就是，希尔伯特在那次巴黎演讲中只列了 10 个问题。完整的 23 个问题发表在 1902 年的出版物上。

② 把形式主义的本体论与直觉主义的观点——“数学对象是人心灵中的实体，并不独立于我们智力而存在。这就证明了它们只存在于有限个步骤中”——作比较，你就会明白这两种观点不是截然不同的，尤其是它们都反对数学和超心灵的实在有任何的关系——虽然直觉主义者“有限个步骤”的准则是特别针对诸如无理数、无穷集合这样的非法实体。庞加莱和布劳威尔，像他们之前的克罗内克一样对这些实体都提出哲学上的（不仅是程序上的）问题。**IYI**：戈里斯博士比较这两个学派的方法就是，直觉主义是小心翼翼的，而形式主义是激进疯狂的。

③ **IYI**：参见 1.3 节。

是对形式主义的一个激进的、过于简单的描述。（一开始，希尔伯特的计划也涉及把数学分解为推理的不同等级，有点像罗素的类型，也不允许跨越不同等级的命题。）你大概也知道，前文提

284 到的哥德尔证明了一个形式系统不可能既是完全的又是相容的①，在那之前很久，形式主义运动就产生了严重的问题——比如，如果它包含乘法作为一个合法的运算，形式主义者甚至不能得到完全和相容的基本算术，显然，这是一个严重的问题。所以，我们不必谈论一个没有实质内容的数学游戏在哲学上是多么贫瘠，多么奇怪，因为形式主义甚至不能根据它自己的主张获得成功。

对 V. C. 悖论最合理、最成功的解答来自集合论本身（集合论在 1900 年左右是数学和逻辑的一个兴旺繁荣的领域，猜猜要感谢谁）。康托尔的头号追随者，并将集合论体系化的策梅洛教授②充当先锋。这些解答的一个结果就是抽象的集合论被分为了两个子类型，朴素集合论（naïve set theory，N. S. T.）和公理化集合论（axiomatic set theory，A. S. T.）。N. S. T. 就是通常的康托尔式的集

285 合论，带有它的所有瑕疵和光辉，包括容易产生悖论这一点。③

---

① “完全的”和“一致的”本来应该放在第三个应急词汇表中。它们是逻辑中模类型论的术语。一个系统是完全的，当且仅当它的每一个最终为真的命题都可证明为一个定理；它是一致的，如果它不包含或推不出任何矛盾。顺便说一句，还有第三个标准，即前面简单提过的“可判定性”。它说的是，对某个形式系统中任何合式的命题，是否存在一个程序或算法来确定它是否为真（即，它是否是一个定理）。这三条标准显然是内在关联的，但又有重要的本质区别。一个完美的演绎形式系统应该同时满足这三条标准。而哥德尔基本上证明了不存在这样的系统。这就是他被称为破坏之王以及纯粹数学 70 多年来没有根基的原因。

② **IYI**：策梅洛（1871—1953）。主要的文章：《集合论基础的研究》（*Invesugations of the Foundations of Set Theory*）。主要的合作者：弗伦克尔，也是康托尔的第一位传记作者。

③ 通过数学家们日复一日的努力，他们现在不用太过担心这些悖论。和他们一样，我们起床后也不用太担心地板会消失。

A. S. T. 是试图推导出一个更严格、基础更安全的集合论的一次努力，不仅具有 N. S. T. 所有概念性的力量而且能以一种避免公然的悖论的方法来建立。A. S. T. 的计划在精神上有点形式主义，也是欧几里得式的：它把集合论设计成自主的独立的形式系统,[①]具有自己的公理集合，这些公理集合能产生最大的一致性和完全性。前文已经在某个地方提到，最有名的公理化系统一般称为策梅洛 - 弗伦克尔 - 斯科伦集合论公理化系统（Zermelo-Fraenkel - Skolem system of axioms for set theory，Z. F. S.）；还有限制更多的冯·诺依曼 - 伯奈斯集合论公理化系统（von Neumann-Bernays，= V. N. B.），以及其他一些，由塔斯基、奎因（W. V. O. Quine）、拉姆齐等一些杰出人物设计的、带有不同元理论的设计精巧的系统。

实际上，A. S. T. 和公理化逻辑在所有领域，从实变函数、数学分析和拓朴学等数学理论，到语言学中的生成语法和句法研究，再到决策论、算术、逻辑电路、停机概率或"Ω - 研究"、计算科学里的人工智能和组合过程，都得到了丰富多彩的应用。尽管篇幅越来越有限，但至少还是值得简单介绍一些基本的 A. S. T. 系统。大多数系统都是衍生于基本的公理化系统。这里需要简明扼要介绍一些直接相关的术语——当然在最后这一部分，以你对 **IYI** 的自由选择，整个内容可以随意跳过或略读。术语介绍如下：

286

① 也许比"独立的"更好的表达是说，"先于数学本身"或"比数学本身更基础的"。A. S. T. 的思想是，既然集合论是最抽象最基本的数学分支，那么就可以把它作为大多数基本的数学概念，比如"数""函数"和"序"等的基础。虽然整个问题牵涉甚广——特别是，集合论与符号逻辑的关系，它们哪一个是真正的数学的基础——但，事实就是，弗雷格和皮亚诺，两位在算术基础化中最重要的人物，都用集合论来定义数和基本的数学运算。

原始概念：从属关系 $\in$，这里“$s \in S$”是说对象 s 是集合 S 的一个成员。

公理 1：当两个集合包含同样的元素，这两个集合相等（注意这里不是“当且仅当……”；这是因为无穷集合和它们的真子集也可以相等）。

公理 2：如果 a 和 b 是对象或者集合，那么 $\{a, b\}$ 是一个集合。

公理 3：这个公理有两种变形。第一个变形——对一个集合 S 和一个“确定的谓词”[①] P，存在集合 S_p，它所包含的元素 $x \in S$[②] 且具有由 P 确定的性质。第二个变形——存在一个集合 S 具有如下性质：（a）$\varnothing \in S$ 和（b）对任意的 x，如果 $x \in S$，那么 $\{x\} \in S$ [这是前面提及的有限制抽象原理技术上有区别的两个版本。它们都可以得到两件重要的事情。首先，它们确立了空集的存在。其次，它们定义了集合论的超穷归纳法并使之有效，并且通过这个方法确定了一个无穷可数集合 S 的存在，其成员是 $\varnothing$，$\{\varnothing\}$，$\{\{\varnothing\}\}$，$\{\{\{\varnothing\}\}\}$，…。[③] 于是，如果在这个集合中，$\varnothing$ 取为 1。那么，对任意的 x，$\{x\}$ 就等于（$x+1$）。那么，S 就

287 成为所有正整数的有序集——这恰好非常类似于皮亚诺公理

① **IYI**：即一个单值函数或某个对 S 的所有成员都有意义的自然语言的直谓（这里，“有意义的”大致的意思就是，你可以对集合的任何成员验证这个直谓的真假。比如，“是蓝色的”或“重于 28.7 克”，而“是可爱的”或“味道像鸡肉”则不是）。

② 在一个名词词组中使用属于符号是表示“S 的成员”的一种更吸引人的方式。

③ 所以，有限抽象原理的一个必然结果就是：存在无穷集合。

(Peano's Postulates)[1] 生成整数的方式]。

公理4：集合的并集本身也是一个集合。（作为“并集”的一个技术定义，“交集”和“笛卡尔积”[2] 等都可以通过逻辑运算从它推导出来——这正好就是你用“非”和“或”来定义逻辑连接词“与”的方式。）

288

公理5（著名的幂集公理）：对任意的集合 S，存在 S 的幂集 $P(S)$（这个公理确立了无穷集合的无穷层次。回想一下，我们在7.2节及其后文都讲过，对有限集合来说，所有集合理论都是平凡的，“平凡”意味着你只通过检查相关集合的成员就可以检验任何集合论命题的真实性。这些公理的关键是能够证明超验的定

---

① **IYI**：这里也不非常清楚，什么样的读者知道或能记起一语带过的这个公设。如果你对皮亚诺公理不熟悉并且想了解它，那么下面花45秒钟的时间：皮亚诺的公理是数论的5条基本公理。通过它们，可以只从两个基本的概念，（a）“是一个整数”和（b）“是一个后继数”，推导出整个正整数的无穷序列。公理用自然语言可表述为：（1）1是一个整数；（2）如果 x 是一个整数，那么 x 的后继数是一个整数；（3）1不是一个整数的后继数；（4）如果两个数 x 和 y 的后继数相等，那么 $x=y$；（5）如果一个集合 I 包含1，并且对 I 中的任意一个整数 x，它的后继数都属于 I，那么每一个整数都属于 I。用另外一种形式，就可以更清楚地看出，为什么公理（5）是隐藏在数学归纳法后面的公理。另外一种形式大致是：（5）如果 P 是一个给定的性质，且1具有 P。而且如果任何一个整数 x 具有 P，那么 x 的后继数也具有 P。那么，所有的整数都具有 P。

IYI_2：戈里斯讲的事实：虽然数论和集合论中各种重要的东西（比如不可或缺的标准符号“∈”“∩”和“∪”）的引入百分之百地归功于皮亚诺，但以他命名的公理是数学家的“名声反复无常”的又一个例子。因为类似于（1）—（5）的公理至少在皮亚诺自己的《算术原理新方法》（*Arithmetices Principia Nora Methode Exposita*）出版前两年，就出现在戴德金的《数的本质和意义》中了。

② **IYI**：除了两点之外，我们不必过于操心笛卡尔积：（1）它是集合之间的一种特殊的、涉及“有序对”（这个也有很长的故事）的并集；（2）笛卡尔积是“齐性不变”这个重要原理的实例化。也就是说，如果两个集合 A 和 B 都具有某种特性，那么它们的笛卡尔积（$A \times B$）也具有这些特性（比如，假设 A 和 B 都是点集，并是拓扑空间，那么它们的笛卡尔积也是一个拓扑空间）。

理，100% 抽象——就像∞自身一样）。

公理 6：毁誉参半的选择公理（Axiom of Choice, A. C. ）。用集合论的术语来说，A. C. 就是："如果 S 是由两两不相交的非空集合组成的集合，S 成员的笛卡尔积[①]是非空的，那么，这个笛卡尔积的每一个元素就给定了 S 的一个选择集。"用大白话来说就是，从任何的 S，你可以构造一个具有一种特殊性质的子集 S'，即使你无法给定选择 S' 的每个成员的方法。策梅洛在 20 世纪初就提出了 A. C. ，但它太专业了，无法在这里展开。[②] A. C. 的一个重要结果是良序原理（well-ordering principle），即可以选择任意集合 S 的任意子集 S'，并以某种方式排列，使得 S' 有一个首元。我们已经在 1 - 1C 的示范中见证了这个原理的重要性，比如验证｛所有整数｝和｛所有正整数｝具有相同的基数。良序原理对康托尔证明 $\boldsymbol{c} > \aleph_0$ 和 $\mathrm{P}(I) > I$ 也是非常重要的。因为这些证明中的不同阵列显然都需要一个首元。但 A. C. 也是饱受争议的（首先，你要能理解明白为什么直觉主义者和构造主义者憎恨这种想法——可以给定一个子集而不给出任何挑选它的成员的程序）。它一直是集合论中最大的麻烦，直到（1）哥德尔在 1940 年证明 A. C. 和集合论的其他公理的逻辑相容性，以及随后（2）

289

① **IYI**：这里的"笛卡尔积"特别指的是（先深呼吸）"由 S 的所有成员的并集的某些子集组成的集合。而且对 S 的每一个成员，这些子集正好只包含它的一个元素"。这种东西能让你醉倒在 A. S. T. 的醇香中。

② **IYI**：任何一本标准的数理逻辑或集合论的书都会有一整章讲 A. C. ，以及它与其他更刺激的公理的关系，比如罗素的乘法公理，佐恩（Zorn）引理，三分原理，豪斯多夫（Hausdorff）极大原理和泰希米勒 - 图基（Teichmüller-Tukey）极大元引理（不是在开玩笑）。

科恩教授①在1963年证明了A. C. 与集合论其他公理的逻辑独立性（即，它的否定命题与其他公理的相容性）。这两个证明一起结束了A. C. 引起的混乱局面②。

公理7：这个公理通常称为正则性公理，它有几种不同的表述。最简单的一个就是，不管x是一个对象还是一个集合，$x \notin x$。一个更地道的表述是："每一个非空集合S都包含这样一个元素x，它与S没有共同的元素。"③ 正则性公理在某种程度上浓缩了庞加莱和罗素对自我指称的反对，或者说，这个公理防止了罗素的二律背反。它也禁止了诸如"所有集合的集合"和"所有序数的集合"这样的陈述，因而也避免了康托尔的悖论和马上就要讲到的布拉利-福尔蒂悖论。请注意，它也不允许康托尔在7.5节中基于φ的$P(A)>A$的证明。这就是为什么上面把幂集单独作为一个公理提出来。从这个公理出发，不用任何会破坏正则公理的证明就可以推导出$P(A)>A$。但请注意的是，即使加上正则公理，像Z. F. S. 这样的公理体系仍然容易产生某种模类型论的悖

290

① **IYI**：一位美国人（让人觉得惊奇）。在下面讲到C. H. 的时候我们还要遇到他。

② **IYI**：选择公理的证明过程是一个非常漫长的故事。这些结果都概括在门德尔森（E. Mendelson）1979年的《数理逻辑导论》（*Introduction to Mathematical Logic*）的一段话中（第二句话会让逻辑学家感到愤怒）：

> 最近一些年选择公理不那么具有争议性了。对大多数数学家来说，它看起来是非常合理的。并且这个公理在所有的数学分支中有如此之多的重要的实际应用，以致不接受它似乎就是在存心与从事实际工作的数学家作对。

③ **IYI**：如果你确实想看看完全用符号表示的正则性公理，那么它就是$(\forall S)[(S\neq\varnothing)\rightarrow(\exists x)((x\in S)\&(x\cap S=\varnothing))]$。这里唯一不熟悉的符号也许就是谓词演算量词"$\forall S$"（意思就是"对所有的$S$…"）和"$\exists x$"［意思就是"至少存在（'存在'是指数学上或集合论上——这当然是假定这种存在有别于其他种类的存在——的存在）这样一个x……"］。

论，[①] 结果直到公元2000年，仍然有一整套不同等级的集合论公理体系，每一个都有它特殊的对悖论的免疫力，也可称为一致性强度（Consistency strength）。如果你感兴趣的话——就算没其他

291

什么，它们的名字也很有趣——今天的主要体系，按一致性强度增加的顺序排列，有：皮亚诺公理、分析、Z. F. S.、马赫洛（Mahlo）、V. N. B.、奎因、弱紧致、超马赫洛、不可表达、拉姆西、超紧致和 n 巨型（n-huge）。

7.7 跳跃的无穷大

无疑你已经注意到，从讲到康托尔以来，有一段时间没提到他了。你也许想知道，在7.6节数学基础的动荡时期中他在哪里。庞加莱和罗素的预防方法，策梅洛的公理体系等都出现在20世纪的最初几年。这时，康托尔所做出的最好工作已经是过去式了。他基本上放弃数学了，对一些无谓问题的过分关注消耗了他后来的岁月。[②] 与此同时，他一直都在进进出出医院。具有辛辣

---

① 这些悖论主要跟一个公理化系统能有多少种不同的有效解释相关（模型是一个生僻的术语，指的是对抽象的符号和规则所真正代表的东西的一种特定解释）。可以证明，绝大多数相当完备的公理化系统有无穷多个有效的模型——有时甚至是不可数个——这就让人头痛不已。因为人们想到了 Z. F. S. 或皮亚诺公理这样的系统的一些非常特殊的模型。不难看出，如果有无穷多个可能的模型的话，那么其中的一些将与人们已想到的相矛盾。

② **IYI**：他着迷的两个主要问题是耶稣的生身父亲和培根 - 莎士比亚问题（指他们两位谁是现在所谓的莎士比亚戏剧的真正作者）。根据空谈的心理学观点，这两个问题所关心的不止是事实真相，而且关心对某个人所应享有功劳的抹杀。考虑到康托尔所受到的职业上的大量欺骗，他选择这些问题既让人理解也让人悲伤。

的讽刺意味的是，正当康托尔的工作获得广泛的接受，集合论在数学和逻辑学中遍地开花的时候，他的病情越来越严重。他病得太厉害了而无法出席各种专题会议或接受颁奖。

坦白说，即使康托尔在19世纪80年代（可能）第一次发现他的悖论，他对它们也不是非常焦虑。准确说是没法焦虑，因为他有了更迫切的问题，数学上的问题。这些问题中居首位的就是C. H.。[1] C. H. 可以用许多不同的方式来描述——“连续统的幂等于第二数类的幂?”“实数集就等于有理数的幂集吗?”“$\boldsymbol{c}$和$2^{\aleph_0}$一样吗?”“$\boldsymbol{c}=\aleph_1$?”——但问题的焦点是：康托尔已经证明了无穷集合和它们的幂集存在无穷的等级，他也证明了$P(A)=2^A$和$2^A>A$对无穷集合来说也是定理。但他仍然没有证明这些不同的结果是如何联系起来的。核心问题是，这种$2^A>A$的东西是否是一条完整彻底的、确定了超穷等级如何排列的定律——也就是说，对任意的无穷集合A，是否下一个更大的集合就是2^A，而在它们之间不存在∞了——因此，就像加法是我们从一个整数得到下一个整数的方式一样，这种“二次幂”的推进步骤是否就是我们从一个无穷集合得到下一个无穷集合的方式。对这个深远问题的肯定回答就是C. H.。现在认为的C. H. 的一般形式是$2^{\aleph_n}=\aleph_{n+1}$，[2] 但康托尔的最初表述更特别。我们知道，他证明了两个不同的无穷集合的存在和它们基数，即所有整数/有理数/代数数（$=\aleph_0$）和所有实数/超越数/连续区间和空间（$=\boldsymbol{c}$）；还有，他证明了$\boldsymbol{c}>\aleph_0$。他自己的C. H. 是$\boldsymbol{c}=2^{\aleph_0}$，即$\boldsymbol{c}$实际上就是$\aleph_1$，

292

---

① **IYI**：有些地方把这称为连续统问题。

② 把它称为连续统问题的数学家所提出的一般形式是：“是否存在一个集合，其基数大于$\aleph_n$却又小于$P(\aleph_n)$?”

紧接着 $\aleph_0$ 后面的下一个无穷集合。这两者之间没有其他无穷大。①

293 康托尔在 19 世纪的最后 20 年一直在努力试图证明 C. H. 。在写给戴德金的几封心力交瘁的信件中，他激动地宣称得到了一个证明，然后两天之后又发现了其中的一个错误，不得不收回它。他没能证明它正确或不正确。某些庸俗的历史学家认为，正是 C. H. 把康托尔送到崩溃边缘。

从数学上讲，和 C. H. 有关的事实远比庸俗的历史学家所宣扬的要复杂得多。因为康托尔实际上是在序数的工作中遭遇不同的 C. H. 问题的。这些序数的关系非常像 7. 2 节中"$R = \mathfrak{D}(P', P'', P''', \cdots)$"这类东西。我们现在不得不非常简短地勾勒一下，尽管我们很希望能讲得详细一些。② 首先，为了节省时间，请回想或重温第 170 页注释①中关于序数与基数的入门知识。我们现在关心的是集合论中的序数。这有点不同，并且涉及集合的序型的概念。简单的解释：我们知道，如果集合 A 和 B 具有相同的基数，那么它们是可以 1 – 1C 的。如果这个 1 – 1C 保持 A 和 B 的成员的序不变，那么 A 和 B 就是同序型。（两个基数相等但序型不同的集合的一个直观例子就是 7. 3 节里的 {所有正整数} 和 {所有整数}。记住，我们必须调整后一个集合的序以便它有一个首 294 元来与前一集合的正数 1 对应。）

能看得出来为什么这比基数复杂得多：我们现在关心的不仅

---

① **IYI**：康托尔所特别关注的就是 c。它也是取名为 C. H. 的原因。

② **IYI**：接下来的内容，即使以我们的标准来看，也只是康托尔序数理论的一个非常简单的概述——序数理论比基数理论更复杂、更有分歧——我们在这里蜻蜓点水式介绍它的唯一原因是：如果假装 C. H. 仅仅和超穷基数的层次有关，那么我们的处境就变得更悲惨。

是一个集合的成员的数目，而且关心成员的排列方式，或者更确切地说是很多排列方式，因为这些排列中可能的置换构成了序数理论的精华部分。我们现在看看精华是什么，虽然你应该意识到有许多的专业术语和特性——“有序”“良序”“偏序”“处处稠密”与“无处稠密”“关系数”“枚举定理”等等——这些东西大部分我们将避而不谈。① 一些基本事实是：对于有限集，基数=序型；也就是说两个基数相等的有限集合自然就有相同的序型。这是因为，所有只含一个元素的集合正好是同一个序型，所有有两个元素的集合正好等同于另一个序型，等等。② 有限集合的可能序型的总数实际上就等于正整数集的基数，即$\aleph_0$。只有对无穷集来说，序型才变得复杂。这也丝毫不令人惊奇。比如，前面提到的可数的无穷集——正整数集：{1，2，3，4，…} 就不只一个序型。这不是说光交换无穷序列中的某些数块就得到不同的序型，因为经过某些交换过后得到的集合仍然能与原始的正整数集 1-1C。这个对应有可能是像下面这个样子：

295

$$\begin{array}{ccccc} 2 & 18 & 6\,457 & 1 & \cdots \\ \updownarrow & \updownarrow & \updownarrow & \updownarrow & \\ 1 & 2 & 3 & 4 & \cdots \end{array}$$

但如果你取出这个集合中的某个整数，将它放在最后——比如 {1，3，4，5，6，7，…，2}。你现在得到一个完全不同的序型。集合 {1，3，4，5，6，7，…，2} 和一个常规的、没有最

① **IYI**：康托尔使人望而却步的序数和集合序型的数学理论主要是由两篇文章完成的：《序型理论的原理》（*Principles of a Theory of Order-Types*，1885）和有一本小册子那么长的《对超穷数研究的贡献文集》。

② 我们最初过于简单的解释“保持*A*和*B*的成员的序不变”，也许是一开始就让人感到迷惑的原因——序型不仅仅是排列。比如，“{*a*，*b*}”和“{*b*，*a*}”是同一序型。

后一个元素的、序为 $\aleph_0$ 的集合不再是 1 - 1C，因而你没有办法找到某个元素与 2 对应。而且，请注意，在新的序型里，2 成为一个不同的序数：它不再是这个集合的第 2 个成员而是最后一个成员，并且前面紧挨着它的不是一个确定的数。因此，序数容易理解的定义是：它是一个数，这个数确定了一个集合的某个元素在某个序型中的位置。①

在康托尔的集合论中，有两种生成序数的主要规则。(1) 对任意序数 n，你总是能派生出下一个序数 $n+1$。(2) 对于以增长顺序排列的序数 n 组成的任意集合 N（比如，正整数集），你总是能派生出一个最后的序数。该序数大于所有的其他序数 n。这个最后的序数从技术上看就是 N 的序列的极限，并可写成"$\text{Lim}(N)$"。② 这些规则看起来不是太糟糕。但当我们不是考虑序数的集合而是考虑作为集合的序数时，事情开始变得棘手——我们可以这样做，因为集合论的一个基本原则就是，所有的数学实体可以表示为集合（比如，超穷基数"$\aleph_0$"是基数的集合 {1, 2, 3, 4, …}；再回想下 2.1 节中说过，"5"这个数实际上就是所有 5 元体的集合）。于是问题就来了，某个序数 n 是什么集合呢？答案就是康托尔的另一个主要的规则 (3)：对任意序数 n，

296

① **IYI**：戈里斯博士的另一个合适的比喻就是，基数就像一个校园剧中的所有人物，而序数则是这些人物在每一场中表演的造型，也就和一部戏剧的剧本与它的舞台指导说明一样。

② **IYI**：这里可以清楚看出与康托尔把无理数看作是数列的极限的理论（见 6.5 节）的密切关系。这个更早的理论在某些方面是他关于序数的工作的起源。

n = 所有小于 n 的序数组成的集合；即，n 等同于极限是 n 的序数集。① 或者用形式语言，② 就是 $n = \{(\forall x) x < n\}$。你用这种方法能生成普通整数的整个序列（作为基数或者序数）：$0 = \{(\forall x) x < 0\} = \varnothing$；$1 = \{(\forall x) x < 1\} = \{0\}$；$2 = \{(\forall x) x < 2\} = \{0, 1\}$，等等。整个可数无穷集 $\{0, 1, 2, 3, 4, \cdots\}$ 的序数用小写"ω"来表示。这个超穷序数就是这个集合的元素组成序列的极限——也就是，它是大于所有有限整数的最小的数。另一个描述 ω 的更常见的方式就是，它是基数为 $\aleph_0$ 的集合的序数。③

297

IYI 插曲

无论最后一段看起来有多难，除了这些之外，序数理论的绝大部分内容是这么不近人情的深奥和专业，因而我们只能做出一些一般的观察。其中之一就是，超穷序数的算术不同于超穷基

---

① **IYI**：在此之前一直没解释的布拉利－福尔蒂悖论破坏了这个定义。考虑所有序数的集合。现在考虑这个集合自己的序数。根据序数的定义，它将大于这个集合中的任意一个序数。而根据前一个定义，这个集合又包含所有的序数。所以，不管怎么样都存在一个矛盾。这个悖论很有意义，也是正则性公理真正防范的对象。

② 下面即将出现的"$\forall x$"的含义可以参见第 257 页注释③——这反过来也说明注释③不应该归为 **IYI**。

③ 百分之百的 **IYI**：不知道在这里提到这点是否明智，但至少康托尔有时用"$\aleph_0$"表示第一级超穷序数，用"ω"表示第一级超穷基数。比较残酷的事实是，康托尔用来导出第一个超穷基数所用的集合正是所有有限序数的集合（他称之为"第一数类"）——他这样做主要是因为，在他的理论里，基数也定义为极限序数。这个概念我们不在这里讨论。因为它需要本书没有讲到的，集合论中基数和序数之间关系的具体细节。我们现在使用的是当今标准的符号，即 $\aleph$ 表示超穷基数而"ω"表示超穷序数。至少对某些读者来说，他们最有可能熟悉的就是这种符号表示。注意：康托尔错综复杂的、原汁原味的数学可以在几本很好的专业书中找到，包括前面提过的道本的《格奥尔格·康托尔：他的无穷大数学和哲学》和阿贝安的《集合和超穷算术理论》，以及未提及的亨廷顿（E. V. Huntington）的《串序的连续统及其他类型：康托尔超穷数理论入门》（*The Continuum and Other Types of Serial Order, with an Introduction to Cantor's Transfinite Numbers*）——见参考书目。

数，但和超穷基数一样奇怪——比如，$(1+\omega)=\omega$，但 $(\omega+1)>\omega$。因为根据定义 $(\omega+1)$ 就是 ω 之后的下一个序数。其二就是，和基数 $\aleph$ 一样，序数的无穷集合的超穷序数的一个无穷等级是可生成的（你也许想仔细读懂这句话），尽管它与基数的 $2^{\aleph_n}=\aleph_{n+1}$ 这种等级跳跃非常不同。超穷序数的等级与一个叫做ε数的抽象实体和一个叫做重复幂（tetration）的运算相联系。对于前者，除了它们本质上是一类数（比如 $\omega^{\varepsilon}=\varepsilon$）① 之外，我们不想说太多的东西。重复幂简单得多，如果你学过很多高等数学的话，你也许已经从诸如场论或组合论中熟悉它了。简单地说，它基本上就是幂运算。3 的第 4 重幂运算写成“${}^{4}3$”，意思就是 $3^{(3^{(3^3)})}$，$=3^{(3^{27})}$，也 $=3^{7625597484987}$。对此你也许还有勇气尝试去计算。在重复幂，超穷序数和 ε 数之间的联系就是 $\varepsilon_0={}^{\omega}\omega$。这还不是重要的。但如果你能抽象地想象一个像 ω，$[(\omega+1)$，$(\omega+2)$，…，$(\omega+\omega)]$，ω^2，ω^{ω}，${}^{\omega}\omega$，${}^{\omega_{\omega}}\omega$，…这样的过程，那么，你就对所涉及的无穷集的序数的无穷集的无穷集的序数的等级和无法想象的大小有一点点概念了。一般观察结束。

298

插曲结束

好的，这就是说，康托尔遇到 C. H. 问题的特定方式涉及序数和序型。我们已经看到无穷集不止一种序型，就像几段前的 {1，2，3，4，…} 与 {1，3，4，…，2}。实际上，对任意无穷集，存在无穷多个不同的序型。康托尔证明了一个可数无穷集的可能序型的集合是不可数的。② 这就意味着，还有另外一种截然

299

---

① **IYI**：这些数和 5.5 节中魏尔斯特拉斯的 ε 的唯一联系就是，它们都是通过类似“存在这样一个……”的方式定义的——比如，由 $\omega^{k}=k$ 得到的第一级序数 k，就记做“伊普西龙 0”或“ε_0”。

② **IYI**：在前面提到的《对超穷数研究的贡献文集》的第 15 章里。

不同的方法生成无穷集合的无穷等级——如果 S 是某个可数无穷集合，那么 Z 是 S 的所有可能序型组成的不可数无穷集，Z'是 Z 的所有可能序型的集合，等等。我们可以一直进行下去。[实际上，称这些不同的派生出∞等级的过程为“截然不同的”容易产生误解，因为事实上它们有着方方面面的关系。这些关系的数学知识超出了我们这里的范围。但你能从康托尔给出的 Z 定义（记住“数类”实际上指的是序数的集合）至少得到这些联系的某些概念，即：“第二个数类 $Z(\aleph_0)$ 是基数 $\aleph_0$ 的所有良序集的所有序型 α 的全体集合 $\{\alpha\}$。”]

然而，不必谈得如此深入。把这种超穷序数 ω 放在一边不谈，在（1）$\boldsymbol{c}$ 是所有实数的集合（对应 $\aleph_0$ 是所有有理数的集合）；（2）$\aleph_1$ 是 $\aleph_0$ 的幂集，即，$2^{\aleph_0}$；（3）Z 是 $\aleph_0$ 的所有序型的集合这三点之间，我们还是能发现引人瞩目、但肯定又不是偶然的相似之处。真正的问题是，康托尔没能证明这三者之间的某种关键的联系。请回想前两页，康托尔最初的 C. H. 是（1）和（2）是相等的，即 $\boldsymbol{c}=2^{\aleph_0}=\aleph_1$，并且在 $\aleph_0$ 和 $\boldsymbol{c}$ 之间没有中间量级的∞。我们至少现在开始大致明白，关系（3）是如何卷入这里面的。在《对超穷数研究的贡献文集》的后面几章里——通过深刻的、不好概述的技术推理过程——康托尔推论出了两件重要的事情：（a）$\boldsymbol{c}$ 决不可能大于 $2^{\aleph_0}$和（b）如果确实存在任何大于 $\aleph_0$ 又小于 $\boldsymbol{c}$ 的无穷集，这个集合应该就是不可数集合 Z，也叫做第二数类。正是重要的（b）为他提供了解决 C. H. 的最主要思路。这体现在他试图努力表明上面的关系（2）和（3）实际上是相同的——也就是，如果康托尔能证明 $Z=2^{\aleph_0}$，那么通过（b）就可以证明在 $\aleph_0$ 和 $\boldsymbol{c}$ 之间不存在中间的集合，这也就得出 $\boldsymbol{c}=2^{\aleph_1}$。但 $Z=2^{\aleph_0}$这点他无法证明。尽管经过多年无法想象的黑暗

300

中的摸索，还是一直无法证明。这是否就是使他精神错乱的东西——一个没有答案的问题。但他没能证明 C. H. 确实导致了他后半生的痛苦；他认为这是他一生最大的失败。从事后来看，这也是令人悲伤的。因为专业的数学家现在确切地知道为什么康托尔既不能证明也不能否定 C. H. 了。原因是深刻和重要的，也慢慢腐蚀了 A. S. T. 形式一致性的根基。这就非常类似于哥德尔的不完全性证明断绝了数学作为一个形式系统的所有想法。对这个问题，我们又只能说几个要点或写一个梗概（不过这次直接涉及哥德尔。所以，完整的解释大概可以充实到"诺顿科学史丛书"的关于哥德尔的书中）。

C. H. 和前面提到的 A. C. 是集合论早期两个非常令人困扰的问题。特别是对前者来说，重要的是要区分两种不同的问题。一个是形而上学的，即 C. H. 是真还是假。另一个是 C. H. 的真假能否从标准的集合论公理中形式化地证明。[①] 几十年后，哥德尔和科恩给出了第二个问题的确定答案，也就是：

301

1938 年：哥德尔形式证明了 C. H. 的一般形式与 Z. F. S. 公理是一致的——即，如果把 C. H. 作为公理加入集合论的这些公理中，不会产生任何逻辑矛盾。

1963 年：庸俗的学者和电影导演所喜欢的、打着灯笼也难找的故事题材——一位年轻的斯坦福教授科恩（P. J. Cohen）证明了一

① 只有当（1）形式集合论是∞和∞类型集合实际存在的一个精确映射或镜像，或（2）形式集合论本身就是一个实际存在，也就是说一个给定无穷集合的"存在"取决于它与该理论的公理的逻辑相容性时，这两个问题才是同一个问题。请注意，这些正是从古希腊以来一直在折磨数学的抽象实体的形而上学存在问题。

般的 C. H. 的否定命题也可以加入 Z. F. S. 中而不产生矛盾。①

这两个结果一起构成了现在称为 C. H. 独立性的问题。也就是，C. H. 类似于平行公理②相对于欧几里得几何的其他公理的地位：集合论的标准公理既不能证明也不能否定它。③ 加上前一节说过，对于 A. C.（对康托尔的几个 D. P. 来说非常重要），哥德尔和科恩也能推导出几乎同样的结果——哥德尔证明了 A. C. 在 Z. F. S. /V. N. B. 中是不可证的，科恩证明了它在 Z. F. S. /V. N. B. 中是不可证的。④ 像前文提到的那样，取定 C. H. 和 A. C. 可证或

302

---

① **IYI**：假如集合和证明的理论不是如此地深奥，那么肯定早就有一部关于科恩的证明和围绕证明发生的故事大片问世了。这是数学史学家所喜爱的题材，你也能在许多资料中发现它。对我们来说，比较合适的就是讲讲他和康托尔的相似之处。首先，科恩的知识背景是泛函与调和分析。这些领域同时涉及微分方程和傅里叶级数——也就是说他也是从纯粹分析走向集合论的。还有更相似的。科恩的博士论文（芝加哥大学，1958 年）的题目也是《三角级数唯一性理论中的论题》（*Topics in the Theory of Uniqueness of Trigonometric Series*）。再者，和康托尔发明了全新的对角线和“φ”的集合论证明方法一样，科恩也发明了一种称为力迫法的全新证明技巧。它是高度专业的，令人望而却步。但在某些方面类似于二元论的一种数学归纳法。这种方法需要在“$n=1$”和“k”时取两个可能值中的一个。也许讲得不是很明白，但这也不重要——好莱坞式的情节是，科恩突然转向研究集合论，发明并改进了他的证明方法，然后只用一年就证明了 C. H. 的独立性。

② **IYI**：参见 1.4 节和 5.2 节。

③ 这种独立性（也称为不可判定性）的确是非常重要的。首先，它宣告了哥德尔的不完全性定理［以及丘奇（A. Church）1936 年对一阶谓词演算也是不可判定的证明结果］不只是描述了理论的可能，而是在数学中确确实实有重要的定理既不能证明为真也不能证明为假。这反过来说明，即使一个最抽象、最一般化、完全形式的数学理论也无法描述（或者包含——用哪个词取决于你的形而上学信念）现实世界所有的数学原理。正是“100% 的抽象 = 100% 的真理”这种信念的崩溃，使得纯粹数学至今还未恢复元气——甚至说不清楚“恢复元气”指的是恢复什么。

④ **IYI**：加之，科恩在 1963 年的另一个证明里表明，即使 A. C. 和 Z. F. S. 的其他公理合在一起，一般形式的 C. H. 仍然是不可证的——这就说明了 A. C. 和 C. H. 是彼此独立的。从而再次让整个数学界眼前为之一亮。

303 不可证，能得到不同的公理系统（比如，奎因的集合论就是以A. C. 乍看上去是矛盾的方式建立起来的），虽然这些一致性增强的系统中，许多在使用“集合”时与康托尔等对“集合”的原始定义完全不同。

C. H. 仍然以其他的方式保持着生命力。比如，它是集合模类型论的几个不同理论公理化和扩展系统背后的动因。假定[①] C. H. 和各种等价的形式是可证明或不可证明的就能得到不同的系统。这些纯推测的系统是现代数学中超级抽象的构造，涉及只限于一小圈子人才知道的术语，比如“康托尔域”与“一阶域”、“可构造集合”与“不可构造集合”、“可测基数”“不可达序数”“超穷递归”“超完备”等，即使不明白它们代表什么，至少看起来也挺有趣的。[②] 现在行近尾声，对我们来说更重要的事情是，C. H. 的不可证与另一个重要的问题——无论这个假设事实上是不是真的——有什么关系。毫不奇怪，对此有许多不同的可能观点。一种形式主义的观点是，不同的公理化系统具有不同的强度和弱点，C. H. 在一些系统里是可证或不可证，在另一些系统里是不可判定的。你采用哪一个系统取决于你的特定目标是什么。另一个更严格的希尔伯特式的回答是，在这种语境里，“真”除了意指“在 Z. F. S. 中可证”外实际上没有什么其他意义。因此，304

① 这里“假定”就等于以一种猜测假设的方式。**IYI**：与“各种等价的形式”相关的事实是：谢尔宾斯基（W. Sierpinski）1934 年的《连续统假设》（*Hypothèse du Continu*）中列举了 80 多个或者等价于或者可以简化为一般形式的 C. H. 的数学命题。

② **IYI**：大量现代集合论好像更关心并争论这些理论术语是什么含义，它们什么时候或为什么有意义（也就是说，如果有意义的话，那么它们的意义是什么——而如果没有意义，那么“没有意义”也许意味着什么……）。

C. H. 与 Z. F. S. 的逻辑独立性就意味着它既不为真又不为假。[1]一位纯粹的直觉主义者倾向于把集合论中乱成一团的悖论和不可证性看成是，允许模糊和非构造的概念（比如集合、子集、序数，当然还有实的∞）进入数学的自然后果。[2]

但数学的柏拉图主义者（有时也叫做唯实论者，康托尔主义者和/或超穷主义者）对 C. H. 的不可判定性感到最难过——这是很有趣的。因为两位最著名的现代柏拉图主义者，即康托尔和哥德尔，他们两位对整桩麻烦事至少负有三分之二的责任。哥德尔在写他自己和科恩关于 C. H. 独立性的证明的时候，很好地总结了柏拉图主义的处境：

> 只有某些认为古典集合论的概念和公理没有任何意义的人（比如直觉主义者），才可能对这样一个解决方案感到满意。而那些相信它们描述了某种非常确定的现实的人则不会。因为在现实中，康托尔的猜想必定不是真就是假。今天所知道的这些公理的不可判定，只是意味着这些公理没有包括对现实的一个完整描述。

也就是说，对数学柏拉图主义者来说，C. H. 的证明真正表明的是集合论需要找到比古典统的 Z. F. S. 核心公理更好的组合，或至少它需要增加一些更进一步的公理——比如 A. C.，这些公

305

---

① **IYI**：我们再次看到形式主义的观点和直觉主义的观点走到一起。最明显的观点就是抛弃 L. E. M.。

② **IYI**：布劳威尔对集合论中一致性和不可判定性问题的声明仍然是亚里士多德的腔调："没有什么数学价值是以这种方式获得的；一个不为矛盾所终结的错误理论终究是错误的，就好比一项未被法院裁定的罪行仍然是罪行一样。"

理既是“不证自明的”又与古典的公理一致。如果你感兴趣，哥德尔个人的观点是，C. H. 是错误的。他认为在 $\aleph_0$ 和 c 之间确实存在无穷多个芝诺式的∞，并且迟早会找到一个原理来证明这点。但直到现在，还没有这样的原理被发现。哥德尔和康托尔都死于监护中，[①][②] 遗留下一个无边无际的世界，一个现在在一种新的、完全形式的虚空中旋转的世界。于是，数学家继续躺在床上想过来想过去而不敢下床。

---

① **IYI**：希尔伯特走得也不安详。另一方面，布劳威尔和罗素活得如此之长，几乎成为了各自阵营的急先锋。

② **IYI**：在写这本书的时候，科恩是斯坦福大学定量科学的马乔里·马洪（Marjorie Mhoon）讲席教授。

致 谢

衷心感谢这些帮助过我的人：克拉塞娜·贝尔，杰西·科恩，米米·贝利·戴维斯，乔恩·弗兰岑，鲍勃·戈里斯和系主任罗谢尔·哈特曼，里奇·莫里斯，埃丽卡·尼利，乔·西尔斯，斯蒂芬·斯特恩，约翰·塔特，吉姆·华莱士，萨莉·华莱士以及鲍勃·温格特。

当然，作者对本书中的任何错误或不准确的地方负有全部责任。

译后记

坦率地说，这不是一本浅显易懂的书。尽管作者想尽可能地用通俗的语言讲述人类认识无穷大的历程以及康托尔理论的激动人心之处，但对一般的读者，尤其是没有大学数学背景的读者来说，想理解书中所涉及的知识存在不小的难度。当然，接触过实变函数的读者应该不会有太大的困难。但并不是说，没有这些背景的读者就将一无所获。因为只要读者看完这本书之后能够明白无穷大问题本身的困难所在，就已经是非常大的收获了。而这也是本书的目的之一。

有些读者一开始可能会觉得，无穷大就是数不清呗，这有什么奇妙的。仔细想想，并非如此。无穷大并不是某种具体的事物，而是一种抽象的产物。但它与人类直接从客观世界抽象出的概念不同。比如说，“有”和“有穷”人类可以从客观世界直接抽象得到。可是，“无”和“无穷”是无法直接得到的，只有通过人类的反向思维能力，才能从“有”创造“无”，从“有穷”创造“无穷”。从无穷大的词义上讲，它是无法确定、无法把握的，因而也是实际不存在的。因此，奇妙的地方就在于，尽管物理现实中无穷大不存在，但数学上，由于康托尔的贡献，我们可以把无穷大当作数一样进行运算（当然，无穷大的运算规则和一般的有限数不一样）。对这一点，有个比较形象的比喻就是“无穷大是一间没有墙壁的房子”。

人类如果一直安躺在有限的现实物理世界里自得其乐，或许也就天下太平。然而，古希腊人通过纯粹抽象思维发现的毕达哥拉斯定理和芝诺悖论，粉碎了这种美梦。因为，毕达哥拉斯定理和芝诺悖论导致了无理数和连续性问题，而这两个问题与无穷大是密不可分的。所以这就迫使人们不得不去处理无穷大。这里要指出的是，单凭实际的几何丈量和勾三股四弦五之类的经验规律是发现不了无理数的。因为人类实际经验的结果都只能是有理数，只有通过古希腊的这种逻辑思维推理，才可能得到无理数这种奇怪的东西。伟大的亚里士多德使用“潜无穷”的概念暂时避免了人类与无穷大的直接交锋。但是，从公元 5 世纪开始，人们在求解复杂物体的面积体积、计算物体运动轨迹等具体问题时逐渐发展了穷竭法等技巧，并最终发现了微积分。微积分涉及极限和无穷小量，这就使得数学家们无可避免地要去处理实无穷。后来，魏尔斯特拉斯用 $\varepsilon-\delta$ 的极限定义构筑了整个微积分的基础。我们今天的微积分课本采用的仍然是魏尔斯特拉斯的标准方案。

于是，似乎无穷大不再成为一个问题，充其量只是哲学家的问题。但是，$\varepsilon-\delta$ 的极限定义仍然无法解决无理数的问题。为了定义无理数，戴德金、康托尔引入了无穷集合。无穷集合虽然有悖常理，但符合数学逻辑。康托尔通过集合、幂集、一一对应等几个非常基本的定义得到一种无穷大数类。他称之为超穷数。更进一步，康托尔还发现存在不同的无穷大数类，这些数类之间有可能是以 2 次方的形式跳跃增加的。虽然从直观上看这些是不可思议、难以想象的。但是，从逻辑上讲，如果人们能够接受无理数的存在，那么无穷大和无穷小的存在同样是合理的。到了 20 世纪，由于美国数学家鲁宾逊创立的非标准分析理论，无穷大量和无穷小量已经成为数学上的事实。

胡凯衡

参考文献

图　书

Niels H. Abel, *Oeuvres complètes*, v. 2, Johnson Reprint Corp. , 1964.

Alexander Abian, *The Theory of Sets and Transfinite Arithmetic*, W. B. Saunders Co. , 1965.

Howard Anton, *Calculus with Analytic Geometry*, John Wiley & Sons, 1980.

John D. Barrow, *Pi in the Sky Counting, Thinking, and Being*, Clarendon/Oxford University Press, 1992.

Paul Benacerraf and Hilary Putnam, Eds. , *Philosophy of Mathematics: Selected Readings*, Prentice-Hall, 1964.

J. A. Benardate, *Infinity: An Essay in Metaphysics*, Clarendon/Oxford University Press, 1964.

Eric T. Bell, *Men of Mathematics*, Simon & Schuster, 1937.

David Berlinski, *A Tour of the Calculus*, Pantheon Books, 1995.

Max Black, *Problems of Analysis*, Cornell University Press, 1954.

Carl Boyer, *A History of Mathematics*, 2nd ed. W/Uta Merzbach, John Wiley & Sons, 1991.

T. J. I. Bromwich and T. MacRobert, *An Introduction to the Theory of Infinite Series*, 3rd ed. , Chelsea Books, 1991.

Bryan H. Bunch, *Mathematical Fallacies and Paradoxes*, Van Nostrand

Reinhold Co. , 1982.

Georg Cantor, *Contributions to the Founding of the Theory of Transfinite Numbers*, trans. P. E. B. Jourdain, Open Court Publishers, 1915; Reprint = Dover Books, 1960.

Georg Cantor, *Transfinite Numbers: Three Papers on Transfinite Numbers from the Mathematische Annalen*, G. A. Bingley Publishers, 1941.

Georg Cantor, *Gesammelte Abhandlungen mathematischen und philosophischen Inhalts* (= Collected Papers). Eds. E. Zermelo and A. Fraenkel. 2nd ed. , G. Olms Verlagsbuchhandlung, Hildesheim FRG, 1966.

Augustin-Louis Cauchy, *Cours d'analyse algébrique*, = V. 3 of Cauchy, *Oeuvres complètes*, 2nd ed. , Gauthier-Villars, Paris FR, 1899.

Jean Cavaillès, *Philosophie mathématique*, Hermann, Paris FR, 1962 (has French versions of all the important Cantor-Dedekind correspon-dence on pp. 179 – 251).

Nathalie Charraud, *Infini et Inconscient: Essai sur Georg Cantor*, Anthropos, Paris FR, 1994.

Christopher Clapham, Ed. , *The Concise Oxford Dictionary of Mathematics*, 2nd ed. , Oxford University Press, 1996.

Paul J. Cohen, *Set Theory and the Continuum Hypothesis*, W. A. Benjamin, Inc. , 1966.

Frederick Copleston, *A History of Philosophy*, v. I pt. II, Image Books, 1962.

Richard Courant and Herbert Robbins (Revised by Ian Stewart), *What Is Mathematics? An Elementary Approach to Ideas and Methods*, Oxford University Press, 1996.

Joseph W. Dauben, *Georg Cantor: His Mathematics and Philosophy of the Infinite*, Princeton University Press, 1979.

Richard Dedekind, *Essays on the Theory of Numbers*, trans. W. W. Beman, Open Court Publishing Co., 1901; Reprint = Dover Books, 1963.

Paul Edwards, Ed., *The Encyclopedia of Philosophy*, 1st ed., v. 1 – 8, Collier MacMillan Publishers, 1967.

P. E. Erlich, Ed., *Real Numbers, Generalizations of the Reals, and Theories of Continua*, Kluwer Academic Publishers, 1994.

J. -B. Joseph Fourier, *Analytic Theory of Heat*, Dover Books, 1955.

Abraham Fraenkel, *Set Theory and Logic*, Addison-Wesley Publishing Co., 1966.

Galileo Galilei, *Dialogues Concerning Two New Sciences*, Dover Books, 1952.

Alan Gleason. *Who Is Fourier?* Transnational College of LEX/Language Research Foundation, 1995.

Kurt Gödel, *The Consistency of the Axiom of Choice and of the Generalized Continuum-Hypothesis with the Axioms of Set Theory*, Princeton Universitv Press, 1940.

Ivor Grattan-Guinness, Ed., *From the Calculus to Set Theory*, Gerald Duckworth & Co., London UK, 1980.

Leland R. Halberg and Howard Zink, *Mathematics for Technicians, with an Introduction to Calculus*, Wadsworth Publishing Co., 1972.

Michael Hallett, *Cantorian Set Theory and Limitation of Size*, Oxford University Press, 1984.

G. H. Hardy, *Divergent Series*, Oxford University/Clarendon Press,

1949.

G. H. Hardy, *A Mathematician's Apology*, Cambridge University Press, 1967/1992.

T. L. Heath, *The Thirteen Books of Euclid's Elements*, v. 1 – 3, Dover Books, 1954.

Hugh Honour and John Fleming, *The Visual Arts: A History*, Prentice-Hall, 1982.

Geoffrey Hunter, *Metalogic: An Introduction to the Metatheory of Standard First Order Logic*, University of California Press, 1971.

E. V. Huntington, *The Continuum and Other Types of Serial Order, with an Introduction to Cantor's Transfinite Numbers*, Harvard University Press, 1929.

Stephen C. Kleene, *Introduction to Metamathematics*, Van Nostrand, 1952.

Morris Kline, *Mathematical Thought from Ancient to Modern Times*, v. 1 – 3, Oxford University Press, 1972.

George J. Klir and Bo Yuan, *Fuzzy Sets and Fuzzy Logic: Theory and Applications*, Prentice-Hall, 1995.

Shaughan Lavine, *Understanding the Infinite*, Harvard University Press, 1994.

Paolo Mancuso, Ed., *From Brouwer to Hilbert: The Debate an the Foundations of Mathematics in the 1920s*, Oxford University Press, 1998.

W. G. McCallum, D. Hughes-Hallett, and A. M. Gleason, *Multivariable Calculus* (Draft Version), John Wiley & Sons, 1994.

Richard McKeon, Ed., *Basic Works of Aristotle*, Random House,

1941.

Elliott Mendelson, *Introduction to Mathematical Logic*, 2nd ed., D. Van Nostrand Co., 1979.

Robert Miller, *Bob Miller's Calc I Helper*, McGraw-Hill, 1991.

David Nelson, Ed., *The Penguin Dictionary of Mathematics*, 2nd ed., Penguin Books, 1989.

Theoni Pappas, *Mathematical Scandals*, Wide World Publishing, 1997.

Henri Poincaré, *Mathematics and Science: Last Essays*, trans. J. W. Boldue, Dover Books, 1963.

W. V. O. Quine, *Set Theory and Its Logic*, Belknap/Harvard University Press, 1963.

Georg F. B. Riemann, *Collected Mathematical Works*, Dover Books, 1953.

Rudy Rucker, *Infinity and the Mind*, Birkhäiuser Boston, Inc., 1982.

Bertrand Russell, *Introduction to Mathematical Philosophy*, Allen and Unwin, London UK, 1919.

Bertrand Russell, *Mysticism and Logic*, Doubleday Anchor Books, 1957.

Bertrand Russell, *Principles of Mathematics*, 2nd ed., W. W. Norton & Co., 1938.

Gilbert Ryle, *Dilemmas: The Tarner Lectures 1953*, Cambridge University Press, 1960.

R. M. Sainsbury, *Paradoxes*, Cambridge University Press, 1987.

Ferdinand de la Saussure, *Cours de linguistique générale* (R. Engler, Ed.), Harrasowitz, Wiesbaden FRG, 1974.

Charles Seife, *Zero: The Biography of a Dangerous Idea*, Viking Press, 2000.

Waclaw Sierpinski, *Hypothèse du Continu*, Monografie Matematyczne, Warsaw PL, 1934.

Patrick Suppes, *Axiomatic Set Theory*, D. Van Nostrand Co. , 1965.

University of St. Andrews, *MacTutor History of Mathematics web Site*: ' www. groups. dcs. st-and. ac. uk/ ~ history' .

I. M. Vinogradov, Ed. , *Soviet Mathematical Encyclopedia*, v. 9, Kluwer Academic Publishers, 1993.

Eric W. Weisstein, *CRC Concise Encyclopedia of Mathematics*, CRC Press, 1999.

Hermann Weyl, *Philosophy of Mathematics and Natural Science*, Princeton University Press, 1949.

文 献

George Berkeley, "*The Analyst*, Or a Discourse Addressed to an Infidel Mathematician Wherein It is Examined Whether the Object, Principies, and Inferences of the Modern Analysis are More Distinctly Conceived, or More Evidently Deduced, than Religious Mysteries and Points of Faith. ' First Cast the Beam Out of Thine Own Eye; and Then Shalt Thou See Clearly to Cast Out the Mote Out[*sic*]of Thy Brother's Eye, ' " in A. A. Luce, Ed. , *The Works of George Berkeley, Bishop of Cloyne*, Thomas Nelson & Sons, 1951.

Jorge L. Borges, "Avatars of the Tortoise, " in D. Yates and J Q Irby, Eds. , *Labyrinths*, New Directions, 1962, pp. 202 – 208.

Luitzen E. J. Brouwer, "Intuitionism and Formalism, " trans. A. Dresden, *Bulletin of the American Mathematical Society* v. 30, 1913, pp. 81 –96.

Georg Cantor, "Foundations of the Theory of Manifolds, "trans. U. R. Parpart, *The Campaigner* No. 9, 1976, pp. 69 –97.

Georg Cantor, "*Principien einer Theorie der Ordnungstypen*" (= "Principles of a Theory of Order-Types"), mss. 1885, in I. Grattan-Guinness, "An Unpublished Paper by Georg Cantor, "*Acta Mathematica* v. 124, 1970, pp. 65 –106.

Joseph W. Dauben, "Denumerability and Dimension: The Origins of Georg Cantor's Theory of Sets, "*Rete* v. 2, 1974, pp. 105 –135.

Joseph W. Dauben, "Georg Cantor and Pope Leo XIII: Mathematics, Theology, and the Infinite, "*Journal of the History of Ideas* v. 38, 1977, pp. 85 –108.

Joseph W. Dauben, "The Trigonometric Background to Georg Cantor's Theory of Sets, "*Archive for the History of the Exact Sciences* v. 7, 1971, pp. 181 –216.

H. N. Freudenthal, "Did Cauchy Plagiarize Bolzano?" *Archive for the History of the Exact Sciences* v. 7, 1971, pp. 375 –392.

Kurt Gödel, "Russell's Mathematical Logic, "in P. A. Schlipp, Ed., *The Philosophy of Bertrand Russell*, Northwestern University Press, 1944.

Kurt Gödel, "What is Cantor's Continuum Problem?" in Benacerraf and Putnam's *Philosophy of Mathematics*, pp. 258 –273.

Ivor Grattan-Guinness, "Towards a Biography of Georg Cantor, "*Annals of Science* v. 27 No. 4, 1971, pp. 345 –392.

G. H. Hardy, "Mathematical Proof," *Mind* v. 30, 1929, pp. 1 –26.

David Hilbert, "*Über das Unendliche*," *Acta Mathematica* v. 48, 1926, pp. 91 – 122.

Leonard Hill, "Fraenkel's Biography of Georg Cantor," *Scripta Mathematica* No. 2, 1933, pp. 41 – 47.

Abraham Robinson, "The Metaphysics of the Calculus," in J. Hintikka, Ed., *The Philosophy of Mathematics*, Oxford University Press, 1969, pp. 153 – 163.

Rudolf v. B. Rucker, "One of Georg Cantor's Speculations on Physical Infinities," *Speculations in Science and Technology*, 1978, pp. 419 – 421.

Rudolf v. B. Rucker, "The Actual Infinite," *Speculations in Science and Technology*, 1980, pp. 63 – 76.

Bertrand Russell, "Mathematical Logic as Based on the Theory of Types," *American Journal of Mathematics* v. 30, 1908 – 09, pp. 222 – 262.

Waclaw Sierpinski, "*L'Hypothèse généralisée du continu et l'axiome du choix*," *Fundamenta Mathematicae* v. 34, 1947, pp. 1 – 6.

H. Wang, "The Axiomatization of Arithmetic," *Journal of Symbolic Logic* v. 22, 1957, pp. 145 – 158.

R. L. Wilder, "The Role of the Axiomatic Method," *American Mathematical Monthly* v. 74, 1967, pp. 115 – 127.

Frederick Will, "Will the Future Be Like the Past?" in A. Flew, Ed., *Logic and Language*, 2nd Series, Basil Blackwell, Oxford UK, 1959, pp. 32 – 50.

索 引

（页码为原书页码，即本书边码）

（注意：斜体数字表示图片或照片）